Qt 6 C++编程实例解析

［美］李志英 著

张 博 译

清华大学出版社
北 京

内 容 简 介

本书详细阐述了与Qt6 C++相关的基本解决方案，主要包括使用Qt Designer定制观感、事件处理、状态和动画、QPainter与2D图形、OpenGL实现、使用网络和管理大型文档、异步编程、使用Qt 6构建触摸屏应用程序、简化JSON解析、转换库、使用SQL驱动和Qt访问数据库、使用Qt WebEngine开发Web应用程序、性能优化等内容。此外，本书还提供了相应的示例、代码，以帮助读者进一步理解相关方案的实现过程。

本书适合作为高等院校计算机及相关专业的教材和教学参考书，也可作为相关开发人员的自学用书和参考手册。

北京市版权局著作权合同登记号 图字：01-2024-5230

Copyright © Packt Publishing 2024.First published in the English language under the title
Qt 6 C++ GUI Programming Cookbook,Third Edition.
Simplified Chinese-language edition © 2025 by Tsinghua University Press.All rights reserved.

本书中文简体字版由Packt Publishing授权清华大学出版社独家出版。未经出版者书面许可，不得以任何方式复制或抄袭本书内容。

本书封面贴有清华大学出版社防伪标签，无标签者不得销售。
版权所有，侵权必究。举报：010-62782989，beiqinquan@tup.tsinghua.edu.cn。

图书在版编目（CIP）数据

Qt6 C++编程实例解析 /（美）李志英著；张博译.
北京：清华大学出版社，2025. 6. -- ISBN 978-7-302-69276-8

Ⅰ．TP312.8
中国国家版本馆CIP数据核字第2025DG5190号

责任编辑：贾小红
封面设计：刘　超
版式设计：楠竹文化
责任校对：范文芳
责任印制：曹婉颖

出版发行：清华大学出版社
　　　　　网　　址：https://www.tup.com.cn, https://www.wqxuetang.com
　　　　　地　　址：北京清华大学学研大厦A座　　　邮　编：100084
　　　　　社 总 机：010-83470000　　　　　　　　　邮　购：010-62786544
　　　　　投稿与读者服务：010-62776969, c-service@tup.tsinghua.edu.cn
　　　　　质量反馈：010-62772015, zhiliang@tup.tsinghua.edu.cn
印 装 者：北京鑫海金澳胶印有限公司
经　　销：全国新华书店
开　　本：185 mm×230 mm　　　印　张：23　　　字　数：429千字
版　　次：2025年6月第1版　　　　　　　　　　　　印　次：2025年6月第1次印刷
定　　价：129.00元

产品编号：108903-01

译 者 序

在当今数字化时代，软件的用户体验至关重要，而图形用户界面（GUI）作为用户与软件交互的第一线，其重要性不言而喻。随着多平台和多屏幕设备的普及，开发能够跨越不同操作系统和设备的 GUI 应用程序的需求日益增长。Qt 作为一个强大的跨平台开发框架，凭借其卓越的性能和丰富的功能，成为了众多开发者的首选工具之一。本书正是在这样的背景下应运而生，它为那些渴望掌握 Qt6 开发的开发者们提供了一本实用且全面的指南。

本书的作者 Lee Zhi Eng 是一位经验丰富的程序员，他在游戏开发、互动应用和虚拟现实等多个领域都有着丰富的实践经验。他不仅精通 Qt 框架，还善于将复杂的编程概念以通俗易懂的方式呈现出来。本书的目标读者是那些希望使用 Qt 6 开发软件的人士，尤其是已经具备 C++编程基础的开发者。这一定位非常精准，因为 Qt6 的开发需要一定的编程基础，而 C++作为 Qt 的主要开发语言，是进入这个领域的敲门砖。

书中内容丰富多样，涵盖了从基础的用户界面设计到高级的网络编程和数据库操作等多个方面。每一章都通过具体的实例讲解 Qt6 的某个特定功能或概念，这种实践驱动的教学方式非常适合开发者的学习习惯。例如，书中不仅展示了如何使用 Qt Creator 和 Qt Design Studio 设计用户界面，还详细介绍了如何通过增强状态机框架和动画框架为用户界面控件添加动画效果。这些内容不仅有助于开发者理解 Qt6 的强大功能，还能激发他们的创造力，开发出更加引人注目的应用程序。

在翻译这本书的过程中，我深刻体会到了作者的用心良苦。书中不仅有清晰的代码示例，还有详细的注释和解释，这使得读者能够更好地理解代码背后的逻辑。此外，作者还提供了大量的图表和图示，帮助读者更直观地理解复杂的概念。这些细节都体现了作者对读者的尊重和对教学质量的重视。

Qt6 相较于之前的版本，在功能和性能上都有了显著的提升。它引入了许多新的特性，如更高效的渲染引擎、更强大的图形处理能力以及对现代硬件的更好支持等。这些改进使得 Qt6 能够更好地满足现代应用程序开发的需求。而本书紧跟 Qt6 的发展步伐，详细地介绍了这些新特性和改进，并通过实例展示了如何在实际开发中充分利用它们。这使得读者不仅能够学习到 Qt 编程的基本知识，还能够了解到 Qt6 的最新发展趋势，从而在未来的开发工作中更好地应对各种挑战。

在当今竞争激烈的软件开发市场中，掌握 Qt6 编程无疑是一项极具价值的技能。Qt6 的跨平台特性使得开发者能够使用同一套代码在不同的操作系统上开发应用程序，大大提高了开发效率并降低了开发成本。这对于那些希望在多个平台上发布自己应用程序的开发者来说，具有巨大的吸引力。本书的出版，为那些想要掌握Qt6编程的开发者提供了一条清晰的学习路径。通过阅读本书，读者可以快速地掌握Qt6编程的基本知识和技能，并能够运用这些知识和技能开发出功能强大、性能卓越的应用程序。

最后，我要感谢原作者的辛勤付出，为我们带来了这样一本优秀的书籍。同时，我也要感谢出版社的编辑们，在翻译和出版过程中给予我的支持和帮助。我相信，本书的中文版一定能够为广大的 Qt 开发者们带来帮助和启发，让我们共同期待本书能够在中国的软件开发领域中发挥重要作用，推动 Qt 技术在中国的进一步发展。

译　者

前　　言

随着对多个目标和屏幕开发图形用户界面（GUI）的需求不断增长，提升应用程序的视觉质量变得尤为重要，以便使其在竞争对手中脱颖而出。凭借其跨平台能力和最新的用户界面范式，Qt 使得为应用程序构建直观、互动且友好的用户界面成为可能。

本书阐述如何使用最新版本的 Qt 6 和 C++语言开发功能齐全且引人注目的用户界面。本书将帮助您学习各种主题，如 GUI 定制和动画、图形渲染以及实现 Google 地图集成。通过本书，您还将探索高级概念，如异步编程、使用信号和槽处理事件、网络编程，以及优化应用程序的各个方面。

通过本书的学习，读者将有信心设计和定制满足客户期望的 GUI 应用程序，并理解解决常见问题的最优实践方案。

适用读者

本书专为那些希望使用 Qt 6 开发软件的人士设计。如果读者希望提升软件应用程序的视觉质量和内容呈现，那么本书将非常适合您。另外，阅读本书，读者需要具备 C++编程的先前经验。

本书内容

- 第 1 章展示如何使用 Qt Creator 和 Qt Design Studio 设计程序的用户界面。
- 第 2 章涵盖 Qt 6 提供的信号与槽机制的相关主题，使读者能够轻松处理程序的事件回调。
- 第 3 章解释如何通过增强状态机框架和动画框架为用户界面控件添加动画效果。
- 第 4 章介绍如何使用 Qt 内置的类在屏幕上绘制矢量形状和位图图像。
- 第 5 章展示如何将 OpenGL 集成到 Qt 项目中，以渲染程序中的 3D 图形。
- 第 6 章讲述如何将 Qt 5 项目迁移到 Qt 6，并讨论这两个版本之间的差异。
- 第 7 章展示如何搭建一个 FTP 文件服务器，然后创建一个程序帮助您从服务器传输文件。

- 第 8 章涵盖如何在 Qt 6 应用程序中创建多线程进程，并同时运行它们以处理繁重的计算任务。
- 第 9 章解释如何创建在触摸屏设备上工作的程序。
- 第 10 章展示如何处理 JSON 格式的数据，并将其与 Google 地理编码 API 一起使用，从而创建一个简单的地址查找器。
- 第 11 章讲述如何使用 Qt 内置的类以及第三方程序在不同变量类型、图像格式和视频格式之间进行转换。
- 第 12 章解释如何使用 Qt 将程序连接到 SQL 数据库。
- 第 13 章讲述如何使用 Qt 提供的 Web 渲染引擎并开发利用 Web 技术的程序。
- 第 14 章展示如何优化 Qt 6 应用程序并加快其处理速度。

技术要求

表 1 列出了本书的软件和硬件需求。

表 1

本书涉及的软件和硬件	操作系统需求
Qt Creator 12.0.2	Windows、macOS 或 Linux
Qt Design Studio	Windows、macOS 或 Linux
SQLiteStudio	Windows、macOS 或 Linux

下载实例代码文件

读者可以从 GitHub 在 https://github.com/PacktPublishing/QT6-C-GUI-Programming-Cookbook---Third-Edition-/tree/main 下载本书的示例代码文件。如果代码有更新，GitHub 仓库也将随之更新。

我们还在 https://github.com/PacktPublishing/ 提供了图书和视频目录的其他代码包。

本书约定

代码块如下所示。

```
import QtQuick
import QtQuick.Window
Window {
  visible: true
  width: 640
  title: qsTr("Hello World")
}
```

当希望引起读者对代码块中特定部分的注意时,相关的行或条目会被突出显示。

```
width: 128;
    height: 128;
    x: -128;
    y: parent.height / 2;
```

命令行输入或输出如下所示。

```
find_package(Qt6 REQUIRED COMPONENTS Network)
target_link_libraries(mytarget PRIVATE Qt6::Network)
```

读者反馈和客户支持

欢迎读者对本书提出建议或意见并予以反馈。

对此,读者可向 customercare@packtpub.com 发送邮件,并以书名作为邮件标题。

勘误表

尽管我们希望做到尽善尽美,但错误依然在所难免。如果读者发现谬误之处,无论是文字错误抑或是代码错误,还望不吝赐教。对此,读者可访问 http://www.packtpub.com/submit-errata,选取对应书籍,输入并提交相关问题的详细内容。

版权须知

一直以来,互联网上的版权问题从未间断,Packt 出版社对此类问题异常重视。若读者在互联网上发现本书任意形式的副本,请告知我们网络地址或网站名称,我们将对此予以处理。关于盗版问题,读者可发送邮件至 copyright@packtpub.com。

若读者针对某项技术具有专家级的见解，抑或计划撰写书籍或完善某部著作的出版工作，则可访问 authors.packtpub.com。

问题解答

读者对本书有任何疑问，均可发送邮件至 questions@packtpub.com，我们将竭诚为您服务。

目　　录

第1章　使用 Qt Designer 定制观感 ··· 1
　1.1　技术要求 ·· 1
　1.2　在 Qt Designer 中使用样式表 ·· 1
　1.3　定制基本样式表 ··· 5
　1.4　使用样式表创建登录界面 ·· 9
　1.5　在样式表中使用资源 ··· 16
　1.6　定制属性和子组件 ·· 20
　1.7　在 Qt 建模语言中进行样式设计 ·· 24
　1.8　将 QML 对象指针暴露给 C++ ·· 34

第2章　事件处理——信号与槽 ·· 39
　2.1　技术要求 ·· 39
　2.2　信号和槽的简要介绍 ··· 39
　2.3　使用信号和槽处理 UI 事件 ·· 45
　2.4　简化异步编程 ·· 53
　2.5　函数回调 ·· 57

第3章　状态和动画 ·· 61
　3.1　技术要求 ·· 61
　3.2　Qt 中的属性动画 ··· 61
　3.3　使用缓动曲线控制属性动画 ··· 64
　3.4　创建动画组 ··· 66
　3.5　创建嵌套动画组 ··· 69
　3.6　Qt 6 中的状态机 ·· 72
　3.7　QML 中的状态、转换和动画 ·· 75
　3.8　使用动画器制作组件属性动画 ··· 80
　3.9　精灵动画 ·· 82

第4章　QPainter 与 2D 图形 ··· 87
　4.1　技术要求 ·· 87

4.2 在屏幕上绘制基本形状 ·················· 87
4.3 将形状导出到可缩放矢量图形文件 ·················· 91
4.4 坐标变换 ·················· 97
4.5 在屏幕上显示图像 ·················· 101
4.6 对图形应用图像效果 ·················· 106
4.7 创建基本的绘画程序 ·················· 109
4.8 在 QML 中渲染 2D 画布 ·················· 115

第 5 章 OpenGL 实现

5.1 技术要求 ·················· 119
5.2 在 Qt 中配置 OpenGL ·················· 119
5.3 Hello World! ·················· 122
5.4 渲染 2D 形状 ·················· 127
5.5 渲染 3D 形状 ·················· 130
5.6 OpenGL 中的纹理映射 ·················· 135
5.7 OpenGL 中的基本光照 ·················· 138
5.8 使用键盘控制移动物体 ·················· 142
5.9 QML 中的 Qt Quick 3D ·················· 143

第 6 章 从 Qt 5 过渡到 Qt 6

6.1 技术要求 ·················· 149
6.2 C++类的变化 ·················· 149
6.3 使用 Clazy 检查 Clang 和 C++ ·················· 153
6.4 QML 类型的变更 ·················· 155

第 7 章 使用网络和管理大型文档

7.1 技术要求 ·················· 161
7.2 创建 TCP 服务器 ·················· 161
7.3 创建 TCP 客户端 ·················· 167
7.4 使用 FTP 上传和下载文件 ·················· 172

第 8 章 线程基础——异步编程

8.1 技术要求 ·················· 187
8.2 使用线程 ·················· 187
8.3 QObject 和 QThread ·················· 190

8.4 数据保护和线程间数据共享 194
8.5 使用 QRunnable 进程 198

第 9 章 使用 Qt 6 构建触摸屏应用程序 201
9.1 技术要求 201
9.2 为移动应用设置 Qt 201
9.3 使用 QML 设计基础用户界面 207
9.4 触摸事件 214
9.5 QML 中的动画 220
9.6 使用模型/视图显示信息 226
9.7 集成 QML 和 C++ 232

第 10 章 简化 JSON 解析 237
10.1 技术要求 237
10.2 JSON 格式概览 237
10.3 从文本文件处理 JSON 数据 239
10.4 将 JSON 数据写入文本文件 243
10.5 使用谷歌地理编码 API 246

第 11 章 转换库 251
11.1 技术要求 251
11.2 数据转换 251
11.3 图像转换 257
11.4 视频转换 261
11.5 货币转换 266

第 12 章 使用 SQL 驱动和 Qt 访问数据库 273
12.1 技术要求 273
12.2 设置数据库 273
12.3 连接到数据库 279
12.4 编写基本 SQL 查询 282
12.5 使用 Qt 创建登录界面 287
12.6 在模型视图中显示数据库中的信息 292
12.7 高级 SQL 查询 298

第 13 章 使用 Qt WebEngine 开发 Web 应用程序 ······················· 307
13.1 技术要求 ······················· 307
13.2 介绍 Qt WebEngine ······················· 307
13.3 使用 webview 和 Web 设置 ······················· 314
13.4 在项目中嵌入 Google 地图 ······················· 319
13.5 从 JavaScript 调用 C++函数 ······················· 324
13.6 从 C++调用 JavaScript 函数 ······················· 330

第 14 章 性能优化 ······················· 337
14.1 技术要求 ······················· 337
14.2 优化表单和 C++ ······················· 337
14.3 分析和优化 QML ······················· 343
14.4 渲染和动画 ······················· 348

第1章 使用 Qt Designer 定制观感

Qt 6 能够通过大多数人熟悉的方法轻松设计程序的用户界面。Qt 不仅提供了一个强大的用户界面（UI）工具包，称为 Qt Designer，它使我们能够在不编写一行代码的情况下设计用户界面，而且还允许高级用户通过一种称为 Qt 样式表的简单脚本语言来定制他们的用户界面组件。

本章主要涉及下列主题。
- 在 Qt Designer 中使用样式表。
- 定制基本样式表。
- 使用样式表创建登录界面。
- 在样式表中使用资源。
- 定制属性和子组件。
- 在 Qt 建模语言中进行样式设计。
- 将 QML 对象指针暴露给 C++。

1.1 技术要求

本章需要使用 Qt 6.1.1 MinGW 64-bit 和 Qt Creator 12.0.2。本章中使用的代码可以从本书的 GitHub 仓库下载，对应网址为 https://github.com/PacktPublishing/QT6-C-GUI-Programming-Cookbook---Third-Edition-/tree/main/Chapter01。

1.2 在 Qt Designer 中使用样式表

在这个示例中，我们将学习如何通过使用样式表和资源改变程序的观感，使其看起来更加专业。Qt 允许使用一种称为 Qt 样式表的样式表语言来装饰图形用户界面（GUI），这与网页设计师装饰网站的层叠样式表（CSS）非常相似。

1.2.1 实现方式

本节开始学习如何创建一个新项目,并熟悉 Qt Designer:

(1)打开 Qt Creator 并创建一个新项目。如果是第一次使用 Qt Creator,可以单击 Create Project...按钮,或者从顶部菜单栏选择 File | New Project...。

(2)在 Projects 窗口中选择 Application (Qt)并选择 Qt Widgets Application。

(3)单击底部的 Choose...按钮。随后会弹出一个窗口,要求输入项目的名称和位置。

(4)多次单击 Next 按钮,然后单击 Finish 按钮创建项目。目前我们使用默认设置。项目创建完成后,首先看到的是窗口左侧带有大量大图标的面板,这称为模式选择器(Mocle Selector)面板。

(5)我们会在侧边栏面板上看到所有源文件的列表,该面板位于模式选择器面板旁边。这里,可以选择要编辑的文件。在这种情况下,这是 mainwindow.ui 文件,并开始设计程序的 UI。

(6)双击 mainwindow.ui 文件,我们会看到一个完全不同的界面。Qt Creator 帮助我们从脚本编辑器切换到 UI 编辑器(Qt Designer),因为它检测到尝试打开的文件扩展名为 .ui。

(7)模式选择器面板上高亮的按钮已经从 Edit 变为 Design。我们可以通过单击模式选择器面板上半部分的任一按钮,切换回脚本编辑器或更改为其他工具。

(8)返回至 Qt Designer 并查看 mainwindow.ui 文件。这是程序的主窗口(如文件名所示),默认情况下它是空的,且没有任何组件。我们可以尝试通过按下模式选择器面板底部的 Run 按钮(绿色箭头按钮)编译和运行程序;编译完成后,会看到一个空窗口弹出。

(9)通过单击 Widget Box 区域(在 Buttons 类别下)中的 Push Button 项,将其拖曳至表单编辑器中的主窗口上,为我们程序的 UI 添加一个推送按钮。保持推送按钮的选择状态;我们将在窗口右侧的属性编辑器(Property Editor)区域看到此按钮的所有属性。向下滚动到中间,寻找一个名为 styleSheet 的属性。这是将为组件应用样式的地方,这些样式可能会从其子组件递归继承,具体取决于如何设置样式表。或者,也可以在表单编辑器中的任一组件上单击右键,并从弹出菜单中选择 Change styleSheet...。

(10)可以直接在 styleSheet 属性的输入框中编写样式表代码,或者单击输入框旁边的...按钮,打开 Edit Style Sheet 窗口,该窗口提供了更大的空间以便于编写更长的样式表代码。在窗口顶部,我们可以找到几个按钮,如 Add Resource、Add Gradient、Add Color 和 Add Font,如果记不住属性名称,这些按钮可以帮助我们开始编码。让我们尝试使用 Edit Style Sheet 窗口进行一些简单的样式设计。

(11)单击 Add Color 并选择一种颜色。

（12）在颜色选择器窗口中随机挑选一种颜色，如纯红色。然后，单击 OK 按钮。
（13）Edit Style Sheet 窗口的文本框中已添加了一行代码，如下所示。

```
color: rgb(255, 0, 0);
```

（14）单击 OK 按钮，推送按钮上的文本应该会变成红色。

1.2.2　工作方式

在开始学习如何设计自己的用户界面之前，让我们花点时间熟悉一下 Qt Designer 的界面，如图 1.1 所示。

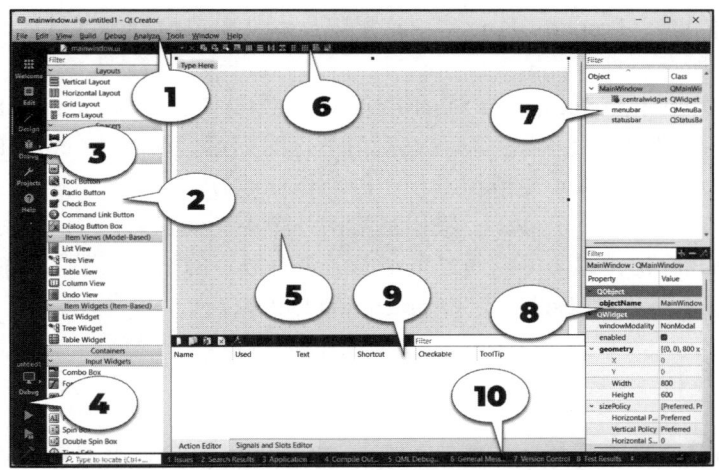

图 1.1　Qt Designer 的界面

图 1.1 的解释如下所示。

（1）菜单栏（Menu Bar）：这里包含特定于应用程序的菜单，提供对基本功能的便捷访问，如创建新项目、保存文件、撤销、重做、复制和粘贴。它还允许访问 Qt Creator 提供的开发工具，如编译器、调试器和分析器。

（2）Widget Box：这里可以找到 Qt Designer 提供的所有不同类型的组件。可以通过单击 Widget Box 区域中的一个组件并将其拖曳至表单编辑器中，将组件添加到程序的用户界面。

（3）模式选择器（Mode Selector）：模式选择器是一个侧边面板，提供不同工具的快捷按钮以便于访问。可以通过单击模式选择器面板上的 Edit 或 Design 按钮，快速在脚本编辑器和表单编辑器之间切换，这对于多任务处理非常有用。我们也可以同样快速方便地导航到调试器和分析器工具。

（4）构建快捷方式（Build Shortcuts）：构建快捷方式位于模式选择器面板的底部。可以通过单击这里的快捷按钮轻松构建、运行和调试项目。

（5）表单编辑器（Form Editor）：表单编辑器是编辑程序用户界面的地方。可以通过从 Widget Box 区域选择一个组件并将其拖曳至表单编辑器中，进而为程序添加不同的组件。

（6）表单工具栏（Form Toolbar）：这里可以快速选择不同的表单进行编辑。单击位于 Widget Box 区域顶部的下拉框，并选择想要用 Qt Designer 打开的文件。下拉框旁边的按钮可以在表单编辑器的不同模式之间切换，此外还有按钮可以更改用户界面布局。

（7）对象检查器（Object Inspector）：对象检查器区域列出了当前 .ui 文件中的所有组件。所有组件都根据它们在层级结构中的父子关系进行排列。可以选择对象检查器区域中的一个组件，在属性编辑器区域显示其属性。

（8）属性编辑器（Property Editor）：这里将显示从对象检查器区域或表单编辑器窗口中选择的组件的所有属性。

（9）Action Editor 和 Signals & Slots Editor：这个窗口包含 Action Editor 和 Signals & Slots Editor 两个编辑器。二者都可以通过窗口下方的标签页访问。Action Editor 是创建可以添加到程序用户界面的菜单栏或工具栏中的动作的地方。

（10）输出窗格（Output Panes）：输出窗格由几个不同的窗口组成，显示与脚本编译和调试相关的信息和输出消息。可以通过单击前面带有数字的按钮在不同的输出窗格之间切换，如 1 Issues、2 Search Results 或 3 Application Output。

1.2.3 附加内容

当前案例讨论了如何通过 C++编码将样式表应用到 Qt 组件上。尽管这种方法效果很好，但大多数时候，负责设计程序用户界面的人并不是程序员，而是专门设计用户友好界面的 UI 设计师。在这种情况下，最好让 UI 设计师使用不同的工具设计程序的布局和样式表，而不是去干预代码。Qt 提供了一个名为 Qt Creator 的一体化编辑器。

Qt Creator 包含几种不同的工具，如脚本编辑器、编译器、调试器、分析器和用户界面编辑器。用户界面编辑器，也称为 Qt Designer，是设计师在不编写任何代码的情况下设计程序用户界面的理想工具。这是因为 Qt Designer 采用了所见即所得的方法，提供了最终结果的准确视觉表现，这意味着用 Qt Designer 设计的任何内容，在程序编译和运行时视觉上都会呈现出相同的效果。

Qt 样式表与 CSS 之间的相似之处如下所示。

- 这是典型的 CSS 代码样式。

```
h1 { color: red; background-color: white; }
```

- 这是 Qt 样式表的样子，与上述 CSS 几乎相同。

```
QLineEdit { color: red; background-color: white; }
```

可以看到，它们都包含一个选择器和一个声明块。每个声明包含一个属性和一个值，并用冒号分隔。在 Qt 中，可以通过在 C++代码中调用 QObject::setStyleSheet()函数，将样式表应用到单个组件上。

例如，考虑以下情况：

```
myPushButton->setStyleSheet("color : blue");
```

上述代码会将名为 myPushButton 变量的按钮文本颜色更改为蓝色。此外，也可以通过在 Qt Designer 中的样式表属性字段编写声明来实现相同的结果。我们将在 1.3 节中更详细地讨论 Qt Designer。

Qt 样式表还支持 CSS2 标准中定义的所有不同类型的选择器，包括通用选择器、类型选择器、类选择器和 ID 选择器，这允许将样式应用到非常特定的单个组件或组件组。例如，如果想要更改具有 usernameEdit 对象名的特定行编辑组件的背景颜色，可以通过使用 ID 选择器来引用它。

```
QLineEdit#usernameEdit { background-color: blue }
```

注意：

要了解 CSS2 中所有可用的选择器（这些选择器也受到 Qt 样式表的支持），请参阅以下文档：http://www.w3.org/TR/REC-CSS2/selector.html。

1.3 定制基本样式表

在之前的案例中，我们学习了如何使用 Qt Designer 为组件应用样式表。这一次，让我们更进一步，创建一些其他类型的组件，并将它们的样式属性更改为一些奇特的样式。

然而，我们不会逐个为每个组件应用样式；相反，我们将学习将样式表应用到主窗口，并让它沿层级结构继承到所有其他组件，以便在长期运行中更容易管理和维护样式表。

1.3.1 实现方式

在以下示例中，我们将在画布上格式化不同类型的组件，并在样式表中添加一些代码来改变其外观：

（1）通过选择 PushButton 并单击 styleSheet 属性旁边的小箭头按钮，从 PushButton 中移除样式表。该按钮会将属性恢复到其默认值，在这种情况下是空的样式表。

（2）通过从 Widget Box 区域逐个拖曳至表单编辑器中，向 UI 添加更多组件。此处添加了一个行编辑框、一个组合框、一个水平滑块、一个单选按钮和一个复选框。

（3）为了简单起见，通过在对象检查器区域选择 menuBar、mainToolBar 和 statusBar，然后单击右键并选择 Remove，进而从 UI 中删除它们。现在，UI 应如图 1.2 所示。

（4）从表单编辑器或对象检查器区域选择主窗口，然后单击右键并选择 Change styleSheet... 以打开 Edit Style Sheet 窗口。将以下内容插入到样式表中：

```
border: 2px solid gray;
border-radius: 10px;
padding: 0 8px;
background: yellow;
```

（5）我们将看到一个外观奇特的用户界面，所有内容都被黄色覆盖并带有粗边框。这是因为前述样式表没有选择器，这意味着样式将沿层级结构向下应用到主窗口的子组件。为了改变这一点，让我们尝试一些不同的方法。

```
QPushButton {
    border: 2px solid gray;
    border-radius: 10px;
    padding: 0 8px;
    background: yellow;
}
```

（6）这一次，只有 PushButton 将获得前面代码中描述的样式，所有其他组件将恢复为默认样式。我们可以尝试向用户界面添加更多按钮，它们都将具有相同的外观，如图 1.3 所示。

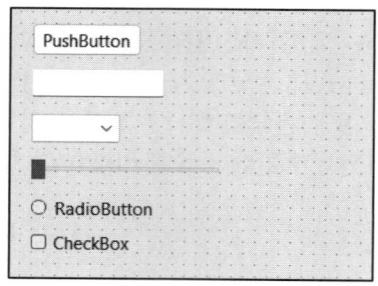

图 1.2　将一些组件拖曳至表单编辑器上

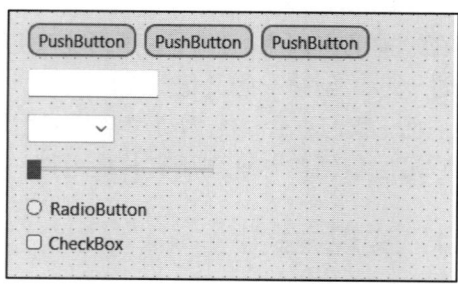

图 1.3　将 PushButton 按钮更改为黄色

（7）这是因为我们明确指示选择器将样式应用到所有 QPushButton 类的组件上。此外，也可以通过在样式表中提及其名称，仅将样式应用到其中一个按钮上，对应代码如下所示。

```
QPushButton#pushButton_3 {
    border: 2px solid gray;
    border-radius: 10px;
    padding: 0 8px;
    background: yellow;
}
```

（8）一旦理解了这种方法，我们可以将以下代码添加到样式表中。

```
QPushButton {
    color: red;
    border: 0px;
    padding: 0 8px;
    background: white;
}
QPushButton#pushButton_2 {
    border: 1px solid red;
    border-radius: 10px;
}
```

这段代码更改了所有按钮的样式，以及 pushButton_2 按钮的某些属性。我们保持了 pushButton_3 的样式表不变。现在，这些按钮将呈现图 1.4 所示的外观。

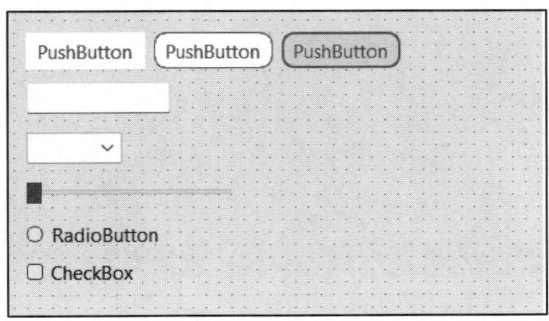

图 1.4　为每个按钮应用不同的样式

（9）第一组样式表将把所有 QPushButton 类型的组件更改为无边框的白色矩形按钮，并配以红色文本。第二组样式表仅更改名为 pushButton_2 的特定 QpushButton 组件的边框。注意，pushButton_2 的背景色和文本色仍然保持为白色和红色，因为我们在第二组样式表中没有覆盖它们，因此它将恢复到第一组样式表中描述的样式，因为该样式适用于所有 QpushButton 组件。第三个按钮的文本颜色也变为红色，因为我们在第三组样式表中没有描述 Color 属性。

（10）创建另一组使用通用选择器的样式表，并使用以下代码。

```
* {
    background: qradialgradient(cx: 0.3, cy: -0.4, fx: 0.3, fy:
    -0.4, radius: 1.35, stop: 0 #fff, stop: 1 #888);
    color: rgb(255, 255, 255);
    border: 1px solid #ffffff;
}
```

（11）通用选择器将影响所有组件，无论其类型如何。因此，前述样式表将为所有组件的背景应用一种漂亮的渐变色，并将其文本设置为白色，同时设置一个像素的实线轮廓，该轮廓也是白色。我们可以使用 rgb 函数（rgb(255, 255, 255)）或十六进制代码（#ffffff）描述颜色值，而不是直接写出颜色的名称（即白色）。

（12）与之前一样，前述样式表不会影响按钮，因为我们已经为它们指定了自己的样式，这些样式将覆盖通用选择器中描述的一般样式。只需记住，在 Qt 中，当一个组件受到多个样式的影响时，最终将使用更具体的样式。当前，用户界面如图 1.5 所示。

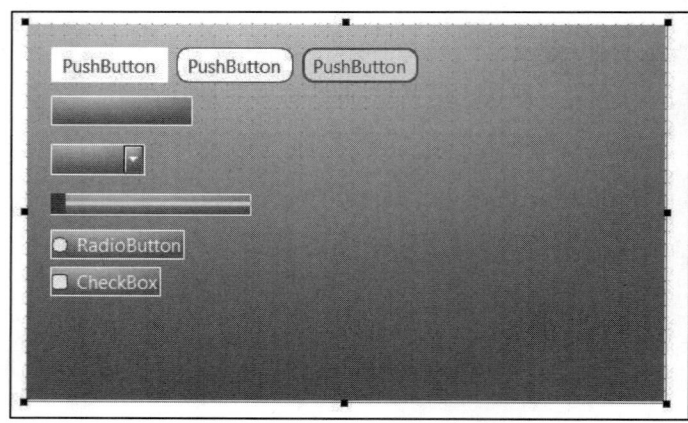

图 1.5　为所有其他组件应用渐变背景

1.3.2　工作方式

如果读者曾参与使用 HTML 和 CSS 进行的网页开发，Qt 的样式表工作方式与 CSS 相同。样式表提供了描述组件呈现的定义——每个组件组中每个元素的颜色是什么，边框值的大小是多少，等等。如果在样式表中指定了组件的名称，它将根据提供的名称改变特定

PushButton 组件的样式。其他组件将不受影响，并将保持默认样式。

要更改组件的名称，可从表单编辑器或对象检查器区域选择组件，并在属性窗口中更改 objectName 属性。如果之前使用了 ID 选择器来更改组件的样式，更改其对象名称将会破坏样式表并丢失样式。要解决这个问题，只需在样式表中也更改对象名称即可。

1.4 使用样式表创建登录界面

本节将学习如何将之前学到的所有知识结合起来，为一个假想的操作系统创建一个模拟的图形登录界面。样式表并不是设计良好用户界面的唯一工具。我们还需要学习如何使用 Qt Designer 中的布局系统整齐地排列组件。

1.4.1 实现方式

具体操作步骤如下所示。

（1）在开始任何操作之前，需要设计图形登录界面的布局。规划对于制作优秀的软件至关重要。以下是一个示例布局设计，用以展示登录界面将如何呈现。图 1.6 所示的简单线条已然足够，只要它能清晰地传达信息。

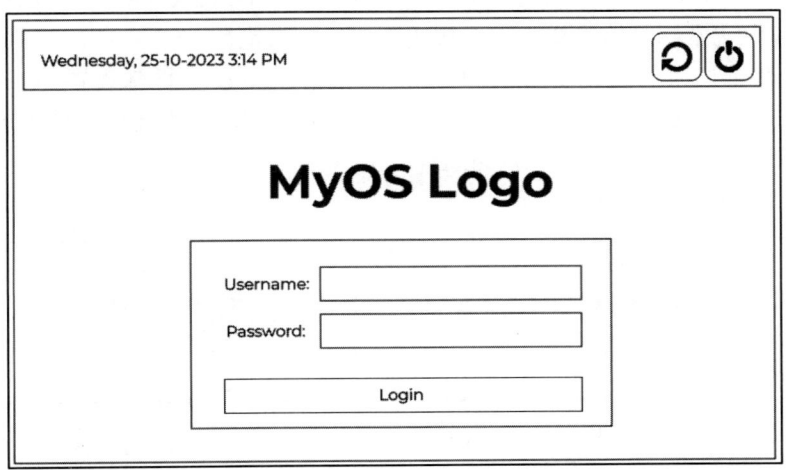

图 1.6　描绘登录界面的简单绘图

（2）再次回到 Qt Designer。

（3）首先在顶部面板放置组件，然后在其下方放置 Logo 和登录表单。

（4）选择主窗口，将其宽度和高度分别从 400 和 300 更改为 800 和 600——我们需要更大的空间来放置所有组件。

（5）从 Widget Box 区域中单击并拖曳 Display Widgets 类别下的标签到表单编辑器。

（6）将标签的 objectName 属性更改为 currentDateTime，并将其文本属性更改为当前的日期和时间以供显示。例如，Wednesday，25-10-2023   3:14 PM。

（7）单击并拖曳 Buttons 类别下的 PushButton 到表单编辑器。重复此过程一次，因为顶部面板上包含两个按钮。将这两个按钮重命名为 restartButton 和 shutdownButton。

（8）选择主窗口，单击表单工具栏上的小图标按钮，当鼠标悬停时显示 Lay Out Vertically。我们将看到组件在主窗口中自动排列，但那还不是我们想要的确切布局。

（9）单击并拖曳 Layouts 类别下的 Horizontal Layout 组件到主窗口。

（10）单击并拖曳两个按钮和文本标签到 Horizontal Layout 中。我们将看到这 3 个组件被水平排列，但垂直方向上，它们位于界面中央。水平排列几乎是正确的，但垂直位置有偏差。

（11）从 Spacers 类别中单击并拖曳一个 Vertical Spacer 组件，将其放置在第（9）步创建的 Horizontal Layout 组件下方（在红色矩形轮廓下方）。所有的组件将被间隔器推到顶部。

（12）在文本标签和两个按钮之间放置一个 Horizontal Spacer 组件，以保持它们之间的距离。这将确保文本标签始终靠左，而按钮则对齐到右侧。

（13）将两个按钮的 Horizontal Policy 和 Vertical Policy 属性都设置为 Fixed，并设置 minimumSize 属性为 55×55。将按钮的 text 属性设置为空，因为我们将使用图标而不是文本。我们将在 1.5 节中学习如何在按钮组件中放置图标。

（14）用户界面应如图 1.7 所示。

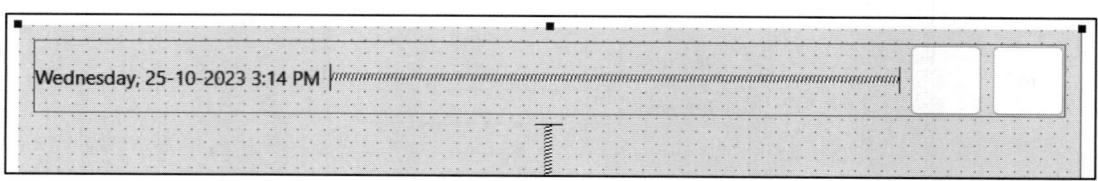

图 1.7   使用水平间隔将文本和按钮分开

接下来将添加 Logo。具体操作步骤如下所示。

（1）在顶部面板和 Vertical Spacer 组件之间添加一个 Horizontal Layout 组件，用作 Logo 的容器。

（2）添加 Horizontal Layout 组件后，我们会发现布局的高度过于细小（几乎为 0），以至于无法向其中添加任何组件。这是因为布局为空，并且被其下方的垂直间隔器压缩至 0 高度。为了解决这个问题，可以将其垂直边距（layoutTopMargin 或 layoutBottomMargin）暂时设置得更大，直到向布局中添加组件。

（3）向刚刚创建的 Horizontal Layout 组件中添加一个 Label 值，并将其重命名为 logo。我们将在 1.5 节中进一步学习如何将图像插入标签中，将其用作 Logo。目前，只需清空其 text 属性，并将 Horizontal Policy 和 Vertical Policy 属性都设置为 Fixed，将最小尺寸属性设置为 150×150。

（4）将布局的垂直边距重新设置为 0。

（5）Logo 现在看起来似乎是不可见的，因此我们将放置一个临时的样式表使其可见，直到我们在 1.5 节中为其添加图像。当前，样式表非常简单，如下所示。

```
border: 1px solid;
```

用户界面如图 1.8 所示。

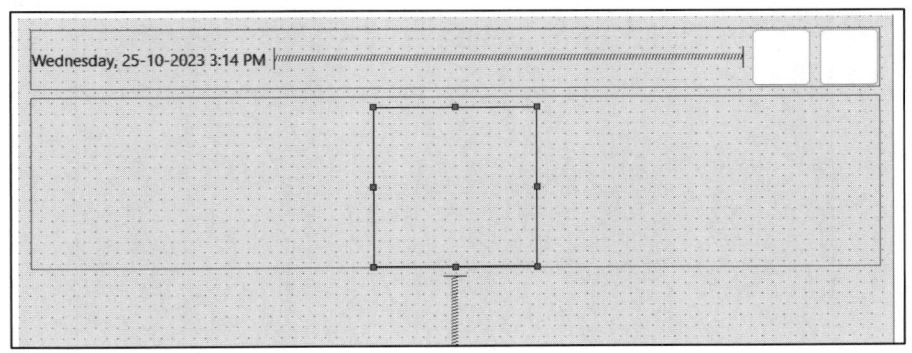

图 1.8　将占位符 Logo 置于中间位置

下面创建登录表单。

（1）在 Logo 布局和 Vertical Spacer 组件之间添加一个 Horizontal Layout 组件。将 layoutTopMargin 属性设置为一个较大的数值（如 100），这样可以更容易地向其中添加组件。

（2）在刚刚创建的 Horizontal Layout 组件内部添加一个 Vertical Layout 组件。该布局将用作登录表单的容器。将其 layoutTopMargin 属性设置为低于 Horizontal Layout 的数值（如 20），以便可以在其中放置组件。

（3）右键单击刚刚创建的 Vertical Layout 组件，选择 Morph into | QWidget。这里，Vertical

Layout 被转换为一个空的组件。这一步是必要的,因为我们将调整登录表单容器的宽度和高度。布局组件不包含任何宽度和高度属性,且只有边距,因为布局会扩展到周围的空间。考虑到它没有任何尺寸属性,这是有道理的。一旦将布局转换为 QWidget 对象,它将自动继承所有来自组件类的属性,这意味着现在可以调整其大小以满足我们的需求。

(4)将刚刚从布局转换而来的 QWidget 对象重命名为 loginForm,并将其 Horizontal Policy 和 Vertical Policy 属性都设置为 Fixed。将最小尺寸参数设置为 350×200。

(5)由于已经将 loginForm 组件放置在 Horizontal Layout 内,我们可以将其 layoutTopMargin 属性重新设置为 0。

(6)为 loginForm 组件添加与 Logo 相同的样式表,以使其暂时可见。然而,这一次,我们需要在前面添加一个 ID 选择器,以便它只将样式应用于 loginForm 而不是其子组件。

```
#loginForm { border: 1px solid; }
```

当前用户界面如图 1.9 所示。

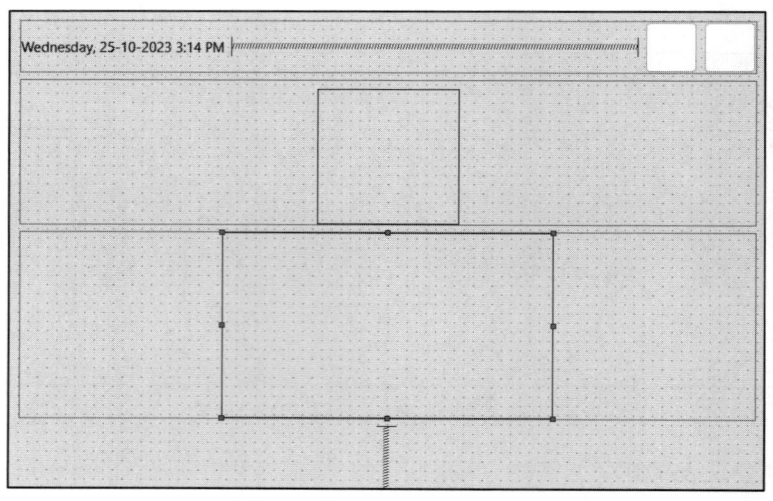

图 1.9　构建登录表单的框架

目前尚未完成登录表单的构建。现在已经为登录表单创建了容器,下面将向表单中添加更多组件。

(1)在登录表单容器中放置两个 Horizontal Layout 组件。我们需要两个布局:一个用于用户名输入框,另一个用于密码输入框。

(2)向刚刚添加的每个布局中添加 Add Label 和 Line Edit 属性。将上方标签的文本属性更改为 Username:，下方的更改为 Password:。分别将两个行编辑重命名为 username 和 password。

（3）在密码布局下方添加一个按钮，并将其 text 属性更改为 Login。将其重命名为 loginButton。

（4）可以在密码布局和 Login 按钮之间添加一个 Vertical Spacer 组件，以稍微增加它们之间的距离。放置 Vertical Spacer 组件后，将其 sizeType 属性更改为 Fixed，并将 Height 属性更改为 5。

（5）选择 loginForm 容器，并将所有边距设置为 35。这样做是为了在所有边添加一些空间，使登录表单看起来更好。

（6）将 Username、Password 和 loginButton 组件的 Height 属性设置为 25，以避免它们看起来过于拥挤。

当前，用户界面应如图 1.10 所示。

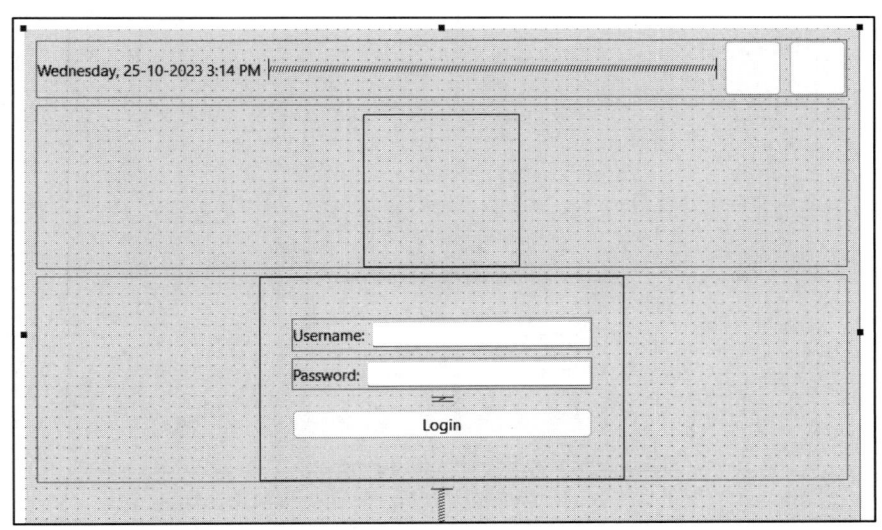

图 1.10 向登录表单添加组件

注意：

或者，也可以使用网格布局来管理 Username 和 Password 输入框，以保持它们的尺寸一致。

可以看到，下方的 Vertical Spacer 组件，Logo 和登录表单都紧贴在主窗口的顶部。Logo 和登录表单应该放置在主窗口的中心位置，而不是顶部。为了解决这个问题，可以按照以下步骤进行操作。

（1）在顶部面板和 Logo 的布局之间添加另一个 Vertical Spacer 组件。这将抵消底部的间隔器，平衡对齐方式。

（2）如果觉得 Logo 与登录表单过于靠近，可以在 Logo 布局和登录表单的布局之间添加一个 Vertical Spacer 组件。将其 sizeType 属性设置为 Fixed，并将 Height 属性设置为 10。

（3）右键单击顶部面板的布局，选择 Morph into | QWidget。将其重命名为 topPanel。必须将布局转换为 QWidget，因为我们无法对布局应用样式表。这是因为布局除了边距之外没有任何其他属性。

（4）主窗口的边缘周围有一点边距——我们不希望出现这种情况。要去除边距，从对象检查器窗口中选择 centralWidget 对象，该对象位于 MainWindow 面板下，并将所有边距值设置为 0。

（5）单击 Run 按钮（带有绿色箭头图标）运行项目。如果一切顺利，我们应该看到图 1.11 所示的效果。

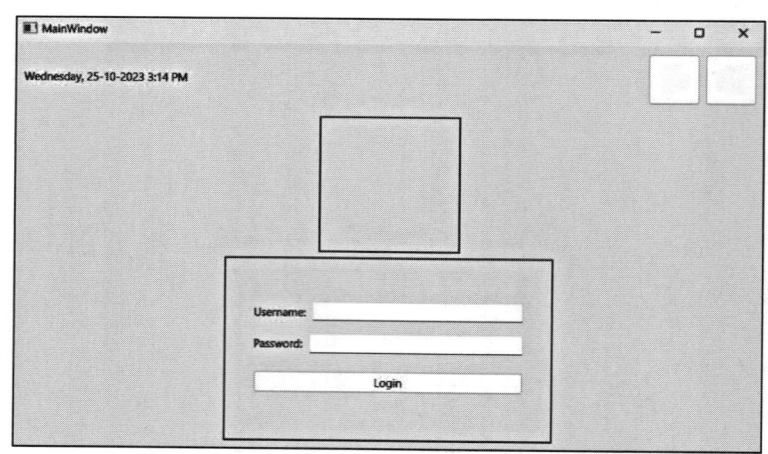

图 1.11　我们已经完成了布局——至少目前是这样

（6）现在，让我们使用样式表来装饰用户界面。由于所有重要的组件都已经被赋予了对象名称，我们可以更容易地从主窗口为它们应用样式表，因为我们只需要将样式表写在主窗口，并让它们沿层次结构树继承下来。

（7）在对象检查器区域右键单击 MainWindow，然后选择 Change styleSheet...。

（8）将以下代码添加到样式表中。

```
#centralWidget { background: rgba(32, 80, 96, 100); }
```

（9）主窗口的背景颜色将会改变。我们将在 1.5 节中学习如何使用图像作为背景。所以，当前颜色只是暂时的。

（10）在 Qt 中，如果想要应用样式到主窗口本身，必须将其应用到其 centralWidget 组件而不是主窗口，因为窗口只是一个容器。

（11）为顶部面板添加一个漂亮的渐变色。

```
#topPanel {
    background-color: qlineargradient(spread:reflect, x1:0.5, y1:0,
x2:0, y2:0, stop:0 rgba(91, 204, 233, 100), stop:1 rgba(32, 80, 96, 100));
}
```

（12）将登录表单应用黑色并使其呈现半透明效果。我们还将通过设置 border-radius 属性，使登录表单容器的边角略微圆滑。

```
#loginForm {
    background: rgba(0, 0, 0, 80);
    border-radius: 8px;
}
```

（13）为通用类型的组件应用样式。

```
QLabel { color: white; }
QLineEdit { border-radius: 3px; }
```

（14）前述样式表将把所有标签的文本颜色更改为白色，这包括组件上的文本，因为从内部看，Qt 在带有文本的组件上使用了相同类型的标签。同时，我们使行编辑组件的边角略微圆滑。

（15）为用户界面上的所有按钮应用样式表。

```
QPushButton {
    color: white;
    background-color: #27a9e3;
    border-width: 0px;
    border-radius: 3px;
}
```

（16）前述样式表将所有按钮的文本颜色更改为白色，然后将背景颜色设置为蓝色，并使其边角略微圆滑。

（17）为了进一步增强效果，我们将使用 hover 关键字，使得当鼠标悬停在按钮上时按钮的颜色发生变化。

```
QPushButton:hover { background-color: #66c011; }
```

（18）前述样式表将在鼠标悬停在按钮上时将按钮的背景颜色更改为绿色。我们将在 1.6 节中更详细地讨论这一点。

（19）可以进一步调整组件的大小和边距，使它们看起来更加美观。记得移除在第（6）步直接应用到登录表单上的样式表，以去除其边框线。

（20）登录界面应该如图 1.12 所示。

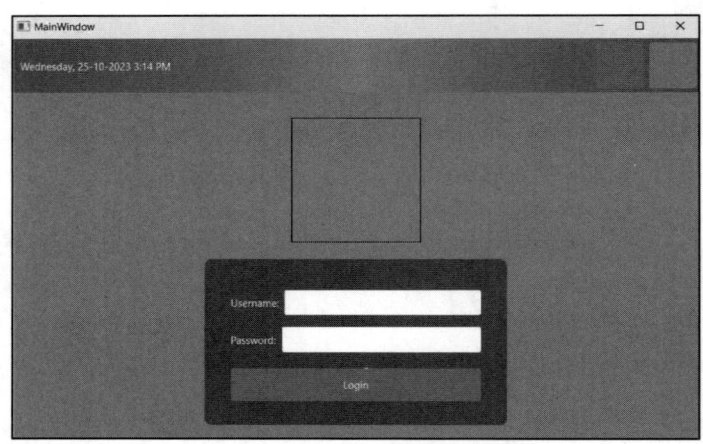

图 1.12　为组件应用颜色和样式

1.4.2　工作方式

本例重点介绍了 Qt 的布局系统。Qt 的布局系统允许应用程序 GUI 通过安排每个组件的子对象自动在给定空间内进行排列。本例中使用的空间填充项有助于将布局中包含的组件向外推动，以沿空间填充项的宽度创建间距。

要将组件定位在布局的中间，必须在布局中放入两个空间填充项：一个在组件的左侧，一个在组件的右侧。然后，这两个空间填充项会将组件推向布局的中间位置。

1.5　在样式表中使用资源

Qt 提供了一个平台无关的资源系统，允许将任何类型的文件存储在程序可执行文件中以供后续使用。我们可以在可执行文件中存储的文件类型没有限制——图像、音频、视频、

HTML、XML、文本文件、二进制文件等都是允许的。

资源系统对于将资源文件（如图标和翻译文件）嵌入可执行文件中非常有用，这样应用程序就可以在任何时候访问它们。为了实现这一点，必须在.qrc 文件中告诉 Qt 想要添加到其资源系统中的文件，Qt 将在构建过程中处理其余的事情。

1.5.1 实现方式

要将新的.qrc 文件添加到项目中，可从顶部菜单栏选择 File | New File。然后，在 Files and Classes 类别下选择 Qt，随后选择 Qt Resources File。之后，给它赋予一个名称（如 resources），单击 Next 按钮，然后单击 Finish 按钮。.qrc 文件现在将被创建，并由 Qt Creator 自动打开。我们不必直接以 XML 格式编辑.qrc 文件，因为 Qt Creator 提供了管理资源的用户界面。

要将图像和图标添加到项目中，需要确保图像和图标被放置在项目的目录中。当.qrc 文件在 Qt Creator 中打开时，单击 Add 按钮，然后单击 Add Prefix 按钮。前缀用于对资源进行分类，以便在项目中拥有大量资源时可以更好地管理它们。

（1）将刚刚创建的前缀重命名为/icons。

（2）通过单击 Add 按钮，然后单击 Add Prefix 按钮，创建另一个前缀。

（3）将新前缀重命名为/images。

（4）选择/icon 前缀，然后单击 Add 按钮，接着单击 Add Files 按钮。

（5）将出现一个文件选择窗口，使用该窗口选择所有图标文件。可以通过在键盘上按下 Ctrl 键的同时单击文件来选择多个文件。完成后单击 Open 按钮。

（6）选择/images 前缀，然后单击 Add 按钮，接着单击 Add Files 按钮。文件选择窗口将再次弹出，这一次将选择背景图像。

（7）重复前面的步骤，但这一次将 Logo 图像添加到/images 前缀。完成后不要忘记按下 Ctrl + S 组合键进行保存。.qrc 文件现在应该如图 1.13 所示。

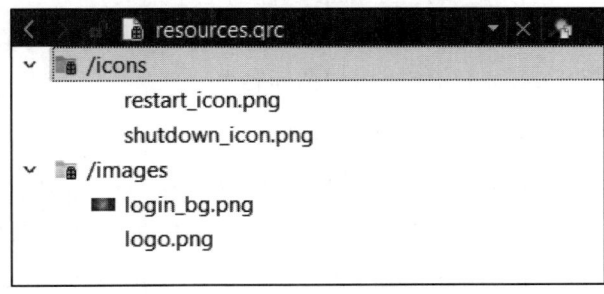

图 1.13　资源文件结构

（8）返回至 mainwindow.ui 文件，并使用我们刚刚添加到项目中的资源。选择位于顶部面板的重启按钮。在属性编辑器区域向下滚动，直到看到 icon 属性。单击带有下拉箭头图标的小按钮，并从菜单中选择 Choose Resources。

（9）此时将弹出 Choose Resources 窗口。在左侧面板上单击 icons 前缀，并在右侧面板上选择重启图标。随后单击 OK 按钮。

（10）按钮上将出现一个小图标。该图标看起来很小，因为默认图标大小设置为 16×16。将 iconSize 属性更改为 50×50，随后图标将变大。对于关闭按钮，重复前面的步骤，只是这次选择关闭图标。

（11）现在这两个按钮应该如图 1.14 所示。

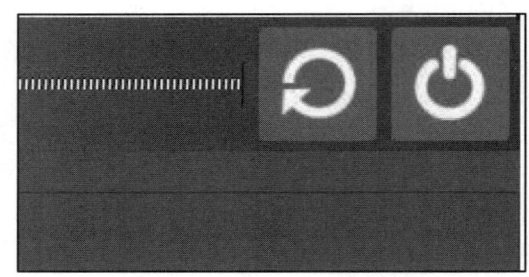

图 1.14 为按钮应用图标

（12）使用添加到资源文件中的图像作为 Logo。选择 Logo 组件，并移除之前添加的用于渲染其轮廓的样式表。

（13）在属性编辑器区域向下滚动，直到看到 pixmap 属性。

（14）单击 pixmap 属性后面的下拉按钮，并从菜单中选择 Choose Resources。选择 Logo 图像并单击 OK 按钮。Logo 的大小不再遵循之前设置的尺寸，它现在遵循图像的实际尺寸。我们不能改变它的尺寸，因为这就是 pixmap 属性的工作方式。

（15）如果想要更多地控制 Logo 的尺寸，可以从 pixmap 属性中移除图像，转而使用样式表。我们可以使用以下代码将图像应用到图标容器。

```
border-image: url(:/images/logo.png);
```

（16）要获取图像的路径，右键单击文件列表窗口中图像的名称，并选择 Copy path。路径将被保存到操作系统剪贴板中。现在，可以直接将其粘贴到前面的样式表中。使用这种方法将确保图像适应应用样式的组件的尺寸。现在，Logo 应如图 1.15 所示。

（17）使用样式表将壁纸图像应用到背景。由于背景尺寸会根据窗口大小变化，我们这里不能使用 pixmap。相反，我们将在样式表中使用 border-image 属性。右键单击主窗口并选择 Change styleSheet...以打开 Edit Style Sheet 窗口。我们将在 centralWidget 组件的样式表下添加下列新代码。

```
#centralWidget {
    background: rgba(32, 80, 96, 100);
    border-image: url(:/images/login_bg.png);
}
```

（18）当前，登录界面如图 1.16 所示。

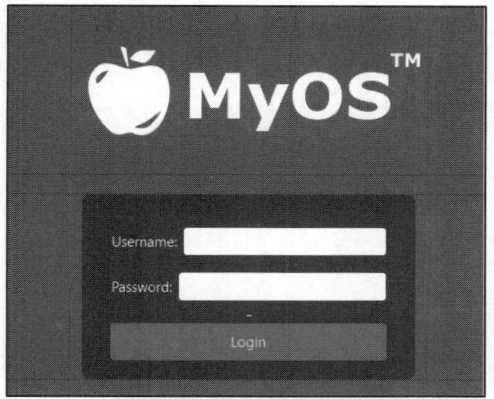
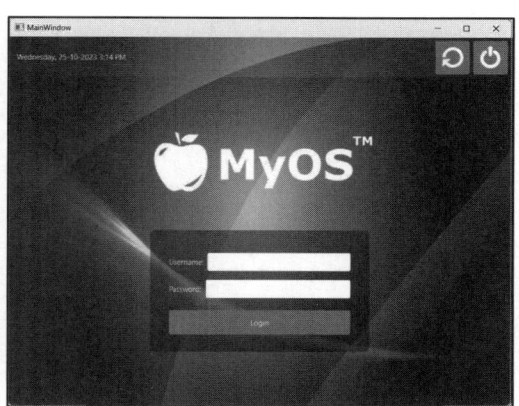

图 1.15　Logo 出现在登录表单的顶部　　　　图 1.16　最终结果看起来整洁有序

1.5.2　工作方式

Qt 中的资源系统在编译时将二进制文件（如图像和翻译文件）存储在可执行文件中。它读取项目中的资源集合文件（.qrc），以定位需要存储在可执行文件中的文件，并将它们包含在构建过程中。.qrc 文件如下所示。

```
<!DOCTYPE RCC>
<RCC version="1.0">
    <qresource>
        <file>images/copy.png</file>
        <file>images/cut.png</file>
        <file>images/new.png</file>
        <file>images/open.png</file>
        <file>images/paste.png</file>
        <file>images/save.png</file>
```

```
    </qresource>
</RCC>
```

该文件使用 XML 格式存储资源文件的路径,这些路径是相对于包含它们的目录的。列出的资源文件必须位于与.qrc 文件相同的目录中,或其子目录之一中。

1.6 定制属性和子组件

Qt 的样式表系统能够轻松创建令人惊叹且具有专业外观的用户界面。本例将学习如何为组件设置自定义属性,并使用它们在不同样式之间进行切换。

1.6.1 实现方式

按照以下步骤自定义组件属性和子组件。

(1)创建一个新的 Qt 项目。为此目的,这里已经准备了用户界面。用户界面包含左侧的 3 个按钮,以及右侧的带有 3 页的标签组件,如图 1.17 所示。

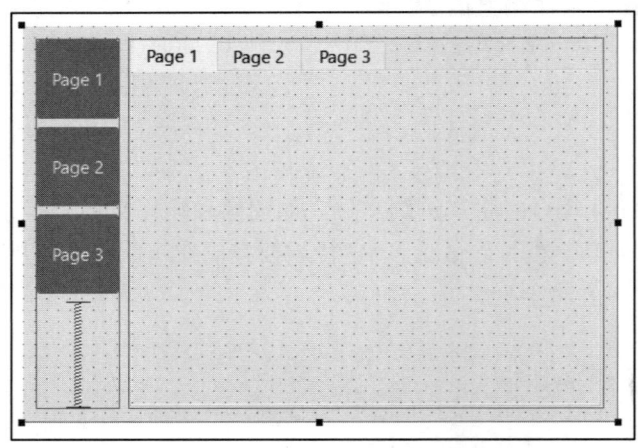

图 1.17　包含 3 个标签页和按钮的基本用户界面

(2)这 3 个按钮是蓝色的,因为已经给主窗口添加了以下样式表(而不是单独的按钮)。

```
QPushButton {
    color: white;
    background-color: #27a9e3;
```

```
    border-width: 0px;
    border-radius: 3px;
}
```

(3)下面将通过向主窗口添加以下样式表以解释 Qt 中的伪状态是什么。读者可能对此已经较为熟悉。

```
QPushButton:hover {
    color: white;
    background-color: #66c011;
    border-width: 0px;
    border-radius: 3px;
}
```

(4)我们在 1.4 节中使用了前述样式表,以在鼠标悬停事件发生时改变按钮的颜色。这是通过 Qt 样式表的伪状态实现的,在这种情况下,伪状态是 hover,它通过冒号与 QPushButton 类分开。每个组件都有一组通用的伪状态,如 active、disabled 和 enabled,以及一组适用于其组件类型的伪状态。例如,open 和 flat 这样的状态可用于 QPushButton,但不适用于 QLineEdit。下面添加 pressed 伪状态,以在用户单击按钮时将其颜色更改为黄色。

```
QPushButton:pressed {
    color: white;
    background-color: yellow;
    border-width: 0px;
    border-radius: 3px;
}
```

(5)伪状态允许用户根据适用于它们的条件加载不同的样式表集合。Qt 通过在 Qt 样式表中实现动态属性,将这一概念推向了更深层次。这使我们能够在满足自定义条件时更改组件的样式表。我们可以利用这一特性,根据在 Qt 中使用自定义属性设置的自定义条件,更改按钮的样式表。首先将把这个样式表添加到主窗口中。

```
QPushButton[pagematches=true] {
    color: white;
    background-color: red;
    border-width: 0px;
    border-radius: 3px;
}
```

(6)如果 pagematches 属性返回 true,则会将按钮的背景颜色更改为红色。该属性在 QPushButton 类中不存在。然而,可以使用 QObject::setProperty()方法将它添加到按钮中。

- 在 mainwindow.cpp 源代码中，在 ui->setupUi(this)之后添加以下代码。

```
ui->button1->setProperty("pagematches", true);
```

上述代码将为第一个按钮添加一个名为 pagematches 的自定义属性，并将它的值设置为 true。这将使第一个按钮默认变为红色。

- 右键单击 Tab Widget，选择 Go to slot…。随后将弹出一个窗口，从列表中选择 currentChanged(int)选项，然后单击 OK 按钮。Qt 将生成一个槽函数（slot function），如下所示。

```
private slots:
void on_tabWidget_currentChanged(int index);
```

- 槽函数将在更改标签组件的页面时被调用。可以通过向槽函数添加代码来决定它应该执行什么操作。对此，打开 mainwindow.cpp 文件并可看到函数的声明。让我们向该函数添加一些代码。

```
void MainWindow::on_tabWidget_currentChanged(int index) {
    // Set all buttons to false
    ui->button1->setProperty("pagematches", false);
    ui->button2->setProperty("pagematches", false);
    ui->button3->setProperty("pagematches", false);
    // Set one of the buttons to true
    if (0 == index)
        ui->button1->setProperty("pagematches", true);
    else if (index == 1)
        ui->button2->setProperty("pagematches", true);
    else
        ui->button3->setProperty("pagematches", true);
    // Update buttons style
    ui->button1->style()->polish(ui->button1);
    ui->button2->style()->polish(ui->button2);
    ui->button3->style()->polish(ui->button3);
}
```

（7）上述代码在 Tab Widget 切换当前页面时，将所有 3 个按钮的 pagematches 属性设置为 false。在决定哪个按钮应该变为红色之前，确保重置所有设置。

（8）检查事件信号提供的 index 变量；这将告诉我们当前页面的索引号。根据索引号，将其中一个按钮的 pagematches 属性设置为 true。

（9）通过调用 polish()刷新所有 3 个按钮的样式。我们可能还想在 mainwindow.h 中添加以下头文件。

```
#include <QStyle>
```

（10）构建并运行项目。现在，每当切换 Tab Widget 到不同页面时，应该看到这 3 个按钮变为红色。此外，当鼠标悬停在按钮上时，按钮会变为绿色，单击按钮时则会变黄色，如图 1.18 所示。

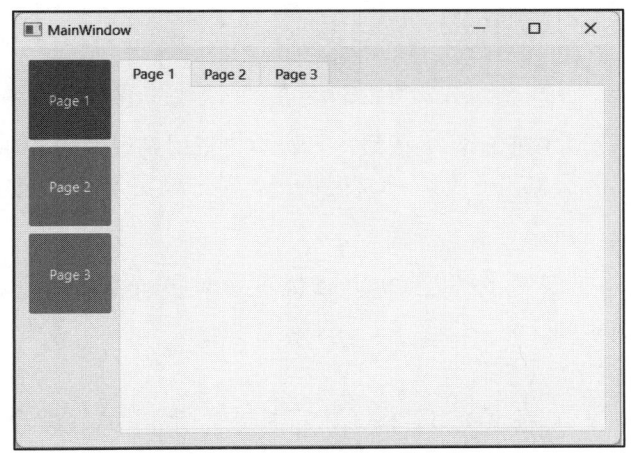

图 1.18　最终的结果

1.6.2　工作方式

Qt 为用户提供了为任何类型的组件添加自定义属性的自由。如果我们希望在满足特定条件时更改某个特定的组件，而 Qt 默认不提供这样的上下文时，自定义属性则非常有用。这允许用户扩展 Qt 的可用性，并使其成为定制解决方案的灵活工具。

例如，如果在主窗口上有一行按钮，并且需要其中一个按钮根据 Tab Widget 当前显示的页面改变其颜色，按钮本身没有办法知道它们何时应该改变颜色，因为 Qt 本身没有内置这种类型情况的上下文。为了解决这个问题，Qt 提供了一种向组件添加自己的属性的方法，它使用了一个名为 QObject::setProperty() 的通用函数。要读取自定义属性，可以使用另一个名为 QObject::property() 的函数。

接下来将讨论 Qt 样式表中的子组件。通常，一个组件不仅仅是一个单独的对象，而是由多个对象或组件组合而成，形成更复杂的组件。这些对象被称为子组件。

例如，一个微调框组件包含一个输入框、一个向下按钮、一个向上按钮、一个向上箭头和一个向下箭头，与一些其他组件相比，这相当复杂。在这种情况下，Qt 通过允许使用样式表更改每个子组件，赋予我们更大的灵活性（如果愿意）。我们可以通过在组件类名后面加上双冒号来指定子组件的名称。例如，如果想更改微调框的向下按钮的图像，可以这样编写样式表。

```
QSpinBox::down-button {
    image: url(:/images/spindown.png);
    subcontrol-origin: padding;
    subcontrol-position: right bottom;
}
```

这仅将图像应用到微调框的向下按钮上，而不会应用到组件的其他任何部分。通过结合使用自定义属性、伪状态和子组件，Qt 提供了一种非常灵活的方法来定制用户界面。

注意：

访问以下链接以了解更多关于 Qt 中的伪状态和子组件的信息：http://doc.qt.io/qt-6/stylesheet-reference.html。

1.7 在 Qt 建模语言中进行样式设计

Qt 元编程语言或 Qt 建模语言（QML）是一种受 JavaScript 启发的用户界面标记语言，Qt 用它来设计用户界面。Qt 提供了 Qt Quick 组件（由 QML 技术支持的组件），可以轻松设计适合触摸操作的用户界面，而无须 C++编程。我们将通过本例中提供的步骤，进一步学习如何使用 QML 和 Qt Quick 组件以设计程序的用户界面。

1.7.1 实现方式

按照以下步骤了解 QML 中的样式设计。

（1）从 Qt 6 开始，Qt 公司发布了一个名为 Qt Design Studio 的独立程序，用于开发 Qt Quick 应用程序。它的目的是将设计师和程序员的不同任务分开。因此，如果读者是一名 GUI 设计师，那么应该使用 Qt Design Studio；而如果读者是一名程序员，则应该继续使用 Qt Creator。安装并打开 Qt Design Studio 后，通过单击 Create Project...按钮，或从顶部菜单栏选择 File | New Project...创建一个新项目，如图 1.19 所示。

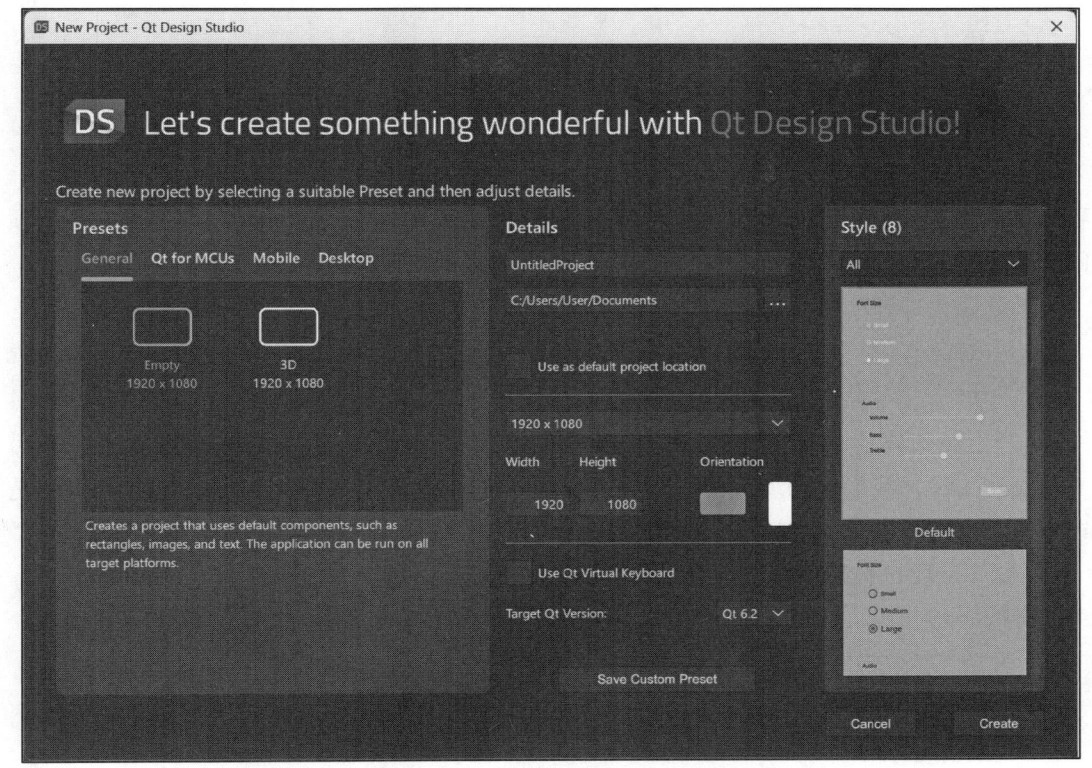

图 1.19 在 Qt Design Studio 中创建一个新的 QML 项目

（2）当 New Project 窗口出现后，输入项目窗口的默认宽度和高度，并为项目输入一个名称。然后，选择希望创建项目的目录，并选择一个默认的 GUI 样式，同时选择一个目标 Qt 版本，并单击 Create 按钮。Qt Quick 项目现在将由 Qt Design Studio 创建。

（3）QML 项目与 C++ Qt 项目之间存在一些差异。我们将看到项目资源中有一个 App.qml 文件。该.qml 文件是使用 QML 标记语言编写的 UI 描述文件。如果双击 main.qml 文件，Qt Creator 将打开脚本编辑器，我们将看到类似这样的内容。

```
import QtQuick 6.2
import QtQuick.Window 6.2
import MyProject
Window {
    width: mainScreen.width
    height: mainScreen.height
```

```
    visible: true
    title: "MyProject"
    Screen01 {
        id: mainScreen
    }
}
```

（4）此文件指示 Qt 创建一个窗口，该窗口加载名为 Screen01 的用户界面，并带有项目名称的窗口标题。Screen01 界面来自另一个名为 Screen01.ui.qml 的文件。

（5）如果打开项目中 scr 文件夹中的 main.cpp 文件，我们将看到以下代码行。

```
QQmlApplicationEngine engine;
const QUrl url(u"qrc:Main/main.qml"_qs);
```

（6）上述代码告诉 Qt 的 QML 引擎在程序启动时加载 main.qml 文件。如果想要加载另一个 .qml 文件，我们就知道该去哪里寻找代码了。src 文件夹在 Qt Design Studio 项目中是隐藏的，我们可以在项目目录中找到它。

（7）如果现在构建项目，将得到一个带有简单文本和标有 Press me 的按钮的巨大窗口。当单击按钮时，窗口的背景颜色和文本将会改变，如图 1.20 所示。

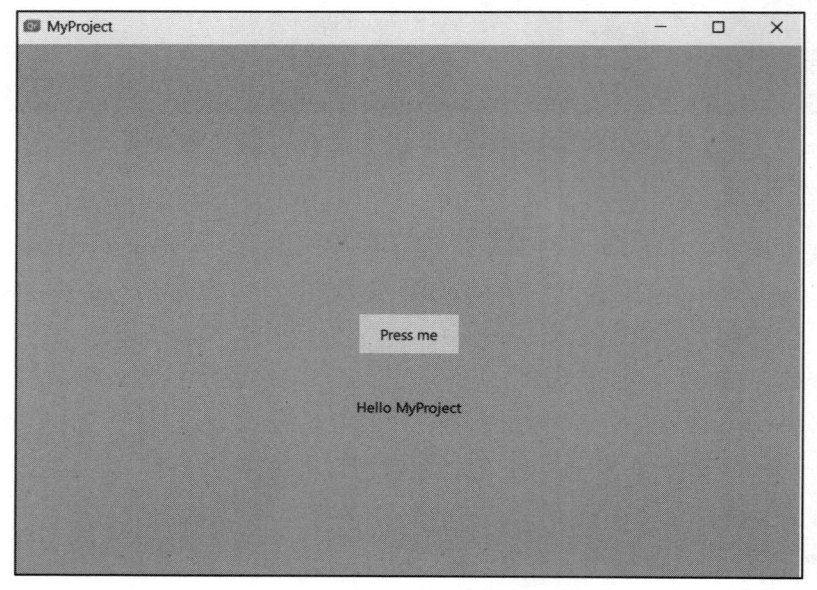

图 1.20　第一个 Qt Quick 程序

（8）要添加用户界面元素，可通过 File | New File...并选择 Files and Classes | Qt Quick

Files 类别下的 Qt Quick UI File 创建一个 Qt Quick 用户界面文件，如图 1.21 所示。

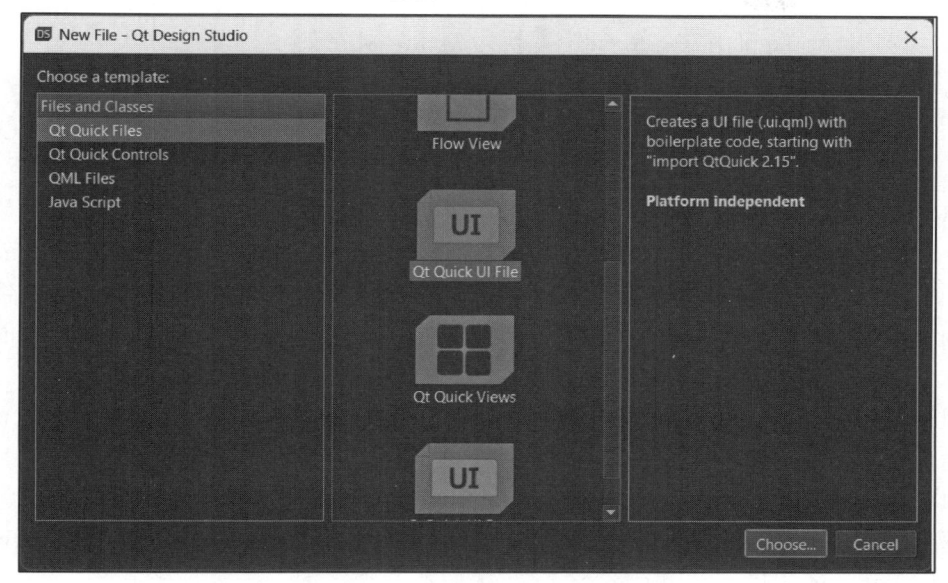

图 1.21　创建新的 Qt Quick UI 文件

（9）将 Component name 设置为 Main，然后单击 Finish 按钮，如图 1.22 所示。

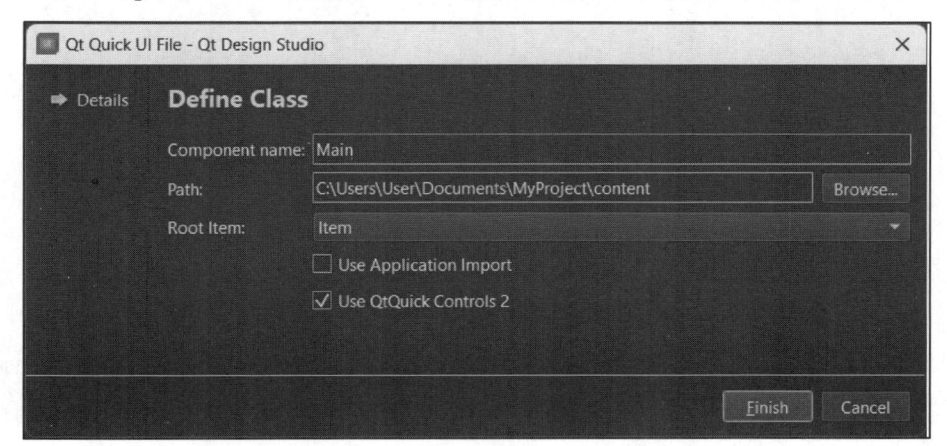

图 1.22　为 Qt Quick 组件赋予一个有意义的名称

（10）一个名为 Main.ui.qml 的新文件已被添加到项目资源中。如果创建时 Qt Design

Studio 没有自动打开它，请尝试双击该文件并打开 Main.ui.qml 文件。我们将看到一个与之前 C++ 项目中的完全不同的用户界面编辑器。

（11）打开 App.qml 并将 Screen01 替换为 Main，如下所示。

```
Main {
    id: mainScreen
}
```

（12）当 App.qml 由 QML 引擎加载时，它也会将 Main.ui.qml 导入用户界面中，因为 App.qml 文件中现在调用了 Main。Qt 会根据命名约定搜索其 .qml 文件，以检查 Main 是否是一个有效的用户界面。这个概念与之前案例中完成的 C++ 项目类似，App.qml 文件就像 main.cpp 文件，而 Main.ui.qml 就像 MainWindow 类。此外，还可以创建其他用户界面模板并在 App.qml 中使用它们。希望这种比较能让您更容易理解 QML 的工作原理。

（13）打开 Main.ui.qml。我们应该在 Navigator 窗口中只看到一个组件列表：Item。这是窗口的基本布局，且不应被删除。它类似于之前案例中使用的 centralWidget。

（14）目前画布是空的，让我们拖曳一个 Mouse Area 组件和 Text 组件到画布上。调整 Mouse Area 的大小，使其填满整个画布。同时，确保 Mouse Area 和 Text 都放置在 Navigator 面板中的 Item 下，如图 1.23 所示。

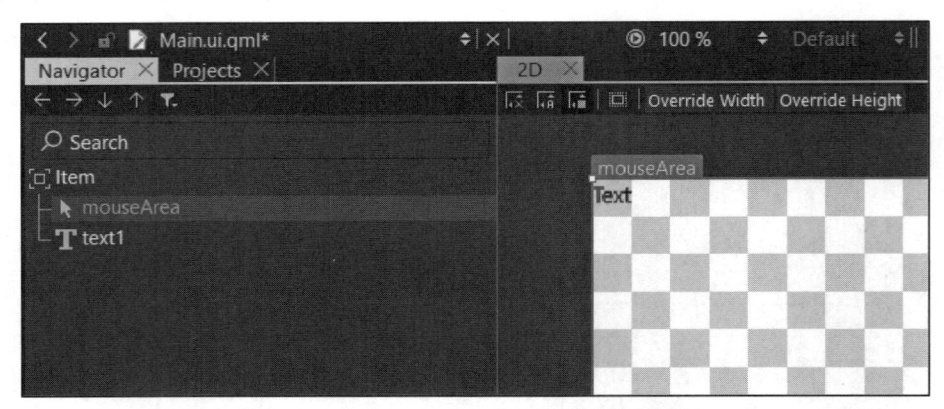

图 1.23　将 Mouse Area 和 Text 拖曳至画布上

（15）Mouse Area 是在鼠标单击或手指触摸（对于移动平台）时被触发的。Mouse Area 也用于 Button 组件中，我们不久将会使用到它。Text 不言而喻：它是一个标签，用于在应用程序中显示一段文本。

（16）在 Navigator 窗口中，可以通过单击组件旁边类似眼睛的图标来隐藏或显示一个组件。当一个组件被隐藏时，它将不会出现在画布或编译后的应用程序中。就像 C++ Qt 项目中的组件一样，Qt Quick 组件根据父子关系层次排列。所有子组件都将放置在父组件下，且位置缩进。在当前例子中，可以看到 Mouse Area 和 Text 与 Item 相比位置稍微向右，因为它们都是 Item 的子组件。我们可以通过使用 Navigator 窗口中的单击和拖曳方法重新排列父子关系，以及它们在层次结构中的位置。我们可以尝试单击 Text 并将其拖曳至 Mouse Area 上方。随后可以看到 Text 改变了位置，现在位于鼠标区域下方，且缩进更宽，如图 1.24 所示。

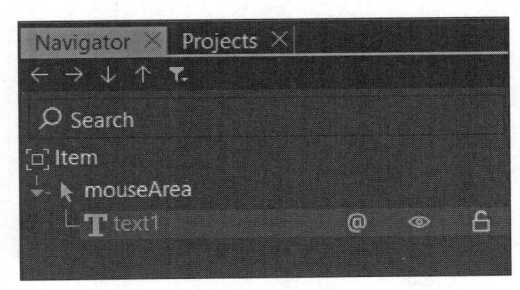

图 1.24　重新排列组件之间的父子关系

（17）可以通过使用 Navigator 窗口顶部的箭头按钮来重新排列它们。对父组件发生的任何事情也会影响其所有子组件，如移动父组件、隐藏和显示父组件。

注意：
可以通过按住鼠标中键（或鼠标滚轮）并移动鼠标平移画布视图。此外，也可以通过按下键盘上的 Ctrl 键并滚动鼠标放大和缩小视图。默认情况下，滚动鼠标会将画布视图上下移动。然而，如果鼠标光标位于画布的水平滚动条上，滚动鼠标将会左右移动视图。

（18）删除 Mouse Area 和 Text，因为我们将学习如何使用 QML 和 Qt Quick 从头开始创建用户界面。

（19）将 Item 组件的大小设置为 800×600，因为需要更大的空间来放置组件。

（20）将之前的 C++项目中使用的图像（即 1.5 节中使用的图像）复制到 QML 项目的文件夹中，因为我们将使用 QML 重新创建相同的登录界面。

（21）将图像添加到资源文件中，以便可以在用户界面中使用它们。

（22）打开 Qt Design Studio 并切换到 Resources 窗口。直接将背景图像拖曳至画布上。在 Properties 窗格上切换到 Layout 标签，然后单击填充锚点按钮，这里用圆圈标示，如图 1.25 所示。这将使背景图像始终贴合窗口大小。

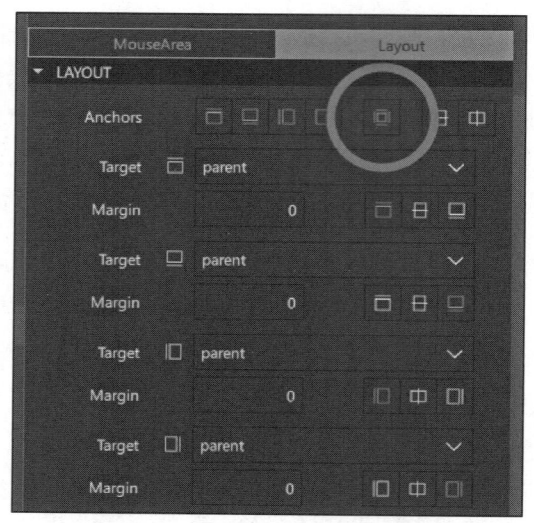

图 1.25 选择填充锚点按钮，使项目跟随其父对象的大小

（23）从 Library 窗口中单击并拖曳一个 Rectangle 组件到画布上，并将其作为程序的顶部面板。

（24）对于顶部面板，启用顶部锚点、左侧锚点和右侧锚点，以便面板紧贴窗口顶部并跟随其宽度。确保所有边距都设置为 0。

（25）转到顶部面板的 Color 属性，并选择 Gradient。将第一种颜色设置为#805bcce9，第二种颜色设置为#80000000。这将创建一个半透明的带有蓝色渐变的面板。

（26）向画布添加一个 Text 组件，并将其设置为顶部面板的子组件。将其 text 属性设置为当前的日期和时间（例如，Wednesday, 25-10-2023 3:14 PM）并用于显示。然后，将文本颜色设置为白色。

（27）切换到 Layout 标签，并启用顶部锚点和左侧锚点，以便 Text 组件始终紧贴界面的左上角。

（28）向界面添加一个 Mouse Area 组件，并将其实例大小设置为 50×50。然后，通过在 Navigator 窗口中将其拖曳至顶部面板上方，使其成为顶部面板的子组件。

（29）将 Mouse Area 的颜色设置为蓝色（#27a9e3），并将其圆角设置为 2，使其边角略微圆滑。启用顶部锚点和右侧锚点，使其紧贴窗口的右上角。将顶部锚点的边距设置为 8，右侧锚点的边距设置为 10，以创建一些空间。

（30）打开 Resources 窗口，并将关闭图标拖曳至画布上。使其成为刚刚创建的 Mouse Area 的子组件。然后，启用填充锚点，使其适应鼠标区域的大小。

（31）现在，组件应该在 Navigator 窗口中按图 1.26 中的顺序排列。

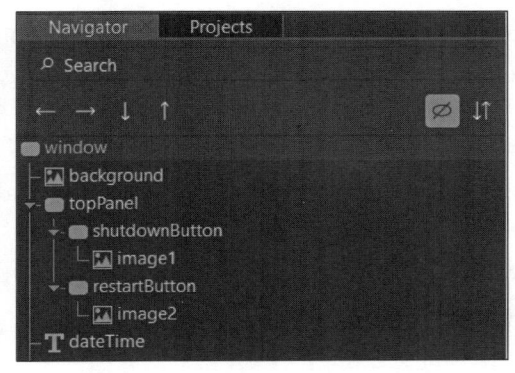

图 1.26　谨慎处理组件之间的父子关系

（32）父子关系和布局锚点对于在主窗口改变大小时保持组件在正确的位置都非常重要。当前，顶部面板应如图 1.27 所示。

图 1.27　完成顶部面板设计

（33）接下来处理登录表单。通过从 Library 窗口拖曳，向画布添加一个新的 Rectangle 组件。将它调整为 360×200，并将它的圆角设置为 15。

（34）将颜色设置为#80000000，这将把它变为带有 50%透明度的黑色。

（35）启用垂直居中锚点和水平居中锚点，使矩形始终与窗口中心对齐。然后，将垂直居中锚点的边距设置为 100，这样它就会稍微向下移动。这将确保有足够的空间放置 Logo。图 1.28 展示了锚点的设置。

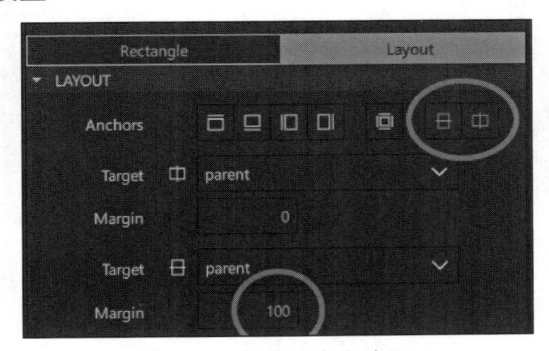

图 1.28　设置对齐和边距

（36）向画布添加 Text 组件。将它们设置为登录表单（Rectangle 组件）的子组件，并将其 text 属性设置为 Username:和 Password:。将其文本颜色更改为白色，并相应地定位它们。这一次不需要设置边距，因为它们将遵循矩形的位置。

（37）向画布添加两个文本输入组件，并将其放置在刚刚创建的 Text 组件旁边。确保文本输入也是登录表单的子组件。由于文本输入不包含任何背景颜色属性，我们需要向画布添加两个矩形来用作它们的背景。

（38）向画布添加两个 Rectangle 组件，并使每个 Rectangle 组件成为刚刚创建的文本输入组件的子组件。将 radius 属性设置为 5，使其具有一些圆角特征。之后，启用填充锚点，使它们能够跟随文本输入组件的大小。

（39）在密码输入框下方创建登录按钮。向画布添加一个 Mouse Area，并使其成为登录表单的子组件。将其调整为我们喜欢的尺寸，并将其移动到适当的位置。

（40）由于 Mouse Area 不包含任何背景颜色属性，我们需要添加一个 Rectangle 组件，并使其成为 Mouse Area 的子组件。将 Rectangle 的颜色设置为蓝色（#27a9e3），并启用填充锚点，使其与 Mouse Area 很好地配合。

（41）向画布添加一个 Text 组件，并使其成为登录按钮的子组件。将其文本颜色更改为白色，并将 text 属性设置为 Login。最后，启用水平居中锚点和垂直居中锚点，使它们与按钮中心对齐。

（42）现在，我们将得到一个与在 C++项目中制作的非常相似的登录表单，如图 1.29 所示。

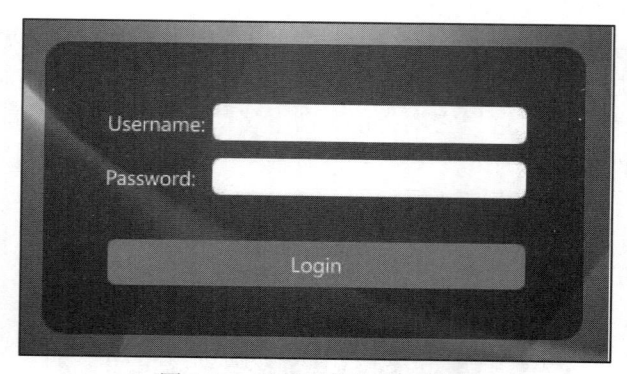

图 1.29 登录表单的最终设计

（43）Logo 的添加过程非常简单。打开 Resources 窗口，并将 Logo 图像拖曳至画布上。

（44）使其成为登录表单的子组件，并将尺寸设置为 512×200。

（45）将其定位在登录表单的顶部。

（46）图 1.30 显示了编译后的用户界面。我们成功地用 QML 和 Qt Quick 重现了 C++ 项目中的登录界面。

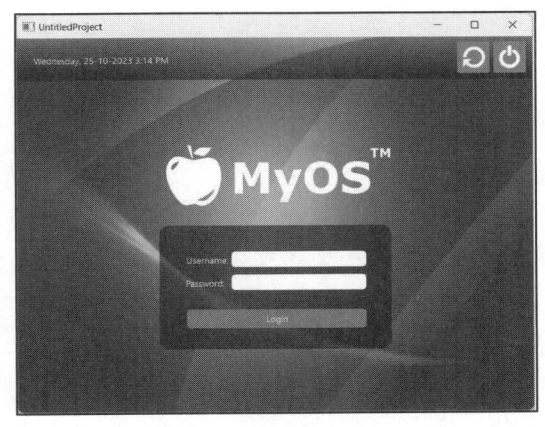

图 1.30　最终的结果

1.7.2　工作方式

Qt Quick 编辑器在放置应用程序中的组件方面采用了与表单编辑器截然不同的方法。用户可以决定哪种方法最适合他们的需求。图 1.31 显示了 Qt Quick 设计器的外观。

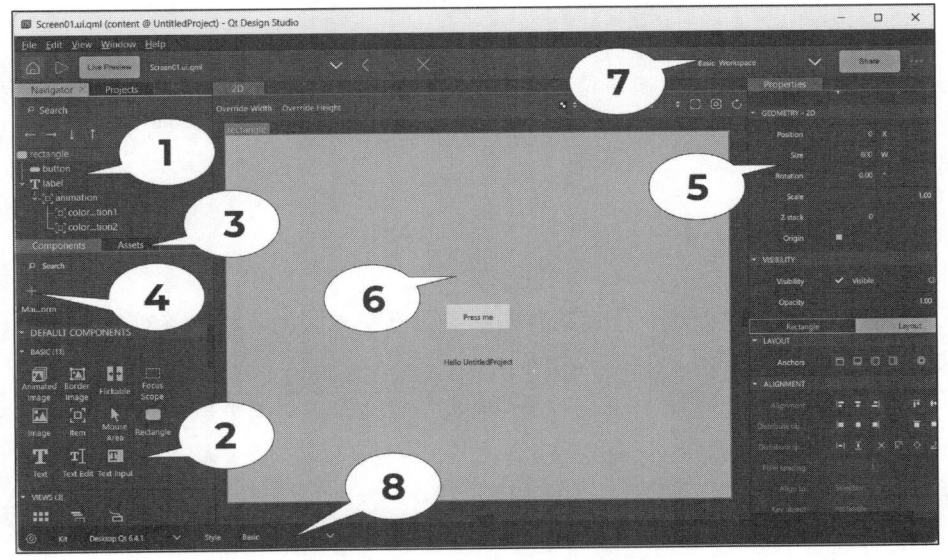

图 1.31　Qt Design Studio 用户界面概览

编辑器用户界面的各个元素如下所示。

（1）Navigator：Navigator 窗口以树状结构显示当前 QML 文件中的项目。它类似于 1.2 节中使用的其他 Qt 设计器中的对象操作窗口。

（2）Library：Library 窗口显示所有在 QML 中可用的 Qt Quick 组件或 Qt Quick 组件。可以单击并将其拖曳至画布窗口以添加到用户界面中。此外，还可以创建自定义 QML 组件并在这里显示。

（3）Assets：Assets 窗口以列表形式显示所有资源，然后可以在 UI 设计中使用。

（4）Add Modules：Add Modules 按钮允许将不同的 QML 模块导入当前的 QML 文件中，如蓝牙模块、WebKit 模块或定位模块，并为 QML 项目添加额外的功能。

（5）Properties：类似于之前使用的属性编辑器区域，QML 设计器中的 Properties 窗格显示所选项的属性。我们还可以在代码编辑器中更改项目属性。

（6）Canvas：Canvas 是创建 QML 组件和设计应用程序的工作区域。

（7）Workspace Selector：Workspace Selector 区域显示了 Qt Design Studio 编辑器中可用的不同布局，允许用户选择适合他们需要的工作区。

（8）Style Selector：Style Selector 区域允许选择不同的样式，以预览应用程序在特定平台上运行时的外观。这对于开发跨平台应用程序非常有用。

1.8 将 QML 对象指针暴露给 C++

有时，我们希望通过 C++脚本修改 QML 对象的属性，如更改标签的文本、隐藏/显示组件或更改其大小。Qt 的 QML 引擎允许将 QML 对象注册到 C++类型，这会自动暴露其所有属性。

1.8.1 实现方式

我们希望在 QML 中创建一个标签并偶尔更改其文本。为了将标签对象暴露给 C++，可以执行以下操作。

（1）在 mylabel.h 中创建一个名为 MyLabel 的 C++类，它继承自 QObject 类。

```
class MyLabel : public QObject {
Q_OBJECT
public:
    // Object pointer
```

```
    QObject* myObject;
    explicit MyLabel(QObject *parent = 0);
    // Must call Q_INVOKABLE so that this function can be used
    // in QML
    Q_INVOKABLE void SetMyObject(QObject* obj);
}
```

（2）在 mylabel.cpp 源文件中，定义一个名为 SetMyObject() 的函数以保存对象指针。此函数稍后将在 QML 中的 mylabel.cpp 中被调用。

```
void MyLabel::SetMyObject(QObject* obj) {
    // Set the object pointer
    myObject = obj;
}
```

（3）在 main.cpp 中包含 MyLabel 头文件，并使用 qmlRegisterType() 函数将其注册到 QML 引擎。

```
include "mylabel.h"
int main(int argc, char *argv[]) {
    // Register your class to QML
    qmlRegisterType<MyLabel>("MyLabelLib", 1, 0, "MyLabel");
}
```

（4）注意，在 qmlRegisterType() 中需要声明 4 个参数。除了声明类名（MyLabel），还需要声明库名（MyLabelLib）及其版本（1.0）。这将用于将类导入 QML 中。

（5）在 QML 中将 QML 引擎映射到标签对象，并在 QML 文件中通过调用 import MyLabelLib 1.0 导入之前在步骤（3）中定义的类库。注意，库名及其版本号必须与在 main.cpp 中声明的内容相匹配；否则，它将抛出错误。在 QML 中声明 MyLabel 并将其 ID 设置为 mylabels 后，调用 mylabel.SetMyObject(myLabel) 以在标签初始化后立即将其指针暴露给 C/C++。

```
import MyLabelLib 1.0
ApplicationWindow {
    id: mainWindow
    width: 480
    height: 640
    MyLabel {
         id: mylabel
    }
    Label {
```

```
        id: helloWorldLabel
        text: qsTr("Hello World!")
        Component.onCompleted: {
              mylabel.SetMyObject(hellowWorldLabel);
        }
    }
}
```

（6）在将标签指针暴露给 C/C++之前，请等待标签完全初始化；否则可能会导致程序崩溃。为确保其完全初始化，请在 Component.onCompleted 内调用 SetMyObject()函数，而不是在任何其他函数或事件回调中调用。现在 QML 标签已经暴露给 C/C++，可以通过调用 setProperty()函数更改其任何属性。例如，可以将其可见性设置为 true，并将文本更改为 Bye bye world!。

```
// Qvariant automatically detects your data type
myObject->setProperty("visible", Qvariant(true));
myObject->setProperty("text", Qvariant("Bye bye world!"));
```

（7）除了更改属性，还可以通过以下代码调用其函数。

```
QVariant returnedValue;
QVariant message = "Hello world!";
QMetaObject::invokeMethod(myObject, "myQMLFunction",
Q_RETURN_ARG(QVariant, returnedValue), Q_ARG(QVariant,
message));
qDebug() << "QML function returned:" <<
returnedValue.toString();
```

（8）简单地说，如果不期望从 invokedMethod()函数中返回任何值，我们可以只调用两个参数的 invokedMethod()函数。

```
QMetaObject::invokeMethod(myObject, "myQMLFunction");
```

1.8.2　工作方式

QML 被设计成可以通过 C++代码进行扩展。Qt QML 模块中的类允许 QML 对象在 C++中被使用和操作，QML 引擎与 Qt 的元对象系统的结合能力允许直接从 QML 调用 C++功能。要向 QML 添加一些 C++数据或应用，它应该来自一个派生自 QObject 的类。QML 对象类型可以从 C++中创建并被监控以访问它们的属性、调用它们的方法和获取它们的信号警报。这是可能的，因为所有 QML 对象类型都是使用派生自 QObject 的类执行的，允许 QML 引擎通过 Qt 元对象系统强制加载和检查对象。

1.8.3　附加内容

Qt 6 提供了两种不同类型的 GUI 工具包，即 Qt Widgets 和 Qt Quick。它们有各自的优势和长处，赋予程序员设计应用程序界面的能力与自由，而无须担心功能限制和性能问题。

Qt 6 允许选择最适合我们的工作风格和项目需求的最佳方法和编程语言。通过本章的学习，我们将能够迅速使用 Qt 6 创建外观美观且功能齐全的跨平台应用程序。

第 2 章 事件处理——信号与槽

信号和槽机制是 Qt 6 中最重要的特性之一。它是一种允许对象之间通信的方法,这是程序图形用户界面的一个关键部分。任何 QObject 对象或其子类可以发出信号,这将触发连接到该信号的任何对象的槽函数。

本章主要涉及下列主题。
- 信号和槽的简要介绍。
- 使用信号和槽处理 UI 事件。
- 简化异步编程。
- 函数回调。

2.1 技术要求

本章需要使用 Qt 6.6.1 MinGW 64-bit 和 Qt Creator 12.0.2。本章使用的所有代码都可以从以下 GitHub 仓库下载: https://github.com/PacktPublishing/QT6-C-GUI-Programming-Cookbook---Third-Edition-/tree/main/Chapter02。

2.2 信号和槽的简要介绍

与回调(Qt 6 同样支持)相比,信号和槽机制对程序员来说更加流畅和灵活。它是类型安全的,并且与处理函数不是强耦合的,这使得它比回调实现更加优秀。

2.2.1 实现方式

(1)创建一个 Qt Widgets 应用程序项目并打开 mainwindow.ui。
(2)从 Widget Box 中拖曳一个 PushButton 组件到 UI 画布上,如图 2.1 所示。
(3)右键单击 PushButton 组件并选择 Go to slot。随后将弹出一个窗口,如图 2.2 所示。

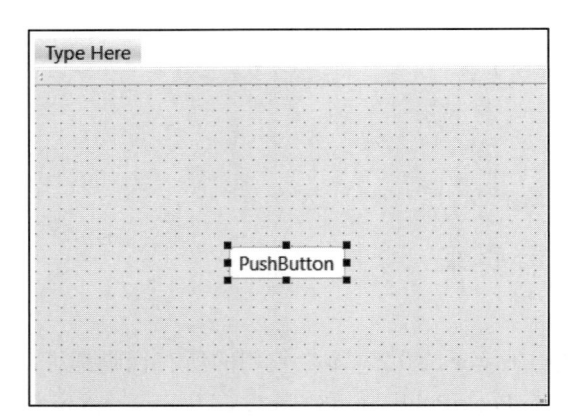

图 2.1　将按钮拖曳到 UI 画布上 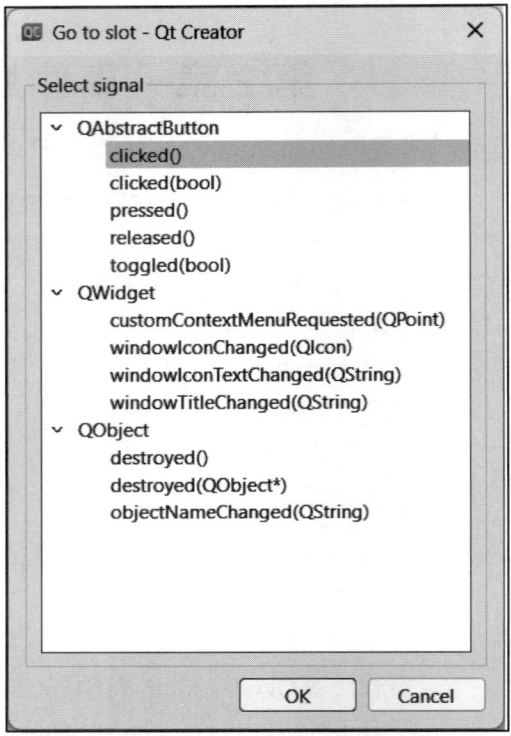　　图 2.2　选择 clicked()选项并单击 OK 按钮

（4）我们将看到可供按钮选择的一系列内置槽函数。选择 clicked()选项并单击 OK 按钮。现在，一个名为 on_pushButton_clicked() 的槽函数将出现在 mainwindow.h 和 mainwindow.cpp 中。在 Go to slot 窗口中单击 OK 按钮后，Qt Creator 会自动将槽函数添加到源代码中。如果现在查看 mainwindow.h，我们应该能在 private slots 关键字下看到一个额外的函数。

```cpp
class MainWindow : public QMainWindow {
    Q_OBJECT
public:
    explicit MainWindow(QWidget *parent = 0);
    ~MainWindow();
private slots:
    void on_pushButton_clicked();
private:
```

第 2 章 事件处理——信号与槽

```
    Ui::MainWindow *ui;
};
```

（5）对于 mainwindow.cpp 也是如此，其中，on_pushButton_clicked()函数已经添加完毕。

```
void MainWindow::on_pushButton_clicked()
{

}
```

（6）在源文件顶部添加 QMessageBox 头文件。

```
#include <QMessageBox>
```

（7）在 on_pushButton_clicked()函数内添加以下代码。

```
void MainWindow::on_pushButton_clicked() {
    QMessageBox::information(this, «Hello», «Button has been clicked!»);
}
```

（8）构建并运行项目。然后，单击 Push 按钮。随后会弹出一个消息框，如图 2.3 所示。

图 2.3　单击 Push 按钮后弹出一个消息框

（9）创建自己的信号和槽函数。选择 File | New File or Project，然后在 Files and Classes 类别下创建一个新的 C++类，如图 2.4 所示。

（10）需要将类命名为 MyClass，并确保基类是 QObject，如图 2.5 所示。

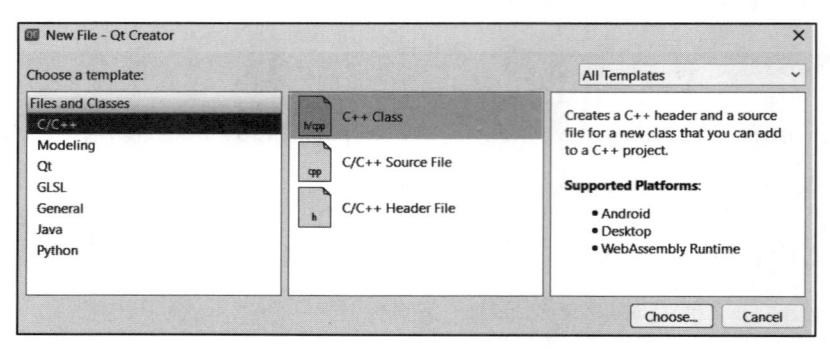

图 2.4 创建一个新的 C++ 类

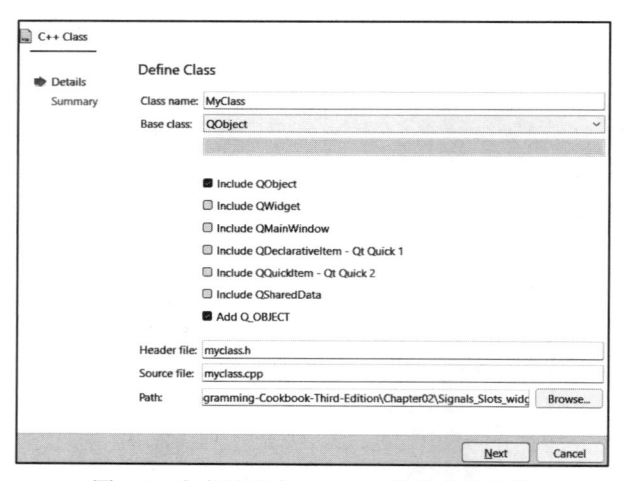

图 2.5 定义继承自 QObject 类的自定义类

（11）创建类之后，打开 myclass.h 并添加以下代码，为了清晰起见，相关代码以粗体显示。

```
#include <QObject>
#include <QMainWindow>
#include <QMessageBox>
class MyClass : public QObject {
    Q_OBJECT
public:
    explicit MyClass(QObject *parent = nullptr);
public slots:
    void doSomething();
};
```

第 2 章 事件处理——信号与槽

（12）打开 myclass.cpp 并实现 doSomething()槽函数。我们将从之前的示例中复制消息框函数。

```
#include "myclass.h"

MyClass::MyClass(QObject *parent) : QObject(parent) {}
void MyClass::doSomething() {
    QMessageBox::information(this, «Hello», «Button has been clicked!»);
}
```

（13）打开 mainwindow.h 文件并在顶部包含 myclass.h 头文件。

```
#ifndef MAINWINDOW_H
#define MAINWINDOW_H
#include "myclass.h"
namespace Ui {
class MainWindow;
}
```

（14）同时，在 myclass.h 中声明一个 doNow()信号。

```
signals:
    void doNow();
private slots:
    void on_pushButton_clicked();
```

（15）打开 mainwindow.cpp 并定义一个 MyClass 对象。然后，将在前一步中创建的 doNow()信号与 doSomething()槽函数连接起来。

```
MainWindow::MainWindow(QWidget *parent) : QMainWindow(parent),
ui(new Ui::MainWindow){
    ui->setupUi(this);
    MyClass* myclass = new MyClass;
    connect(this, &MainWindow::doNow, myclass, &MyClass::doSomething);
}
```

（16）更改 on_pushButton_clicked()函数的代码，如下所示。

```
void MainWindow::on_pushButton_clicked() {
    emit doNow();
}
```

（17）如果现在构建并运行程序，我们将得到与前面示例中类似的结果。然而，我们已经将消息框代码放置在 MyClass 对象中，而不是在 MainWindow 中。

上述步骤展示了如何利用 Qt 6 中的槽和信号特性，轻松地将组件动作连接到事件函数。

2.2.2 工作方式

信号和槽机制在 Qt 的最新版本中经历了一些变化，最明显的是其编码语法。Qt 6 不再支持旧的语法。因此，如果试图将旧的 Qt 5 项目移植到 Qt 6，必须更改代码以符合新的语法。

之前，通常会按照下列方式连接一个信号和一个槽。

```
connect(
    sender, SIGNAL(valueChanged(QString)),
    receiver, SLOT(updateValue(QString))
);
```

然而，目前情况有了一些细微的变化。在新的语法中，SIGNAL 和 SLOT 宏已经不再使用，且必须指定对象的类型，如下所示。

```
connect(
    sender, &Sender::valueChanged,
    receiver, &Receiver::updateValue
);
```

新的语法还允许将信号直接连接到一个函数，而不是 QObject。

```
connect(
    sender, &Sender::valueChanged, myFunction
);
```

此外，还可以将信号连接到一个 lambda 表达式。我们将在 2.4 节中更多地讨论这一点。

> **注意：**
> arbitrary 类的信号可以触发将要调用的无关类的任何私有槽，而回调则无法做到这一点。

2.2.3 附加内容

所有 Qt 项目都附带一个带有 .pro 扩展名的项目文件。这个项目文件专门用于 Qt 自己的 qmake 构建系统，它通过使用直接的声明式风格来简化大部分复杂的构建过程，并定义标准变量来指示项目中使用的源文件和头文件。

除此之外，还有一个名为 CMake 的替代构建系统，它也与 Qt 兼容。如果使用 CMake，则不需要 Qt 项目文件。相反，可以直接用 Qt Creator 打开 CMakeLists.txt，它将像使用 Qt 的项目文件一样打开项目。然而，不建议初学者在用 Qt 开发他们的第一个应用程序时使用 CMake，因为 CMake 须手动操作，而且需要更长的时间来掌握其功能。

> **注意**：
> 要了解更多关于 CMake 的信息，请访问 https://doc.qt.io/qt-6/cmake-getstarted.html。

Qt 将其特性和功能以模块和类的形式进行分类。每个模块包含一组相关的功能，这些功能在需要时可以单独添加到项目中。这允许程序员使他们的程序保持在最佳大小和性能。Qt 核心和 Qt GUI 模块默认包含在每个 Qt 项目中。要添加额外的模块，只需在 Qt 项目文件中添加模块关键字，或者如果使用 CMake 进行项目开发，则可在 CMakeLists.txt 中添加包并连接其库。

例如，如果想将 Qt Network 模块添加到项目中，则可在 Qt 项目文件中添加以下关键字。

```
QT += network
```

然而，在 CMake 中，该过程稍微复杂一些。

```
find_package(Qt6 REQUIRED COMPONENTS Network)
target_link_libraries(mytarget PRIVATE Qt6::Network)
```

在添加了 Qt Network 模块之后，现在可以访问其 C++类，如 QNetworkAccessManager、QNetworkInterface、QNetworkRequest 等。这种模块化方法为 Qt 创造了一个可扩展的生态系统，同时允许开发者轻松维护这个复杂而强大的框架。

> **注意**：
> 要了解更多关于各种不同的 Qt 模块的信息，可访问 https://doc.qt.io/qt.html。

2.3 使用信号和槽处理 UI 事件

之前的示例展示了在按钮上使用信号和槽的方法。现在，让我们探索其他常见组件类型中可用的信号和槽。

要学习如何将信号和槽与 UI 事件一起使用，可按照以下步骤操作。

（1）创建一个新的 Qt Widgets 应用程序项目。

（2）从 Widget Box 中拖曳一个按钮、组合框、行编辑、微调框和滑动条组件到 UI 画布上，如图 2.6 所示。

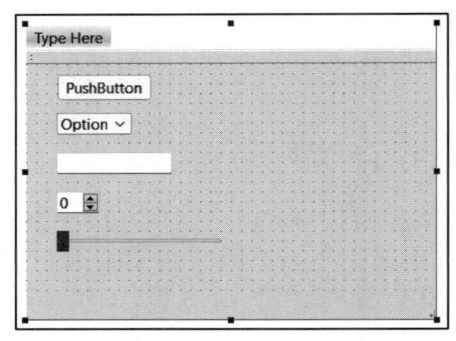

图 2.6　在 UI 画布上放置多个组件

（3）右键单击按钮，选择 clicked()选项，并单击 OK 按钮继续。Qt Creator 将创建一个槽函数，如图 2.7 所示。

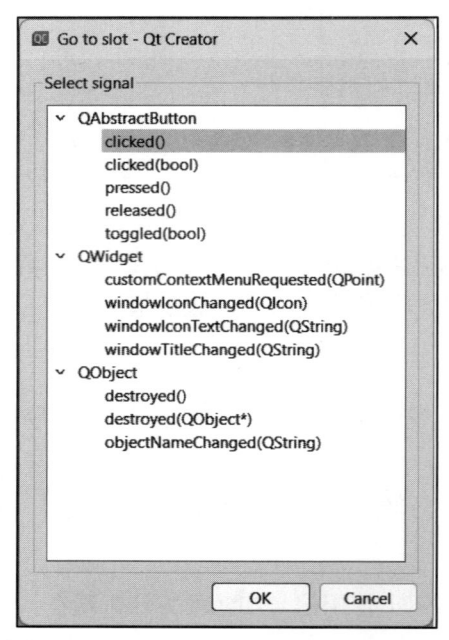

图 2.7　选择 clicked()选项并单击 OK 按钮

第 2 章 事件处理——信号与槽

（4）重复上一步骤，但这一次，继续选择下一个选项，直到 QabstractButton 下的每个函数都被添加到源代码中。

```
void on_pushButton_clicked();
void on_pushButton_clicked(bool checked);
void on_pushButton_pressed();
void on_pushButton_released();
void on_pushButton_toggled(bool checked);
```

（5）对组合框重复相同的步骤，直到 QComboBox 下所有可用的槽函数都被添加到源代码中。

```
void on_comboBox_activated(const QString &arg1);
void on_comboBox_activated(int index);
void on_comboBox_currentIndexChanged(const QString &arg1);
void on_comboBox_currentIndexChanged(int index);
void on_comboBox_currentTextChanged(const QString &arg1);
void on_comboBox_editTextChanged(const QString &arg1);
void on_comboBox_highlighted(const QString &arg1);
void on_comboBox_highlighted(int index);
```

（6）对于行编辑也是如此，它们都位于 QLineEdit 下。

```
void on_lineEdit_cursorPositionChanged(int arg1, int arg2);
void on_lineEdit_editingFinished();
void on_lineEdit_returnPressed();
void on_lineEdit_selectionChanged();
void on_lineEdit_textChanged(const QString &arg1);
void on_lineEdit_textEdited(const QString &arg1);
```

（7）之后，为微调框组件也添加来自 QSpinBox 的槽函数，这部分内容相对较短。

```
void on_spinBox_valueChanged(const QString &arg1);
void on_spinBox_valueChanged(int arg1);
```

（8）对滑动条组件重复相同的步骤，这将得到类似的结果。

```
void on_horizontalSlider_actionTriggered(int action);
void on_horizontalSlider_rangeChanged(int min, int max);
void on_horizontalSlider_sliderMoved(int position);
void on_horizontalSlider_sliderPressed();
void on_horizontalSlider_sliderReleased();
void on_horizontalSlider_valueChanged(int value);
```

（9）打开 mainwindow.h 并添加 QDebug 头文件。

```
#ifndef MAINWINDOW_H
#define MAINWINDOW_H
#include <QMainWindow>
#include <QDebug>
namespace Ui {
class MainWindow;
}
```

（10）为按钮实现槽函数。

```
void MainWindow::on_pushButton_clicked() {
    qDebug() << «Push button clicked»;
}
void MainWindow::on_pushButton_clicked(bool checked) {
    qDebug() << «Push button clicked: « << checked;
}
void MainWindow::on_pushButton_pressed() {
    qDebug() << «Push button pressed»;
}
void MainWindow::on_pushButton_released() {
    qDebug() << «Push button released»;
}
void MainWindow::on_pushButton_toggled(bool checked) {
    qDebug() << «Push button toggled: « << checked;
}
```

（11）如果现在构建并运行项目，然后单击按钮，我们会看到不同的状态在不同的时间被打印出来。这是因为在整个单击过程中，不同的动作会发出不同的信号。

```
Push button pressed
Push button released
Push button clicked
Push button clicked: false
```

（12）接下来将转至组合框。由于默认的组合框是空的，我们可以通过双击 mainwindow.ui 中的组合框并添加弹出窗口中显示的选项为其添加一些选项，如图 2.8 所示。

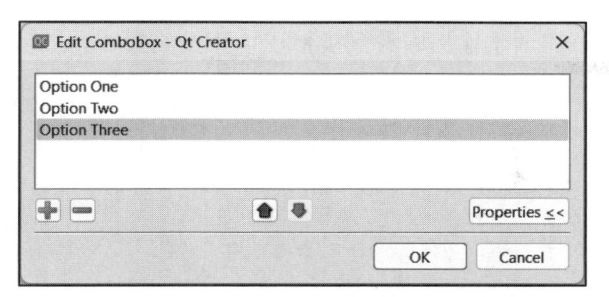

图 2.8 向组合框添加更多选项

（13）在 mainwindow.cpp 中实现组合框的槽函数。

```
void MainWindow::on_comboBox_activated(const QString &arg1) {
    qDebug() << «Combo box activated: « << arg1;
}
void MainWindow::on_comboBox_activated(int index) {
    qDebug() << «Combo box activated: « << index;
}
void MainWindow::on_comboBox_currentIndexChanged(const QString &arg1) {
    qDebug() << «Combo box current index changed: « << arg1;
}
void MainWindow::on_comboBox_currentIndexChanged(int index) {
    qDebug() << «Combo box current index changed: « << index;
}
```

（14）继续实现组合框的其余槽函数。

```
void MainWindow::on_comboBox_currentTextChanged(const QString &arg1) {
    qDebug() << «Combo box current text changed: « << arg1;
}
void MainWindow::on_comboBox_editTextChanged(const QString &arg1) {
    qDebug() << «Combo box edit text changed: « << arg1;
}
void MainWindow::on_comboBox_highlighted(const QString &arg1) {
    qDebug() << «Combo box highlighted: « << arg1;
}
void MainWindow::on_comboBox_highlighted(int index) {
    qDebug() << «Combo box highlighted: « << index;
}
```

（15）构建并运行项目。然后尝试单击组合框，悬停在其他选项上，并通过单击操作选择一个选项。我们应该在调试输出中看到类似于以下的结果。

```
Combo box highlighted: 0
Combo box highlighted: "Option One"
Combo box highlighted: 1
Combo box highlighted: "Option Two"
Combo box highlighted: 2
Combo box highlighted: "Option Three"
Combo box current index changed: 2
Combo box current index changed: "Option Three"
Combo box current text changed: "Option Three"
Combo box activated: 2
Combo box activated: "Option Three"
```

（16）接下来将转向行编辑，并按照以下代码所示实现其槽函数。

```
void MainWindow::on_lineEdit_cursorPositionChanged(int arg1, int arg2) {
    qDebug() << «Line edit cursor position changed: « << arg1 << arg2;
}
void MainWindow::on_lineEdit_editingFinished() {
    qDebug() << «Line edit editing finished»;
}
void MainWindow::on_lineEdit_returnPressed() {
    qDebug() << «Line edit return pressed»;
}
```

（17）继续实现行编辑的其余槽函数。

```
void MainWindow::on_lineEdit_selectionChanged() {
    qDebug() << «Line edit selection changed»;
}
void MainWindow::on_lineEdit_textChanged(const QString &arg1) {
    qDebug() << «Line edit text changed: « << arg1;
}
void MainWindow::on_lineEdit_textEdited(const QString &arg1) {
    qDebug() << «Line edit text edited: « << arg1;
}
```

（18）构建并运行项目。然后，单击行编辑框并输入 Hey。我们应该在调试输出面板中看到类似于以下的结果。

```
Line edit cursor position changed: -1 0
Line edit text edited: "H"
```

```
Line edit text changed: "H"
Line edit cursor position changed: 0 1
Line edit text edited: "He"
Line edit text changed: "He"
Line edit cursor position changed: 1 2
Line edit text edited: "Hey"
Line edit text changed: "Hey"
Line edit cursor position changed: 2 3
Line edit editing finished
```

（19）之后，需要实现微调框组件的槽函数，如下列代码所示。

```
void MainWindow::on_spinBox_valueChanged(const QString &arg1){
    qDebug() << «Spin box value changed: « << arg1;
}
void MainWindow::on_spinBox_valueChanged(int arg1) {
    qDebug() << «Spin box value changed: « << arg1;
}
```

（20）尝试构建并运行程序。然后，单击微调框上的箭头按钮，或直接在框内编辑值，对应结果如下所示。

```
Spin box value changed: "1"
Spin box value changed: 1
Spin box value changed: "2"
Spin box value changed: 2
Spin box value changed: "3"
Spin box value changed: 3
Spin box value changed: "2"
Spin box value changed: 2
Spin box value changed: "20"
Spin box value changed: 20
```

（21）最后将实现水平滑动条组件的槽函数。

```
void MainWindow::on_horizontalSlider_actionTriggered(int action) {
    qDebug() << «Slider action triggered» << action;
}
void MainWindow::on_horizontalSlider_rangeChanged(int min, int max) {
    qDebug() << «Slider range changed: « << min << max;
}
```

```
void MainWindow::on_horizontalSlider_sliderMoved(int position)
{
    qDebug() << "Slider moved: " << position;
}
```

（22）继续实现滑动条的槽函数，如下列代码所示。

```
void MainWindow::on_horizontalSlider_sliderPressed() {
    qDebug() << "Slider pressed";
}
void MainWindow::on_horizontalSlider_sliderReleased() {
    qDebug() << "Slider released";
}
void MainWindow::on_horizontalSlider_valueChanged(int value) {
    qDebug() << "Slider value changed: " << value;
}
```

（23）构建并运行程序。然后，单击并左右拖动滑动条，对应结果如下所示。

```
Slider pressed
Slider moved: 1
Slider action triggered 7
Slider value changed: 1
Slider moved: 2
Slider action triggered 7
Slider value changed: 2
Slider moved: 3
Slider action triggered 7
Slider value changed: 3
Slider moved: 4
Slider action triggered 7
Slider value changed: 4
Slider released
```

几乎所有的组件都持有与其使用或目的相关联的一组槽函数。例如，当按下或释放按钮时，按钮会开始发出信号，触发与之关联的槽函数。这些定义组件的预期行为在用户触发动作时会调用槽函数。作为程序员，我们所需要做的就是实现槽函数，并告诉 Qt 在这些槽函数被触发时应该执行什么操作。

2.4 简化异步编程

由于信号和槽机制本质上是异步的，我们还可以将其用于除用户界面之外的其他事物。在编程术语中，异步操作是一个独立工作的进程，允许程序在不等待该进程完成的情况下继续其操作，这可能会使整个程序停滞。Qt 6 允许利用其信号和槽机制轻松实现异步进程，而无须太多努力。在 Qt 6 强制执行信号和槽的新语法之后，这一点更是如此，它允许信号触发一个普通函数，而不是来自 QObject 对象的槽函数。

在本节示例中，我们将进一步学习如何通过 Qt 6 提供的信号和槽机制使用异步操作提高程序的效率。

2.4.1 实现方式

考察下列示例以学习如何使用信号和槽机制实现异步操作。

（1）创建一个 Qt Console Application 项目，如图 2.9 所示。

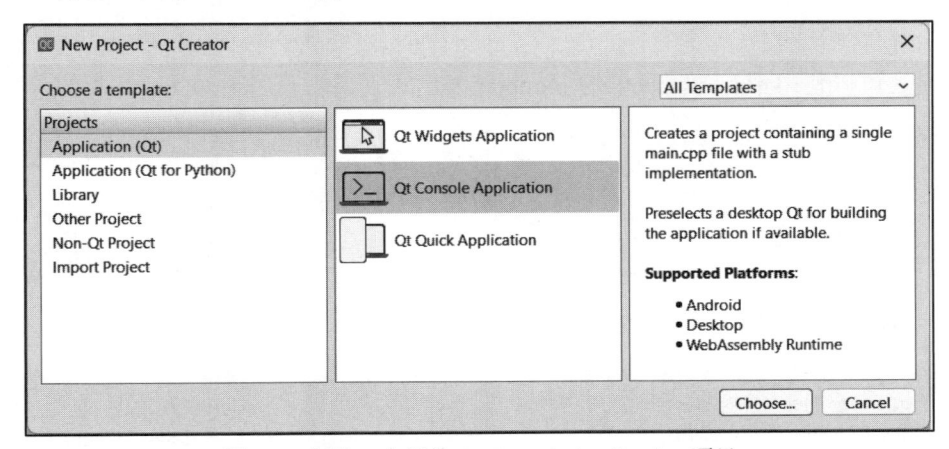

图 2.9 创建一个新的 Qt Console Application 项目

（2）这种类型的项目只会提供一个 main.cpp 文件，而不是像之前的示例项目那样提供 mainwindow.h 和 mainwindow.cpp。打开 main.cpp 文件并向其中添加以下头文件。

```
#include <QNetworkAccessManager>
#include <QNetworkReply>
#include <QDebug>
```

（3）将以下代码添加到 main() 函数中。我们将使用 QNetworkAccessManager 类发起对以下网络 URL 的 GET 请求。

```cpp
int main(int argc, char *argv[]) {
    QCoreApplication a(argc, argv);
    QString *html = new QString;
    qDebug() << "Start";
    QNetworkAccessManager manager;
    QNetworkRequest req(QUrl("http://www.dustyfeet.com"));
    QNetworkReply* reply = manager.get(req);
```

（4）使用 C++11 的 Lambda 表达式将 QNetworkReply 的信号连接到内联函数。

```cpp
QObject::connect(reply, &QNetworkReply::readyRead,
  [reply, html]() {
        html->append(QString(reply->readAll()));
    });
    QObject::connect(reply, &QNetworkReply::downloadProgress, [reply] (qint64 bytesReceived, qint64 bytesTotal) {
        qDebug() << "Progress: " << bytesReceived << "bytes /" << bytesTotal << "bytes";
    });
```

（5）还可以使用带有 connect() 的 Lambda 表达式来调用不属于 QObject 类的函数。

```cpp
QObject::connect(reply, &QNetworkReply::finished, [=]() {
        printHTML(*html);
    });
    return a.exec();
}
```

（6）最后定义 printHTML() 函数，如下列代码所示。

```cpp
void printHTML(QString html) {
    qDebug() << "Done";
    qDebug() << html;
}
```

（7）如果现在构建并运行程序，我们会发现即使没有声明任何槽函数，它也是功能完备的，如图 2.10 所示。Lambda 表达式使得声明槽函数成为可选，但只推荐在代码确实非常简短的情况下使用。

第 2 章　事件处理——信号与槽

图 2.10　在终端窗口打印 HTML 源代码

（8）如果在构建并运行 Qt 控制台应用程序项目后终端窗口没有出现，可选择 Edit | Preferences | Build & Run，并为 Default for "Run in terminal"选项选择 Enabled，如图 2.11 所示。

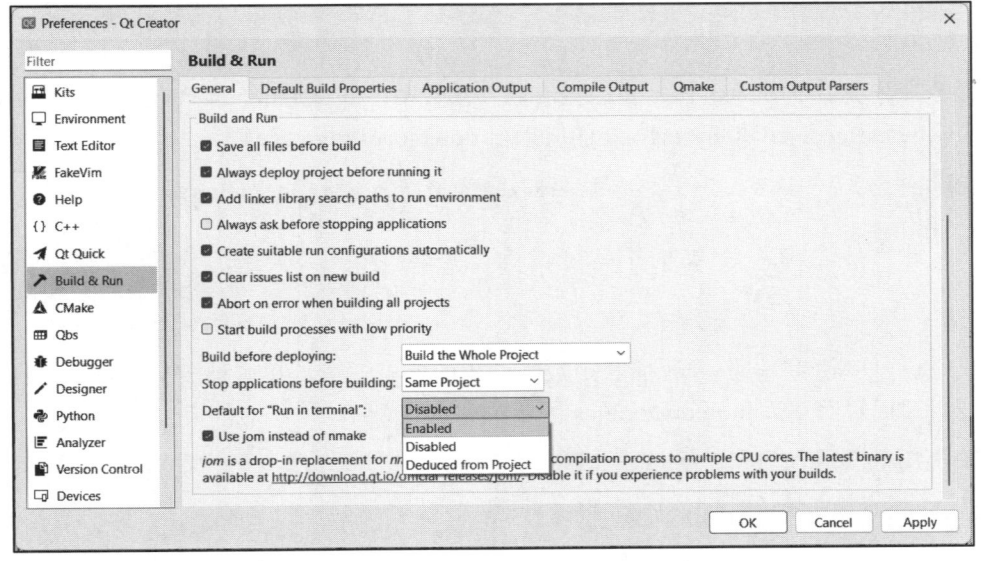

图 2.11　从 Preferences 设置中启用终端窗口

前面的示例展示了如何在网络回复的槽函数中运行一个 Lambda 函数。这样，可以确保代码更短且更易于调试，但 Lambda 函数仅在函数被调用一次时才适用。

2.4.2 工作方式

前面的示例是一个非常简单的应用程序，展示了如何使用 Lambda 表达式将信号与 Lambda 函数或常规函数连接起来，而无须声明任何槽函数，因此不需要继承自 QObject 类。

这对于调用不属于 UI 对象的异步进程特别有用。Lambda 表达式是在另一个函数内匿名定义的函数，这与 JavaScript 中的匿名函数非常相似。Lambda 函数的格式如下所示。

```
[captured variables](arguments) {
    lambda code
}
```

我们可以通过将变量放入 captured variables 部分将变量插入 Lambda 表达式中，正如在本示例项目中所做的那样。我们捕获了名为 reply 的 QNetworkReply 对象和名为 html 的 QString 对象，并将它们放入 Lambda 表达式中。

随后即可像以下代码所示的那样在 Lambda 代码中使用这些变量。

```
[reply, html]() {
    html->append(QString(reply->readAll()));
}
```

参数部分类似于普通函数，我们将值输入参数中，并在 Lambda 代码中使用它们。在本例中，bytesReceived 和 bytesTotal 的值来自 downloadProgress 信号。

```
QObject::connect(reply, &QNetworkReply::downloadProgress,
[reply](qint64 bytesReceived, qint64 bytesTotal) {
    qDebug() << "Progress: " << bytesReceived << "bytes /" << bytesTotal <<
    "bytes";
});
```

我们也可以使用等号（=）捕获函数中使用的所有变量。在这种情况下，我们捕获了 html 变量，而没有在 captured variables 区域中指定它。

```
[=]() {
    printHTML(*html);
}
```

2.5 函数回调

尽管 Qt 6 支持信号和槽机制，但 Qt 6 中的一些特性仍然使用函数回调，如键盘输入、窗口调整大小、图形绘制等。由于这些事件只需要实现一次，因此无须使用信号和槽机制。

2.5.1 实现方式

让我们从以下示例开始。

（1）创建一个 Qt Widgets 应用程序项目，打开 mainwindow.h，并添加以下头文件。

```cpp
#include <QDebug>
#include <QResizeEvent>
#include <QKeyEvent>
#include <QMouseEvent>
```

（2）在 mainwindow.h 中声明下列函数。

```cpp
public:
    explicit MainWindow(QWidget *parent = 0);
    ~MainWindow();
    void resizeEvent(QResizeEvent *event);
    void keyPressEvent(QKeyEvent *event);
    void keyReleaseEvent(QKeyEvent *event);
    void mouseMoveEvent(QMouseEvent *event);
    void mousePressEvent(QMouseEvent *event);
    void mouseReleaseEvent(QMouseEvent *event);
```

（3）打开 mainwindow.cpp 并在类构造函数中添加以下代码。

```cpp
MainWindow::MainWindow(QWidget *parent) : QMainWindow(parent),
ui(new Ui::MainWindow) {
    ui->setupUi(this);
    this->setMouseTracking(true);
    ui->centralWidget->setMouseTracking(true);
}
```

（4）定义 resizeEvent() 和 keyPressedEvent() 函数。

```cpp
void MainWindow::resizeEvent(QResizeEvent *event) {
```

```
    qDebug() << "Old size:" << event->oldSize() << ", New size:" <<
event->size();
}
void MainWindow::keyPressEvent(QKeyEvent *event) {
    if (event->key() == Qt::Key_Escape) {
        this->close();
    }
    qDebug() << event->text() << "has been pressed";
}
```

(5)继续实现剩余的函数。

```
void MainWindow::keyReleaseEvent(QKeyEvent *event) {
    qDebug() << event->text() << "has been released";
}
void MainWindow::mouseMoveEvent(QMouseEvent *event) {
    qDebug() << "Position: " << event->pos();
}
void MainWindow::mousePressEvent(QMouseEvent *event) {
    qDebug() << "Mouse pressed:" << event->button();
}
void MainWindow::mouseReleaseEvent(QMouseEvent *event) {
    qDebug() << "Mouse released:" << event->button();
}
```

(6)构建并运行程序。尝试移动鼠标，调整主窗口大小，按下键盘上的一些随机键，最后按下键盘上的 Esc 键来关闭程序。

我们应该能够在应用程序输出窗口看到打印出来的调试文本。

```
Old size: QSize(-1, -1) , New size: QSize(400, 300)
Old size: QSize(400, 300) , New size: QSize(401, 300)
Old size: QSize(401, 300) , New size: QSize(402, 300)
Position: QPoint(465,348)
Position: QPoint(438,323)
Position: QPoint(433,317)
"a" has been pressed
"a" has been released
"r" has been pressed
"r" has been released
"d" has been pressed
"d" has been released
"\u001B" has been pressed
```

2.5.2 工作方式

Qt 6 对象（尤其是主窗口）拥有许多内置的回调函数，这些函数作为虚函数存在。当调用这些函数时，可以重写它们以执行预期的行为。当满足预期条件时，如按下键盘按钮、移动鼠标光标、调整窗口大小，Qt 6 可能会调用这些回调函数。

我们在 mainwindow.h 文件中声明的函数是 QWidget 类内置的虚函数。我们只是用自己的代码重写它们，以定义它们在被调用时的新行为。

注意：

必须为 MainWindow 和 centralWidget 都调用 setMouseTracking(true)，才能使 mouseMoveEvent()回调函数正常工作。

第 3 章　状态和动画

Qt 通过其强大的动画框架提供了一种简单的方式来为组件或任何继承自 QObject 类的其他对象添加动画。这种动画可以单独使用，也可以与状态机框架一起使用，后者允许根据组件的当前激活状态播放不同的动画。Qt 的动画框架还支持组动画，这允许同时移动多个图形项，或者依次逐个移动它们。

本章主要涉及下列主题。

- Qt 中的属性动画。
- 使用缓动曲线控制属性动画。
- 创建动画组。
- 创建嵌套动画组。
- Qt 中的状态机。
- QML 中的状态、转换和动画。
- 使用动画器制作组件属性动画。
- 精灵动画。

3.1　技术要求

本章将使用 Qt 6.6.1 MinGW 64-bit、Qt Creator 12.0.2 以及 Windows 11。本章使用的所有代码都可以从以下 GitHub 仓库下载：https://github.com/PacktPublishing/QT6-C-GUI-Programming-Cookbook---Third-Edition-/tree/main/Chapter03。

3.2　Qt 中的属性动画

在这个示例中，我们将学习如何使用 Qt 的属性动画类——这是其强大动画框架的一部分——为我们的图形用户界面（GUI）元素添加动画，该框架允许以最小的代价创建流畅的动画效果。

3.2.1 实现方式

在以下示例中，我们将创建一个新的组件项目，并通过改变属性来为按钮添加动画。

（1）创建一个新的 Qt Widgets 应用程序项目。之后，使用 Qt Designer 打开 mainwindow.ui，并在主窗口上放置一个按钮，如图 3.1 所示。

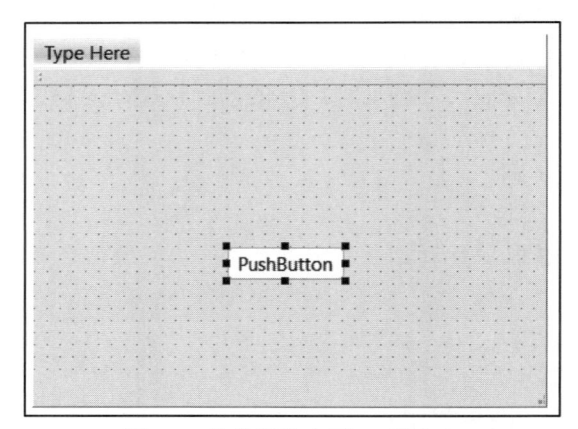

图 3.1 将按钮拖曳至 UI 画布上

（2）打开 mainwindow.cpp，并在源代码的开头添加以下代码行。

```
#include <QPropertyAnimation>
```

（3）打开 mainwindow.cpp 并在构造函数中添加以下代码。

```
QPropertyAnimation *animation = new
QPropertyAnimation(ui->pushButton, "geometry");
animation->setDuration(10000);
animation->setStartValue(ui->pushButton->geometry());
animation->setEndValue(QRect(200, 200, 100, 50));
animation->start();
```

3.2.2 工作方式

通过 Qt 提供的属性动画类（称为 QPropertyAnimation 类）实现 GUI 元素的动画效果是较为常见的方法之一。该类是动画框架的一部分，它利用 Qt 中的计时器系统在给定的持续时间内改变 GUI 元素的属性。

这里，我们的目标是在改变按钮大小的同时，将按钮从一处移动到另一处。通过在第

（2）步中将 QPropertyAnimation 头文件包含在源代码中，我们将能够访问 Qt 提供的 QPropertyAnimation 类并利用其功能。

第（3）步中的代码基本上创建了一个新的属性动画，并将其应用于刚刚在 Qt Designer 中创建的按钮。我们特别要求属性动画类改变按钮的几何属性，并将动画的持续时间设置为 10000 ms（10 s）。

然后，动画的起始值被设置为按钮最初的几何形状，因为很明显，我们希望它从 Qt Designer 中最初放置按钮的位置开始。end 值随后被设置为期望的目标值。在这种情况下，我们将把按钮移动到新位置，x 为 200、y 为 200，同时将其大小改变为宽 100、高 50。

之后，调用 animation | start() 开始动画。编译并运行项目。我们应该会看到按钮开始在主窗口中慢慢移动，同时逐渐扩大其大小，直到到达目的地。我们可以通过改变前面代码中的值修改动画持续时间和目标位置及缩放。使用 Qt 的属性动画系统实现 GUI 元素的动画效果就是这么简单。

3.2.3 附加内容

Qt 提供了几种不同的子系统为 GUI 创建动画，包括计时器、时间轴、动画框架、状态机框架和图形视图框架。

- 计时器：Qt 提供了重复和单次触发的计时器。当达到超时值时，通过 Qt 的信号和槽机制触发事件回调函数。我们可以利用计时器在给定的时间间隔内改变 GUI 元素的属性（颜色、位置、缩放等），以创建动画。
- 时间轴：时间轴定期调用一个槽实现 GUI 元素的动画效果。它与重复计时器非常相似，但与每次触发槽时都执行相同的操作不同，时间轴向槽提供一个值，以指示其当前的帧索引，这样就可以根据给定的值执行不同的操作（例如，偏移到精灵表的不同空间）。
- 动画框架：动画框架通过属性动画简化 GUI 元素的动画效果。动画是通过使用缓动曲线（easing curve）控制的。缓动曲线描述了一个函数以控制动画速度，从而产生不同的加速和减速模式。Qt 支持的缓动曲线类型包括线性、二次、三次、四次、正弦、指数、圆形和弹性。
- 状态机框架：Qt 提供了创建和执行状态图的类，这些状态图允许每个 GUI 元素在信号触发时从一个状态转换到另一个状态。状态机框架中的状态图是分层的，这意味着每个状态也可以嵌套在其他状态内部。
- 图形视图框架：图形视图框架是一个强大的图形引擎，用于可视化和交互大量自定义的 2D 图形项。如果您是一位经验丰富的程序员，可以使用图形视图框架绘制 GUI 并完全手动地对它们进行动画处理。

据此，我们可以轻松地创建直观且现代的 GUI。本章将探讨使用 Qt 实现 GUI 元素动画效果的实用方法。

3.3 使用缓动曲线控制属性动画

在这个示例中，我们将学习如何通过缓动曲线使动画更有趣。我们仍然使用之前的源代码，该代码使用属性动画实现一个按钮的动画效果。

3.3.1 实现方式

在以下示例中，我们将学习如何向动画中添加缓动曲线。

（1）定义一个缓动曲线，并在调用 start() 函数之前将其添加到属性动画中。

```
QPropertyAnimation *animation = new
QPropertyAnimation(ui->pushButton, "geometry");
animation->setDuration(3000);
animation->setStartValue(ui->pushButton->geometry());
animation->setEndValue(QRect(200, 200, 100, 50));

QEasingCurve curve;
curve.setType(QEasingCurve::OutBounce);
animation->setEasingCurve(curve);
animation->start();
```

（2）调用 setLoopCount() 函数设置希望动画重复的次数。

```
QPropertyAnimation *animation = new
QPropertyAnimation(ui->pushButton, "geometry");
animation->setDuration(3000);
animation->setStartValue(ui->pushButton->geometry());
animation->setEndValue(QRect(200, 200, 100, 50));

QEasingCurve curve;
curve.setType(EasingCurve::OutBounce);
animation->setEasingCurve(curve);
animation->setLoopCount(2);
animation->start();
```

（3）在将缓动曲线应用于动画之前，首先调用 setAmplitude()、setOvershoot() 和 setPeriod() 函数。

```
QEasingCurve curve;
curve.setType(QEasingCurve::OutBounce);
curve.setAmplitude(1.00);
curve.setOvershoot(1.70);
curve.setPeriod(0.30);
animation->setEasingCurve(curve);
animation->start();
```

使用 Qt 6 内置的缓动曲线实现组件或任何对象的动画效果就是这么简单。

3.3.2 工作方式

要让缓动曲线控制动画，所需要做的就是在调用 start() 函数之前定义一个缓动曲线并将其添加到属性动画中。我们也可以尝试几种其他类型的缓动曲线，看看哪一种最适合。查看下列示例：

```
animation->setEasingCurve(QEasingCurve::OutBounce);
```

如果希望动画在播放完毕后循环播放，可以调用 setLoopCount() 函数设置希望它重复的次数，或者将值设置为 -1 以进行无限循环。

```
animation->setLoopCount(-1);
```

在将缓动曲线应用于属性动画之前，可以设置几个参数来细化它。这些参数包括振幅、过冲和周期。

- 振幅：振幅越高，动画中应用的弹跳或弹性弹簧效果就越大。
- 过冲：一些曲线函数由于阻尼效应会产生过冲（超过其最终值）曲线。通过调整过冲值，可以增加或减少这种效果。
- 周期：设置较小的周期值将赋予曲线一个较高的频率。较大的周期将使其频率变小。

然而，这些参数并不适用于所有曲线类型。读者可参阅 Qt 文档，以了解哪个参数适用于哪种曲线类型。

3.3.3 附加内容

虽然属性动画运行得很好,但 GUI 元素以恒定速度呈现动画可能会令人乏味。我们可以通过添加缓动曲线控制动作,使动画看起来更有趣。在 Qt 中,可以使用许多类型的缓动曲线,如图 3.2 所示。

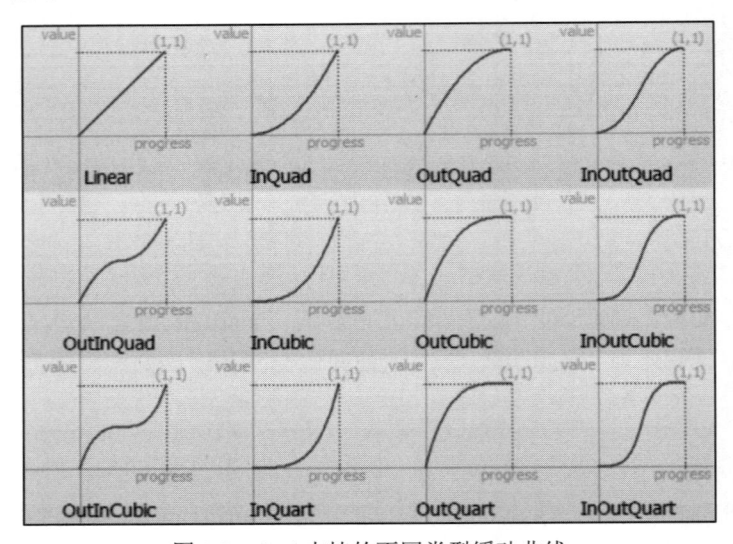

图 3.2 Qt 6 支持的不同类型缓动曲线

可以看到,每种缓动曲线都产生不同的渐入和渐出效果。

注意:
有关 Qt 中可用的缓动曲线的完整列表,可参考 Qt 文档 http://doc.qt.io/qt-6/qeasingcurve.html#Type-enum。

3.4 创建动画组

在这个示例中,我们将学习如何使用动画组管理组内动画的状态。

3.4.1 实现方式

通过以下步骤创建一个动画组。

（1）在前一个示例的基础上，我们将向主窗口添加两个额外的按钮，如图 3.3 所示。

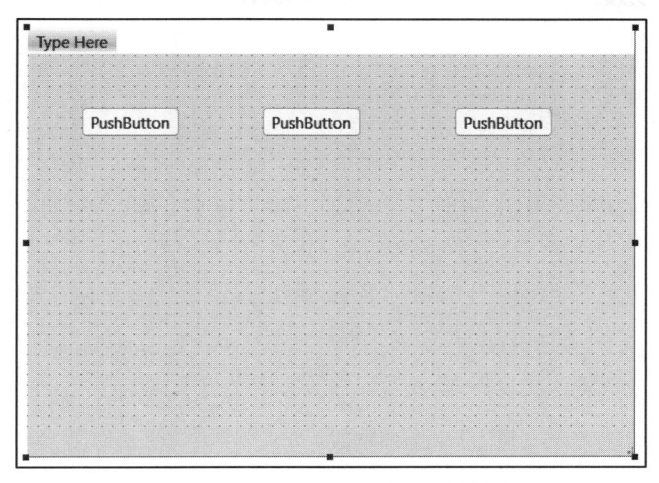

图 3.3　在主窗口中添加 3 个按钮

（2）在主窗口的构造函数中为每个按钮定义动画。

```
QPropertyAnimation *animation1 = new
QPropertyAnimation(ui->pushButton, "geometry");
animation1->setDuration(3000);
animation1->setStartValue(ui->pushButton->geometry());
animation1->setEndValue(QRect(50, 200, 100, 50));

QPropertyAnimation *animation2 = new
QPropertyAnimation(ui->pushButton_2, "geometry");
animation2->setDuration(3000);
animation2->setStartValue(ui->pushButton_2->geometry());
animation2->setEndValue(QRect(150, 200, 100, 50));

QPropertyAnimation *animation3 = new
QPropertyAnimation(ui->pushButton_3, "geometry");
animation3->setDuration(3000);
animation3->setStartValue(ui->pushButton_3->geometry());
animation3->setEndValue(QRect(250, 200, 100, 50));
```

（3）创建一个缓动曲线，并将相同的曲线应用于所有 3 个动画。

```
QEasingCurve curve;
curve.setType(QEasingCurve::OutBounce);
```

```
curve.setAmplitude(1.00);
curve.setOvershoot(1.70);
curve.setPeriod(0.30);

animation1->setEasingCurve(curve);
animation2->setEasingCurve(curve);
animation3->setEasingCurve(curve);
```

（4）一旦将缓动曲线应用于所有 3 个动画，接下来将创建一个动画组，并将所有 3 个动画添加到该组中。

```
QParallelAnimationGroup *group = new QParallelAnimationGroup;
group->addAnimation(animation1);
group->addAnimation(animation2);
group->addAnimation(animation3);
```

（5）调用刚刚创建的动画组的 start() 函数。

```
group->start();
```

3.4.2　工作方式

Qt 允许创建多个动画并将它们分组到一个动画组中。一个组通常负责管理其动画的状态（即，它决定何时开始、停止、恢复和暂停动画）。目前，Qt 提供了两种类型的动画组类：QParallelAnimationGroup 和 QSequentialAnimationGroup。

- QParallelAnimationGroup：顾名思义，平行动画组会同时运行其组内的所有动画。当持续时间最长的动画完成运行时，该组被视为已完成。
- QSequentialAnimationGroup：顺序动画组按顺序运行其动画，这意味着它一次只运行一个动画，并且只有在当前动画完成后才会播放下一个动画。

3.4.3　附加内容

由于现在使用了动画组，我们不再从各个单独的动画调用 start() 函数。相反，我们将从刚刚创建的动画组调用 start() 函数。如果现在编译并运行示例，将看到所有 3 个按钮同时播放动画。这是因为我们使用了平行动画组。我们可以将其替换为顺序动画组并再次运行示例。

```
QSequentialAnimationGroup *group = new QSequentialAnimationGroup;
```

这一次，将只有一个按钮一次播放其动画，而其他按钮将耐心等待它们的轮次。优先级是根据哪个动画先被添加到动画组设定的。我们可以通过简单地重新排列被添加到组中的动画的顺序来改变动画序列。例如，如果希望按钮 3 首先开始动画，其次是按钮 2，然后是按钮 1，对应代码如下所示。

```
group->addAnimation(animation3);
group->addAnimation(animation2);
group->addAnimation(animation1);
```

由于属性动画和动画组都是从 QAbstractAnimator 类继承的，这意味着也可以将一个动画组添加到另一个动画组中，从而形成一个更复杂的嵌套动画组。

3.5 创建嵌套动画组

使用嵌套动画组的例子是，对于多个平行动画组，希望按顺序播放这些动画组。

3.5.1 实现方式

按照以下步骤创建一个嵌套动画组，以顺序播放不同的动画组。
（1）使用前一个示例中的 UI 并向主窗口添加一些按钮，如图 3.4 所示。

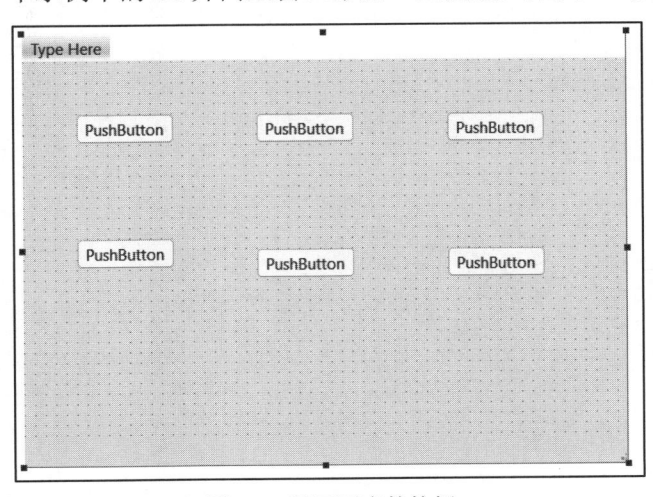

图 3.4 需要更多的按钮

（2）为按钮创建所有动画，然后创建一个缓动曲线并将其应用于所有动画。

```
QPropertyAnimation *animation1 = new
```

```
QPropertyAnimation(ui->pushButton, "geometry");
animation1->setDuration(3000);
animation1->setStartValue(ui->pushButton->geometry());
animation1->setEndValue(QRect(50, 50, 100, 50));

QPropertyAnimation *animation2 = new
QPropertyAnimation(ui->pushButton_2, "geometry");
animation2->setDuration(3000);
animation2->setStartValue(ui->pushButton_2->geometry());
animation2->setEndValue(QRect(150, 50, 100, 50));

QPropertyAnimation *animation3 = new
QPropertyAnimation(ui->pushButton_3, "geometry");
animation3->setDuration(3000);
animation3->setStartValue(ui->pushButton_3->geometry());
animation3->setEndValue(QRect(250, 50, 100, 50));
```

(3) 接下来,应用以下代码。

```
QPropertyAnimation *animation4 = new
QPropertyAnimation(ui->pushButton_4, "geometry");
animation4->setDuration(3000);
animation4->setStartValue(ui->pushButton_4->geometry());
animation4->setEndValue(QRect(50, 200, 100, 50));

QPropertyAnimation *animation5 = new
QPropertyAnimation(ui->pushButton_5, "geometry");
animation5->setDuration(3000);
animation5->setStartValue(ui->pushButton_5->geometry());
animation5->setEndValue(QRect(150, 200, 100, 50));

QPropertyAnimation *animation6 = new
QPropertyAnimation(ui->pushButton_6, "geometry");
animation6->setDuration(3000);
animation6->setStartValue(ui->pushButton_6->geometry());
animation6->setEndValue(QRect(250, 200, 100, 50));
```

(4) 接下来,应用以下代码。

```
QEasingCurve curve;
curve.setType(QEasingCurve::OutBounce);
curve.setAmplitude(1.00);
curve.setOvershoot(1.70);
curve.setPeriod(0.30);
```

```cpp
animation1->setEasingCurve(curve);
animation2->setEasingCurve(curve);
animation3->setEasingCurve(curve);
animation4->setEasingCurve(curve);
animation5->setEasingCurve(curve);
animation6->setEasingCurve(curve);
```

(5) 创建两个动画组,一个用于上方列的按钮,另一个用于下方列的按钮。

```cpp
QParallelAnimationGroup *group1 = new QParallelAnimationGroup;
group1->addAnimation(animation1);
group1->addAnimation(animation2);
group1->addAnimation(animation3);

QParallelAnimationGroup *group2 = new QParallelAnimationGroup;
group2->addAnimation(animation4);
group2->addAnimation(animation5);
group2->addAnimation(animation6);
```

(6) 创建另一个动画组,用来存储之前创建的两个动画组。

```cpp
QSequentialAnimationGroup *groupAll = new QSequentialAnimationGroup;
groupAll->addAnimation(group1);
groupAll->addAnimation(group2);
groupAll->start();
```

嵌套动画组允许通过组合不同类型的动画并按期望的顺序执行它们,进而设置更复杂的组件动画。

3.5.2 工作方式

这里,首先播放上方列按钮的动画,然后是下方列按钮的动画。由于这两个动画组都是平行动画组,当调用 start() 函数时,属于各自组的按钮将同时进行动画。

然而,这一次的动画组是一个顺序动画组,这意味着将一次只播放一个平行动画组,当前一个完成后再播放下一个。动画组是一个非常方便的系统,它允许用简单的编码创建非常复杂的 GUI 动画。

3.6 Qt 6 中的状态机

状态机可以用于许多目的,本章只涵盖与动画相关的主题。

3.6.1 实现方式

在 Qt 中实现状态机并不难。具体操作步骤如下所示。

(1) 为示例程序设置一个新的 UI,如图 3.5 所示。

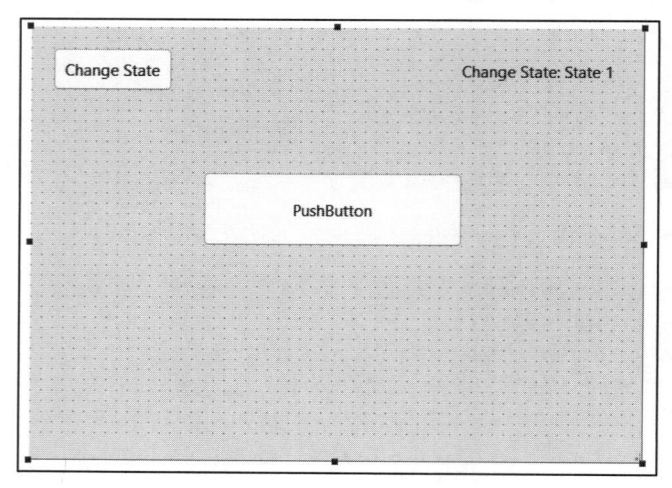

图 3.5 为状态机实验设置 UI

(2) 在源代码中包含一些头文件。

```
#include <QStateMachine>
#include <QPropertyAnimation>
#include <QEventTransition>
```

(3) 在主窗口的构造函数中,添加以下代码来创建一个新的状态机和两个状态。

```
QStateMachine *machine = new QStateMachine(this);
QState *s1 = new QState();
QState *s2 = new QState();
```

(4) 定义在每个状态中应该执行的操作,在这个例子中,这将是更改标签的文本以及按钮的位置和大小。

```
QState *s1 = new QState();
s1->assignProperty(ui->stateLabel, "text", "Current state: 1");
s1->assignProperty(ui->pushButton, "geometry", QRect(50, 200,
100, 50));

QState *s2 = new QState();
s2->assignProperty(ui->stateLabel, "text", "Current state: 2");
s2->assignProperty(ui->pushButton, "geometry", QRect(200, 50,
140, 100));
```

（5）在源代码中添加事件转换类。

```
QEventTransition *t1 = new QEventTransition(ui->changeState,
QEvent::MouseButtonPress);
t1->setTargetState(s2);
s1->addTransition(t1);

QEventTransition *t2 = new QEventTransition(ui->changeState,
QEvent::MouseButtonPress);
t2->setTargetState(s1);
s2->addTransition(t2);
```

（6）将刚刚创建的所有状态添加到状态机中，并将状态 1 定义为初始状态。然后，调用 machine->start()函数运行状态机。

```
machine->addState(s1);
machine->addState(s2);
machine->setInitialState(s1);
machine->start();
```

（7）如果现在运行示例程序，将会发现一切工作正常，只是按钮没有经过平滑过渡，而是直接跳转到之前设置的位置和大小。这是因为没有使用属性动画来创建平滑过渡。

（8）返回到事件转换步骤，并添加以下代码行。

```
QEventTransition *t1 = new QEventTransition(ui->changeState,
QEvent::MouseButtonPress);
t1->setTargetState(s2);
t1->addAnimation(new QPropertyAnimation(ui->pushButton,
"geometry"));
s1->addTransition(t1);
```

```
QEventTransition *t2 = new QEventTransition(ui->changeState,
QEvent::MouseButtonPress);
t2->setTargetState(s1);
t2->addAnimation(new QPropertyAnimation(ui->pushButton,
"geometry"));
s2->addTransition(t2);
```

(9)此外，还可以向动画添加缓动曲线，使其看起来更有趣。

```
QPropertyAnimation *animation = new
QPropertyAnimation(ui->pushButton, "geometry");
animation->setEasingCurve(QEasingCurve::OutBounce);

QEventTransition *t1 = new QEventTransition(ui->changeState,
QEvent::MouseButtonPress);
t1->setTargetState(s2);
t1->addAnimation(animation);
s1->addTransition(t1);

QEventTransition *t2 = new QEventTransition(ui->changeState,
QEvent::MouseButtonPress);
t2->setTargetState(s1);
t2->addAnimation(animation);
s2->addTransition(t2);
```

3.6.2 工作方式

在主窗口布局上有两个按钮和一个标签。左上角的按钮在单击时将触发状态变更，而右上角的标签将更改其文本以显示当前所处的状态。下方的按钮将根据当前状态进行动画。QEventTransition 类定义了触发一个状态到另一个状态之间转换的条件。

在当前案例中，我们希望在 changeState 按钮（位于左上角）被单击时，状态从状态 1 变更为状态 2。之后，当同一个按钮再次被单击时，我们也希望从状态 2 变回状态 1。这可以通过创建另一个事件转换类，并将目标状态设置回状态 1 来实现。然后，将这些转换添加到它们各自的状态中。我们不是直接给组件分配属性，而是告诉 Qt 使用属性动画类平滑地插值属性到目标值。一切就是这么简单。这里没有必要设置开始值和结束值，因为我们已经调用了 assignProperty()函数，它已经自动分配了结束值。

3.6.3 附加内容

Qt 中的状态机框架提供了用于创建和执行状态图的类。Qt 的事件系统用于驱动状态机，状态之间的转换可以通过信号触发，然后信号另一端的槽将被信号调用以执行操作，如播放动画。

一旦掌握了状态机的基础知识，我们还可以用它们完成其他事情。状态机框架中的状态图是分层的。就像 3.5 节中的动画组一样，状态也可以嵌套在其他状态内部，如图 3.6 所示。

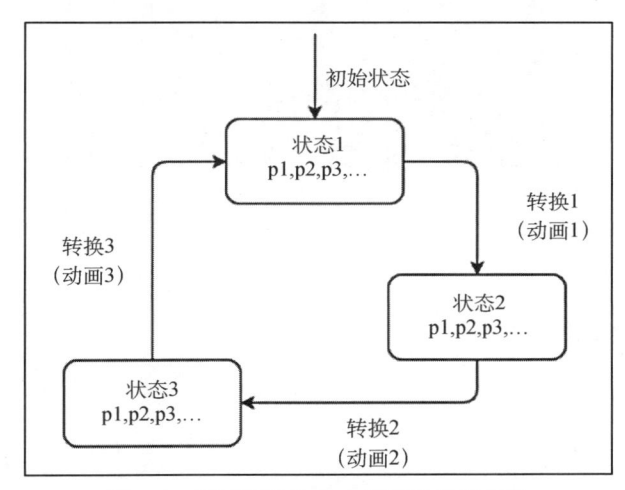

图 3.6 通过可视化方式解释嵌套状态机

我们可以结合使用嵌套状态机和动画，为应用程序创建一个非常复杂的 GUI。

3.7 QML 中的状态、转换和动画

如果您更喜欢使用 QML 而不是 C++语言，Qt 同样在 Qt Quick 中提供了类似的功能，允许使用极少的代码行轻松地为 GUI 元素添加动画。在这个示例中，我们将学习如何用 QML 实现这一点。

3.7.1 实现方式

按照以下步骤创建一个不断改变其背景颜色的窗口。
（1）创建一个新的 Qt Quick 应用程序项目并设置用户界面，如图 3.7 所示。

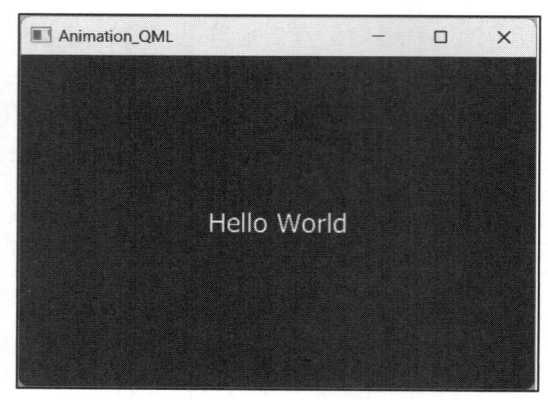

图 3.7　一个不断变化背景颜色的应用程序

（2）main.qml 文件如下所示。

```
import QtQuick
import QtQuick.Window
Window {
    visible: true
    width: 480;
    height: 320;
    Rectangle {
        id: background;
        anchors.fill: parent;
        color: "blue";
    }
    Text {
        text: qsTr("Hello World");
        anchors.centerIn: parent;
        color: "white";
        font.pointSize: 15;
    }
}
```

（3）将颜色动画添加到 Rectangle 对象中。

```
Rectangle {
    id: background;
    anchors.fill: parent;
    color: "blue";
    SequentialAnimation on color {
```

```
        ColorAnimation { to: "yellow"; duration: 1000 }
        ColorAnimation { to: "red"; duration: 1000 }
        ColorAnimation { to: "blue"; duration: 1000 }
        loops: Animation.Infinite;
    }
}
```

（4）向 Text 对象添加数字动画。

```
Text {
    text: qsTr("Hello World");
    anchors.centerIn: parent;
    color: "white";
    font.pointSize: 15;
    SequentialAnimation on opacity {
        NumberAnimation { to: 0.0; duration: 200}
        NumberAnimation { to: 1.0; duration: 200}
        loops: Animation.Infinite;
    }
}
```

（5）添加另一个数字动画。

```
Text {
    text: qsTr("Hello World");
    anchors.centerIn: parent;
    color: "white";
    font.pointSize: 15;
    SequentialAnimation on opacity {
        NumberAnimation { to: 0.0; duration: 200}
        NumberAnimation { to: 1.0; duration: 200}
        loops: Animation.Infinite;
    }
    NumberAnimation on rotation {
        from: 0;
        to: 360;
        duration: 2000;
        loops: Animation.Infinite;
    }
}
```

（6）定义两个状态，一个称为 PRESSED 状态，另一个称为 RELEASED 状态。然后，将默认状态设置为 RELEASED。

```
Rectangle {
    id: background;
    anchors.fill: parent;
    state: "RELEASED";
    states: [
    State {
        name: "PRESSED"
        PropertyChanges { target: background; color: "blue"}
    },
    State {
        name: "RELEASED"
        PropertyChanges { target: background; color: "red"}
    }
    ]
}
```

(7) 在 Rectangle 对象内创建一个鼠标区域,以便可以单击它。

```
MouseArea {
    anchors.fill: parent;
    onPressed: background.state = "PRESSED";
    onReleased: background.state = "RELEASED";
}
```

(8) 向 Rectangle 对象添加一些转换。

```
transitions: [
    Transition {
        from: "PRESSED"
        to: "RELEASED"
        ColorAnimation { target: background; duration: 200}
    },
    Transition {
        from: "RELEASED"
        to: "PRESSED"
        ColorAnimation { target: background; duration: 200}
    }
]
```

3.7.2 工作方式

主窗口由一个蓝色矩形和显示 Hello World 的静态文本组成。我们希望背景颜色从蓝色变为黄色，然后变为红色，再回到蓝色，循环进行。这可以通过在 QML 中使用颜色动画类型轻松实现。我们在步骤（3）中基本上在 Rectangle 对象内创建了一个顺序动画组，然后在组内创建了 3 个不同的颜色动画，这些动画将每隔 1000 ms（1 s）改变对象的颜色。此外，还设置了动画无限循环。

在步骤（4）中，我们想使用数字动画实现静态文本的 alpha 值的动画效果。我们在 Text 对象内创建了另一个顺序动画组，并创建了两个数字动画将 alpha 值从 0 动画化到 1，然后再以动画方式返回。接下来将动画设置为无限循环。

在步骤（5）中，我们通过向其添加另一个数字动画来旋转 Hello World 文本。在步骤（6）中，我们希望在单击 Rectangle 对象时，它的颜色从一种颜色变为另一种颜色。当鼠标释放时，Rectangle 对象将变回其初始颜色。为了实现这一点，首先需要定义两个状态，一个称为 PRESSED 状态，另一个称为 RELEASED 状态。然后将默认状态设置为 RELEASED。

现在，当编译并运行示例时，背景颜色会在按下时立即变为蓝色，并在鼠标释放时变回红色。该效果令人满意，我们可以通过在切换颜色时添加一些过渡进一步增强它。这可以通过向 Rectangle 对象添加过渡来轻松实现。

3.7.3 附加内容

QML 包含 8 种不同类型的属性动画可以使用，如下所示。
- 锚点动画：动画化锚点值的变化。
- 颜色动画：动画化颜色值的变化。
- 数字动画：动画化 qreal 类型值的变化。
- 父对象动画：动画化父对象值的变化。
- 路径动画：沿路径动画化一个项目。
- 属性动画：动画化属性值的变化。
- 旋转动画：动画化旋转值的变化。
- Vector3D 动画：动画化 QVector3D 值的变化。

就像 C++版本一样，这些动画也可以在动画组中组合在一起，按顺序或并行播放动画。此外，还可以使用缓动曲线控制动画，并使用状态机确定何时播放这些动画，就像我们在 3.6 节中所做的那样。

3.8 使用动画器制作组件属性动画

本节将学习如何使用 QML 提供的动画功能动画化 GUI 组件的属性。

3.8.1 实现方式

按照以下步骤进行，动画化 QML 对象将变得非常简单。
（1）创建一个 Rectangle 对象，并为其添加一个缩放动画器。

```
Rectangle {
    id: myBox;
    width: 50;
    height: 50;
    anchors.horizontalCenter: parent.horizontalCenter;
    anchors.verticalCenter: parent.verticalCenter;
    color: "blue";
    ScaleAnimator {
        target: myBox;
        from: 5;
        to: 1;
        duration: 2000;
        running: true;
    }
}
```

（2）添加一个旋转动画器，并在平行动画组中设置 running 值，但不要在任何一个单独的动画器中设置。

```
ParallelAnimation {
    ScaleAnimator {
        target: myBox;
        from: 5;
        to: 1;
        duration: 2000;
    }
    RotationAnimator {
        target: myBox;
        from: 0;
```

```
        to: 360;
        duration: 1000;
    }
    running: true;
}
```

（3）向缩放动画器添加一个缓动曲线。

```
ScaleAnimator {
    target: myBox;
    from: 5;
    to: 1;
    duration: 2000;
    easing.type: Easing.InOutElastic;
    easing.amplitude: 2.0;
    easing.period: 1.5;
    running: true;
}
```

3.8.2 工作方式

动画器类型可以像任何其他动画类型一样使用。我们希望在 2000ms（2s）内将一个矩形的大小从 5 缩放到 1。对此创建了一个蓝色的 Rectangle 对象，并为其添加了一个缩放动画器。我们将 initial 值设置为 5，final 值设置为 1。然后将动画的 duration 设置为 2000，并设置 running 值为 true，以便在程序启动时播放。

就像动画类型一样，动画器也可以被放入组中（即平行动画组或顺序动画组）。动画组也将被 QtQuick 视为动画器，并尽可能在场景图的渲染线程上运行。在步骤（2）中，我们希望将两个不同的动画器组合成一个平行动画组，以便它们同时运行。我们将保留之前创建的缩放动画器，并添加另一个旋转动画器旋转 Rectangle 对象。这一次，在平行动画组中设置 running 值，而不是在任何一个单独的动画器中设置。

就像 C++版本一样，QML 也支持缓动曲线，并且它们可以轻松地应用于任何动画或动画器类型。

3.8.3 附加内容

在 QML 中，有一种被称为动画器的元素，它与通常的动画类型不同，尽管它们之间有一些相似之处。与常规动画类型不同，动画器类型是直接在 Qt Quick 的场景图上操作的，而不是在 QML 对象及其属性上。在动画运行期间，QML 属性的值不会改变，因为它只会在动画完成后改变一次。使用动画器类型的好处在于，它直接在场景图的渲染线程上操作，这意味着其性能将略优于在 UI 线程上运行。

3.9 精灵动画

在这个示例中，我们将学习如何在 QML 中创建精灵动画。

3.9.1 实现方式

按照以下步骤让一匹马在应用程序窗口中奔跑。

（1）将精灵表添加到 Qt 的资源系统中，以便在程序中使用。打开 qml.qrc，然后单击 Add | Add Files 按钮。选择精灵表图像，并按下 Ctrl + S 组合键保存资源文件。

（2）在 main.qml 中创建一个新的空窗口。

```
import QtQuick 2.9
import QtQuick.Window 2.3
Window {
    visible: true
    width: 420
    height: 380
    Rectangle {
        anchors.fill: parent
        color: "white"
    }
}
```

（3）在 QML 中创建一个 AnimatedSprite 对象。

```
import QtQuick 2.9
import QtQuick.Window 2.3
Window {
    visible: true;
    width: 420;
    height: 380;
    Rectangle {
        anchors.fill: parent;
        color: "white";
    }
```

（4）设置以下内容。

```
AnimatedSprite {
    id: sprite;
    width: 128;
    height: 128;
    anchors.centerIn: parent;
    source: "qrc:///horse_1.png";
    frameCount: 11;
    frameWidth: 128;
    frameHeight: 128;
    frameRate: 25;
    loops: Animation.Infinite;
    running: true;
}
```

（5）向窗口添加一个鼠标区域，并检查 onClicked 事件。

```
MouseArea {
    anchors.fill: parent;
    onClicked: {
        if (sprite.paused)
            sprite.resume();
        else
            sprite.pause();
    }
}
```

（6）如果现在编译并运行示例程序，我们将看到一匹小马在窗口中奔跑，如图 3.8 所示。

图 3.8　一匹马在应用程序窗口中奔跑

（7）接下来将让马在窗口中奔跑，并且在播放奔跑动画的同时无限循环。首先需要从 QML 中移除 centerIn: parent 并用 x 和 y 值替换它。

```
AnimatedSprite {
    id: sprite;
    width: 128;
    height: 128;
    x: -128;
    y: parent.height / 2;
    source: "qrc:///horse_1.png";
    frameCount: 11;
    frameWidth: 128;
    frameHeight: 128;
    frameRate: 25;
    loops: Animation.Infinite;
    running: true;
}
```

（8）向精灵对象添加一个数字动画，并设置其属性，如下所示。

```
NumberAnimation {
    target: sprite;
    property: "x";
      from: -128;
      to: 512;
    duration: 3000;
    loops: Animation.Infinite;
    running: true;
}
```

（9）如果现在编译并运行示例程序，我们将看到小马开始在窗口中奔跑。

3.9.2　工作方式

在这个示例中，我们将动画精灵对象放置在窗口中央，并将图像源设置为刚刚添加到项目资源中的精灵表。然后计算精灵表中属于奔跑动画的帧数，此案例中为 11 帧。此外，还通知 Qt 每帧动画的尺寸，此案例中为 128×128。之后将帧率设置为 25 以获得合适的速度，然后将其设置为无限循环。接下来将 running 值设置为 true，以便在程序开始运行时默认播放动画。

在步骤（5）中，我们希望能够通过单击窗口来暂停和恢复动画。我们简单地检查单击鼠标区域时精灵是否当前已暂停。如果精灵动画已暂停，则动画继续；否则动画暂停。

在步骤（7）中，我们用 x 和 y 值替换了 anchors.centerIn，以便动画精灵对象不被锚定在窗口中心，否则该对象将无法移动。然后在动画精灵内创建一个数字动画实现其 x 属性的动画效果。我们将 start 值设置为窗口左侧的某个位置，并将 end 值设置为窗口右侧的某个位置。之后将 duration 设置为 3000 ms（3s）并使其无限循环。

最后还设置了 running 值为 true，以便在程序开始运行时默认播放动画。

3.9.3　附加内容

精灵动画得到了广泛的使用，特别是在游戏开发中。精灵用于角色动画、粒子动画甚至 GUI 动画。精灵表由许多图像组合而成，然后可以将其分割并在屏幕上逐个显示。从精灵表中不同图像（或精灵）之间的转换创造了动画的错觉，通常称之为精灵动画。在 QML 中，可以使用 AnimatedSprite 类型轻松实现精灵动画。

第 4 章 QPainter 与 2D 图形

本章将学习如何使用 Qt 在屏幕上渲染 2D 图形。在内部，Qt 使用一个名为 QPainter 的低级类在主窗口上渲染其组件。Qt 允许访问并使用 QPainter 类来绘制矢量图形、文本、2D 图像甚至 3D 图形。

我们可以利用 QPainter 类来创建自定义组件，或者创建严重依赖于渲染计算机图形的程序，如视频游戏、照片编辑器和 3D 建模工具。

本章主要涉及下列主题。
- 在屏幕上绘制基本形状。
- 将形状导出到可缩放矢量图形文件。
- 坐标变换。
- 在屏幕上显示图像。
- 对图形应用图像效果。
- 创建基本的绘画程序。
- 在 QML 中渲染 2D 画布。

4.1 技术要求

本章需要使用 Qt 6.6.1 MinGW 64-bit 和 Qt Creator 12.0.2。本章使用的所有代码都可以从以下 GitHub 仓库下载：https://github.com/PacktPublishing/QT6-C-GUI-Programming-Cookbook---Third-Edition-/tree/main/Chapter04。

4.2 在屏幕上绘制基本形状

本节将学习如何使用 QPainter 类在主窗口上绘制简单的矢量形状（一条线、一个矩形、一个圆形等）以及显示文本。此外，还将学习如何使用 QPen 类改变这些矢量形状的绘制风格。

4.2.1 实现方式

按照下列步骤在 Qt 窗口中显示基本形状。

（1）创建一个新的 Qt Widgets 应用程序项目。

（2）打开 mainwindow.ui 并移除 menuBar、mainToolBar 和 statusBar 对象，以便得到一个干净、空的主窗口。右键单击组件，并从弹出菜单中选择 Remove Menu Bar，如图 4.1 所示。

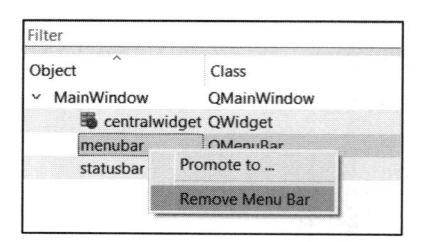

图 4.1 从主窗口移除菜单栏

（3）打开 mainwindow.h 文件，并添加以下代码以包含 QPainter 头文件。

```
#include <QMainWindow>
#include <QPainter>
```

（4）在类析构函数下方声明 paintEvent() 事件处理函数。

```
public:
explicit MainWindow(QWidget *parent = 0);
~MainWindow();
virtual void paintEvent(QPaintEvent *event);
```

（5）打开 mainwindow.cpp 文件并定义 paintEvent() 事件处理函数。

```
void MainWindow::paintEvent(QPaintEvent *event) {}
```

（6）之后将在 paintEvent() 事件处理函数中使用 QPainter 类向屏幕添加文本。我们在将其绘制到屏幕的(20, 30)位置之前设置文本字体。

```
QPainter textPainter;
textPainter.begin(this);
textPainter.setFont(QFont("Times", 14, QFont::Bold));
textPainter.drawText(QPoint(20, 30), "Testing");
textPainter.end();
```

（7）绘制一条从(50, 60)开始到(100, 100)结束的直线。

```
QPainter linePainter;
linePainter.begin(this);
linePainter.drawLine(QPoint(50, 60), QPoint(100, 100));
linePainter.end();
```

（8）此外，还可以通过使用 QPainter 类调用 drawRect()函数轻松绘制一个矩形。然而，这一次在绘制之前还为该形状应用了背景图案。

```
QPainter rectPainter;
rectPainter.begin(this);
rectPainter.setBrush(Qt::BDiagPattern);
rectPainter.drawRect(QRect(40, 120, 80, 30));
rectPainter.end();
```

（9）接下来声明一个 QPen 类，将其颜色设置为红色，并将绘制风格设置为 Qt::DashDotLine。然后，将 QPen 类应用到 QPainter 并绘制一个椭圆，位置在(80, 200)，水平半径为 50，垂直半径为 20。

```
QPen ellipsePen;
ellipsePen.setColor(Qt::red);
ellipsePen.setStyle(Qt::DashDotLine);
QPainter ellipsePainter;
ellipsePainter.begin(this);
ellipsePainter.setPen(ellipsePen);
ellipsePainter.drawEllipse(QPoint(80, 200), 50, 20);
ellipsePainter.end();
```

（10）此外，还可以使用 QPainterPath 类来定义一个形状，然后将其传递给 QPainter 类进行渲染。

```
QPainterPath rectPath;
rectPath.addRect(QRect(150, 20, 100, 50));
QPainter pathPainter;
pathPainter.begin(this);
pathPainter.setPen(QPen(Qt::red, 1, Qt::DashDotLine,
Qt::FlatCap, Qt::MiterJoin));
pathPainter.setBrush(Qt::yellow);
pathPainter.drawPath(rectPath);
pathPainter.end();
```

（11）也可以使用 QPainterPath 绘制任何其他形状，如椭圆。

```
QPainterPath ellipsePath;
ellipsePath.addEllipse(QPoint(200, 120), 50, 20);
QPainter ellipsePathPainter;
ellipsePathPainter.begin(this);
ellipsePathPainter.setPen(QPen(QColor(79, 106, 25), 5,
Qt::SolidLine, Qt::FlatCap, Qt::MiterJoin));
ellipsePathPainter.setBrush(QColor(122, 163, 39));
ellipsePathPainter.drawPath(ellipsePath);
ellipsePathPainter.end();
```

（12）QPainter 也可以用来将图像文件绘制到屏幕上。在以下示例中，我们加载一个名为 tux.png 的图像文件，并将其绘制到屏幕上的(100, 150)位置。

```
QImage image;
image.load("tux.png");
QPainter imagePainter(this);
imagePainter.begin(this);
imagePainter.drawImage(QPoint(100, 150), image);
imagePainter.end();
```

（13）最终结果如图 4.2 所示。

图 4.2　企鹅被各种形状和线条包围

4.2.2　工作方式

如果想使用 QPainter 在屏幕上绘制某些内容，我们所需要做的就是告诉它应该绘制哪种类型的图形（如文本、矢量形状、图像、多边形），以及期望的位置和大小。QPen 类决定了图形轮廓的外观，如其颜色、线宽、线型（实线、虚线或点线）、端点样式、连接样式等。另外，QBrush 设置了图形背景的风格，如背景颜色、图案（单色、渐变、密集画刷、交叉对角线）和光标。

在调用绘制函数［如 drawLine()、drawRect()或 drawEllipse()函数］之前，应设置图形的选项。如果图形没有出现在屏幕上，并且在 Qt Creator 的应用程序输出窗口中看到诸如 QPainter::setPen: Painter not active 和 QPainter::setBrush: Painter not active 之类的警告，这意味着 QPainter 类当前不活跃，程序不会触发其绘制事件。要解决这个问题，可将主窗口设置为 QPainter 类的父窗口。通常，如果在 mainwindow.cpp 文件中编写代码，我们所需要做的就是在初始化 QPainter 时将 this 放在括号内。例如，注意以下代码：

```
QPainter linePainter(this);
```

QImage 可以从计算机目录和程序资源中加载图像。

4.2.3 附加内容

可将 QPainter 想象成一个拿着笔和空白画布的机器人。我们只需要告诉机器人应该绘制什么类型的形状以及它在画布上的位置，然后机器人将根据描述来完成工作。

为了让工作更轻松，QPainter 类还提供了许多函数，如 drawArc()、drawEllipse()、drawLine()、drawRect()和 drawPie()函数，这些函数允许轻松渲染预定义的形状。在 Qt 中，所有组件类（包括主窗口）都有一个名为 QWidget::paintEvent()的事件处理函数。每当操作系统认为主窗口应该重新绘制其组件时，就会触发此事件处理函数。许多事情都可能导致这一决定，如主窗口被缩放、组件改变其状态（即按钮被单击）或在代码中手动调用 repaint()或 update()函数。在相同的条件下，不同的操作系统在决定是否触发更新事件时可能会有不同的行为。如果正在制作一个需要连续和一致的图形更新的程序，可使用计时器手动调用 repaint()或 update()。

4.3 将形状导出到可缩放矢量图形文件

可缩放矢量图形（SVG）是一种基于 XML 的语言，用于描述 2D 矢量图形。Qt 提供了用于将矢量形状保存为 SVG 文件的类。该特性可以用来创建类似于 Adobe Illustrator 和 Inkscape 的简单矢量图形编辑器。在下一个示例中，我们将继续使用前一个示例中的相同项目文件。

4.3.1 实现方式

让我们学习如何创建一个在屏幕上显示 SVG 图形的简单程序。

（1）在层级窗口中右键单击主窗口组件，并从弹出菜单中选择 Create Menu Bar 选项创建一个菜单栏。之后，在菜单栏中添加一个 File 选项，并在其下添加一个 Save as SVG 操作，如图 4.3 所示。

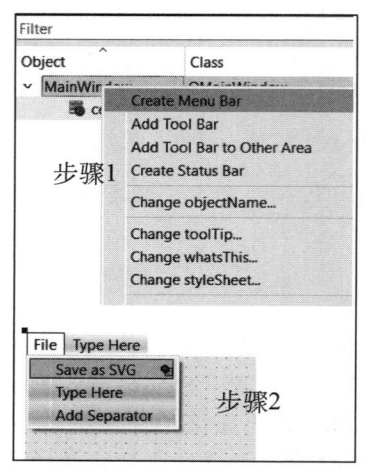

图 4.3　在菜单栏上创建一个 Save as SVG 选项

（2）之后将在 Qt Creator 窗口底部的 Action Editor 窗口中看到一个 actionSave_as_SVG 项。右键单击该项，并从弹出菜单中选择 Go to slot…。现在将出现一个窗口，其中列出了特定动作可用的槽。选择默认信号，即名为 triggered()的信号，并单击 OK 按钮，如图 4.4 所示。

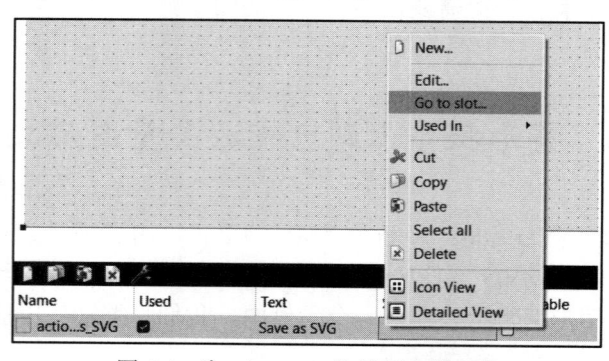

图 4.4　为 triggered()信号创建槽函数

（3）一旦单击了 OK 按钮，Qt Creator 将切换到脚本编辑器。我们会发现一个名为 on_actionSave_as_SVG_triggered() 的槽已经自动添加到主窗口类中。在 mainwindow.h 文件底部，我们会看到下列内容。

```
void MainWindow::on_actionSave_as_SVG_triggered() {}
```

（4）当从菜单栏单击 Save as SVG 选项时，将调用上述函数。我们将在该函数内编写代码，将所有矢量图形保存到 SVG 文件中。为此，首先需要在源文件顶部包含一个名为 QSvgGenerator 的类头文件。这个头文件非常重要，因为它是生成 SVG 文件所必需的。然后，还需要包含另一个名为 QFileDialog 的类头文件，它将用于打开保存对话框。

```
#include <QtSvg/QSvgGenerator>
#include <QFileDialog>
```

（5）此外，还需要将 svg 模块添加到项目文件中，如下所示。

```
QT += core gui svg
```

（6）在 mainwindow.h 文件中创建一个名为 paintAll() 的新函数，如下列代码所示。

```
public:
    explicit MainWindow(QWidget *parent = 0);
    ~MainWindow();
    virtual void paintEvent(QPaintEvent *event);
    void paintAll(QSvgGenerator *generator = 0);
```

（7）在 mainwindow.cpp 文件中，将 paintEvent() 中的所有代码移动到 paintAll() 函数中。然后，将所有单独的 QPainter 对象替换为一个统一的 QPainter，用于绘制所有图形。同时，在开始绘制任何内容之前调用 begin() 函数，在完成绘制后调用 end() 函数。对应代码如下所示。

```
void MainWindow::paintAll(QSvgGenerator *generator) {
    QPainter painter;
      if (engine)
         painter.begin(engine);
    else
         painter.begin(this);
    painter.setFont(QFont("Times", 14, QFont::Bold));
    painter.drawText(QPoint(20, 30), "Testing");
    painter.drawLine(QPoint(50, 60), QPoint(100, 100));
    painter.setBrush(Qt::BDiagPattern);
    painter.drawRect(QRect(40, 120, 80, 30));
```

（8）继续创建 ellipsePen 和 rectPath。

```
QPen ellipsePen;
ellipsePen.setColor(Qt::red);
ellipsePen.setStyle(Qt::DashDotLine);
painter.setPen(ellipsePen);
painter.drawEllipse(QPoint(80, 200), 50, 20);
QPainterPath rectPath;
rectPath.addRect(QRect(150, 20, 100, 50));
painter.setPen(QPen(Qt::red, 1, Qt::DashDotLine,
Qt::FlatCap, Qt::MiterJoin));
painter.setBrush(Qt::yellow);
painter.drawPath(rectPath);
```

（9）继续创建 ellipsePath 和 image。

```
QPainterPath ellipsePath;
ellipsePath.addEllipse(QPoint(200, 120), 50, 20);
painter.setPen(QPen(QColor(79, 106, 25), 5, Qt::SolidLine, Qt::FlatCap,
Qt::MiterJoin));
painter.setBrush(QColor(122, 163, 39));
painter.drawPath(ellipsePath);
QImage image;
image.load("tux.png");
painter.drawImage(QPoint(100, 150), image);
painter.end();
}
```

（10）由于已经将所有代码从 paintEvent() 移动到了 paintAll()，现在应该在 paintEvent() 内部调用 paintAll() 函数，如下所示。

```
void MainWindow::paintEvent(QPaintEvent *event) {
    paintAll();
}
```

（11）然后编写将图形导出为 SVG 文件的代码。代码将写在由 Qt 生成的名为 on_actionSave_as_SVG_triggered() 的槽函数内。我们从调用保存文件对话框开始，并从用户那里获取带有期望文件名的目录路径。

```
void MainWindow::on_actionSave_as_SVG_triggered() {
    QString filePath = QFileDialog::getSaveFileName(this, «Save SVG», «»,
    «SVG files (*.svg)»);
    if (filePath == "")
```

第 4 章　QPainter 与 2D 图形　　• 95 •

（12）创建一个 QSvgGenerator 对象，并通过将 QSvgGenerator 对象传递给 paintAll()函数，将图形保存到 SVG 文件中。

```
void MainWindow::on_actionSave_as_SVG_triggered() {
    QString filePath = QFileDialog::getSaveFileName(this, "Save
SVG", "", "SVG files (*.svg)");
    if (filePath == "")
        return;
    QSvgGenerator generator;
    generator.setFileName(filePath);
    generator.setSize(QSize(this->width(), this->height()));
    generator.setViewBox(QRect(0, 0, this->width(), this->height()));
    generator.setTitle("SVG Example");
    generator.setDescription("This SVG file is generated by Qt.");
    paintAll(&generator);
}
```

（13）编译并运行程序，我们应该能够通过选择 File | Save as SVG 来导出图形，如图 4.5 所示。

图 4.5　比较程序和网页浏览器上的 SVG 文件的结果

4.3.2　工作方式

默认情况下，QPainter 会使用其父对象的绘画引擎绘制分配给它的图形。如果没有为

QPainter 分配任何父对象，则可以手动为其分配一个绘画引擎，这就是我们在本例中所做的。

之所以将代码放入 paintAll()函数中，是因为希望将相同的代码用于两个不同的目的：在窗口上显示图形和将图形导出到 SVG 文件。可以看到，paintAll()函数中 generator 变量的默认值设置为 0，这意味着除非特别指定，否则运行该函数不需要 QSvgGenerator 对象。在后面的 paintAll()函数中，我们检查 generator 对象是否存在。如果它确实存在，如以下代码所示，则将其用作 painter 的绘画引擎。

```
if (engine)
    painter.begin(engine);
else
    painter.begin(this);
```

否则，将主窗口传递给 begin()函数（由于正在 mainwindow.cpp 文件中编写代码，可以直接使用 this 来指代主窗口的指针），这样它就会使用主窗口本身的绘画引擎，这意味着图形将被绘制到主窗口的表面上。在这个例子中，需要使用一个单一的 QPainter 对象将图形保存到 SVG 文件中。如果使用多个 QPainter 对象，生成的 SVG 文件将包含多个 XML 头部定义，因此该文件将被任何图形编辑软件视为无效。

QFileDialog::getSaveFileName()将打开原生的保存文件对话框，让用户选择保存目录并设置所需的文件名。用户完成这些操作后，将作为字符串返回完整的路径，随后可以将这些信息传递给 QSvgGenerator 对象以导出图形。

注意，在之前的截图中，SVG 文件中的企鹅被裁剪了。这是因为 SVG 的画布大小被设置为跟随主窗口的大小。为了帮助这只可怜的企鹅恢复它的身体，在导出 SVG 文件之前，可将窗口缩放到更大的尺寸。

4.3.3 附加内容

SVG 以 XML 格式定义图形。由于它是一种矢量图形形式，SVG 文件在放大或调整大小时不会丢失任何质量。SVG 格式不仅允许在工作文件中存储矢量图形，还允许存储光栅图形和文本，这与 Adobe Illustrator 的格式或多或少相似。SVG 还允许将图形对象分组、样式化、转换，并合成到之前渲染的对象中。

注意：
读者可以在 https://www.w3.org/TR/SVG 中查看 SVG 图形的完整规范。

4.4 坐标变换

在这个示例中,我们将学习如何使用坐标变换和计时器来创建实时时钟显示。

4.4.1 实现方式

要创建第一个图形时钟显示,可按照以下步骤进行。

(1)创建一个新的 Qt Widgets 应用程序项目。然后,像之前一样打开 mainwindow.ui 并移除 menuBar、mainToolBar 和 statusBar。

(2)打开 mainwindow.h 文件并包含以下头文件。

```
#include <QTime>
#include <QTimer>
#include <QPainter>
```

(3)声明 paintEvent()函数,如下所示。

```
public:
    explicit MainWindow(QWidget *parent = 0);
    ~MainWindow();
    virtual void paintEvent(QPaintEvent *event);
```

(4)在 mainwindow.cpp 文件中,创建 3 个数组来存储时针、分针和秒针的形状,其中每个数组包含 3 组坐标。

```
void MainWindow::paintEvent(QPaintEvent *event) {
    static const QPoint hourHand[3] = {
        QPoint(4, 4),
        QPoint(-4, 4),
        QPoint(0, -40)
    };
    static const QPoint minuteHand[3] = {
        QPoint(4, 4),
        QPoint(-4, 4),
        QPoint(0, -70)
    };
    static const QPoint secondHand[3] = {
        QPoint(2, 2),
```

```
        QPoint(-2, 2),
        QPoint(0, -90)
    };
}
```

（5）在数组下方添加以下代码以创建画笔并将其移动到主窗口的中心。同时，我们调整画笔的大小，使其即使在调整窗口大小时也能很好地适应主窗口。

```
int side = qMin(width(), height());
QPainter painter(this);
painter.setRenderHint(QPainter::Antialiasing);
painter.translate(width() / 2, height() / 2);
painter.scale(side / 250.0, side / 250.0);
```

（6）使用 for 循环开始绘制刻度。每个刻度旋转 6°的增量，因此 60 个刻度将完成一个完整的圆。此外，每隔 5 分钟刻度看起来会稍微长一些。

```
for (int i = 0; i < 60; ++i) {
    if ((i % 5) != 0)
        painter.drawLine(92, 0, 96, 0);
    else
        painter.drawLine(86, 0, 96, 0);
    painter.rotate(6.0);
}
```

（7）继续绘制时钟的指针。每个指针的旋转是根据当前时间及其在 360°上的相应等效位置来计算的。

```
QTime time = QTime::currentTime();
// Draw hour hand
painter.save();
painter.rotate((time.hour() * 360) / 12);
painter.setPen(Qt::NoPen);
painter.setBrush(Qt::black);
painter.drawConvexPolygon(hourHand, 3);
painter.restore();
```

（8）绘制时钟的分针。

```
// Draw minute hand
painter.save();
painter.rotate((time.minute() * 360) / 60);
painter.setPen(Qt::NoPen);
```

第 4 章 QPainter 与 2D 图形

```
painter.setBrush(Qt::black);
painter.drawConvexPolygon(minuteHand, 3);
painter.restore();
```

（9）绘制时钟的秒针。

```
// Draw second hand
painter.save();
painter.rotate((time.second() * 360) / 60);
painter.setPen(Qt::NoPen);
painter.setBrush(Qt::black);
painter.drawConvexPolygon(secondHand, 3);
painter.restore();
```

（10）最后但同样重要的是，创建一个计时器以每秒刷新图形，以便程序像真正的时钟一样工作。

```
MainWindow::MainWindow(QWidget *parent) : QMainWindow(parent),
ui(new Ui::MainWindow) {
    ui->setupUi(this);
    QTimer* timer = new QTimer(this);
    timer->start(1000);
    connect(timer, QTimer::timeout, this, MainWindow::update);
}
```

（11）编译并运行程序，结果如图 4.6 所示。

图 4.6 在 Qt 应用程序上显示的实时模拟时钟

4.4.2 工作方式

每个数组包含 3 个 QPoint 数据实例，它们形成了一个拉长的三角形形状。然后，这些数组被传递给画笔,并使用 drawConvexPolygon()函数作为凸多边形进行渲染。在绘制每个时钟指针之前,我们使用 painter.save()保存 QPainter 对象的状态,然后继续使用坐标变换进行绘制。

一旦完成绘制,我们通过调用 painter.restore()将画笔恢复到之前的状态。该函数将撤销 painter.restore()之前的所有变换,以便下一个指针不会继承前一个的变换。如果不使用 painter.save()和 painter.restore(),我们将不得不在绘制下一个指针之前手动更改位置、旋转和缩放。

不使用 painter.save()和 painter.restore()的一个很好的例子是绘制刻度。由于每个刻度的旋转是前一个的 6°增量,我们根本不需要保存画笔的状态。我们只需要在循环中调用 painter.rotate(6.0),每个刻度就会继承前一个刻度的旋转。此外,还使用模运算符(%)检查由刻度表示的单位是否能被 5 整除。如果可以,那么我们将刻度绘制得稍微长一些。

如果不使用计时器不断调用 update()槽,时钟将无法正常工作。这是因为当父窗口(在本例中为主窗口)的状态没有变化时,Qt 不会调用 paintEvent()。因此,我们需要通过每秒调用 update()手动告诉 Qt 需要刷新图形。

我们使用了 painter.setRenderHint(QPainter::Antialiasing)函数来启用渲染时钟时的抗锯齿功能。否则,图形看起来会非常粗糙和像素化,如图 4.7 所示。

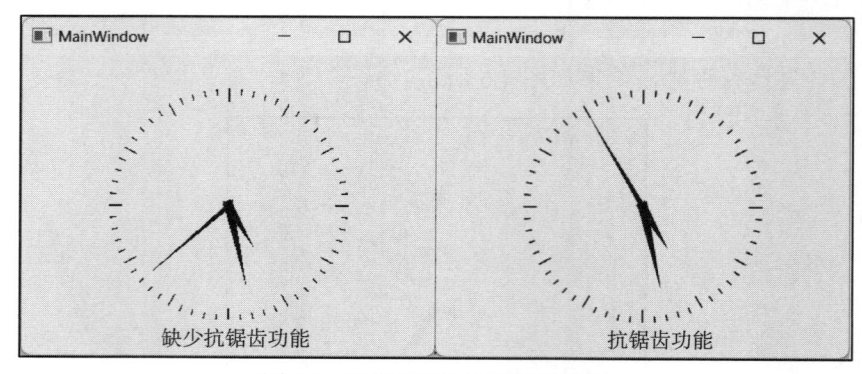

图 4.7 抗锯齿产生更平滑的结果

4.4.3 附加内容

QPainter 类使用坐标系统确定图形在屏幕上渲染之前的位置和大小。这些信息可以被修改,以使图形产生不同的位置、旋转和大小。这种改变图形坐标信息的过程就是我们所说的坐标变换。变换包含平移、旋转、缩放和剪切几种类型,如图 4.8 所示。

图 4.8　不同的变换类型

Qt 使用的坐标系统原点位于左上角，这意味着 x 值向右增加，y 值向下增加。该坐标系统可能与物理设备（如计算机屏幕）使用的坐标系统不同。Qt 通过使用 QPaintDevice 类自动处理这个问题，该类将 Qt 的逻辑坐标映射到物理坐标。

QPainter 提供了 4 种变换操作来执行不同类型的变换。

- QPainter::translate()：通过给定的单位偏移图形的位置。
- QPainter::rotate()：围绕原点顺时针旋转图形。
- QPainter::scale()：通过给定的因子偏移图形的大小。
- QPainter::shear()**：围绕原点扭曲图形的坐标系统。

4.5　在屏幕上显示图像

Qt 不仅允许在屏幕上绘制形状和图像，它还允许将多个图像叠加在一起，并使用不同类型的算法结合所有层的像素信息，进而创造出非常有趣的结果。在当前示例中，我们将学习如何将图像叠加在一起并对它们应用不同的合成效果。

4.5.1　实现方式

通过以下步骤创建一个简单的演示，展示不同图像合成的效果。

(1) 设置一个新的 Qt Widgets 应用程序项目，并移除 menuBar、mainToolBar 和 statusBar。

(2) 在 mainwindow.h 文件中添加 QPainter 类头文件。

```
#include <QPainter>
```

(3) 声明 paintEvent() 虚函数，如下所示。

```
virtual void paintEvent(QPaintEvent* event);
```

(4) 在 mainwindow.cpp 中，首先将使用 QImage 类加载几个图像文件。

```
void MainWindow::paintEvent(QPaintEvent* event) {
    QImage image;
    image.load("checker.png");
    QImage image2;
    image2.load("tux.png");
    QImage image3;
    image3.load("butterfly.png");
}
```

(5) 创建一个 QPainter 对象，并使用它来绘制两组图像，其中一个图像位于另一个图像之上。

```
QPainter painter(this);
painter.drawImage(QPoint(10, 10), image);
painter.drawImage(QPoint(10, 10), image2);
painter.drawImage(QPoint(300, 10), image);
painter.drawImage(QPoint(300, 40), image3);
```

(6) 编译并运行程序，结果如图 4.9 所示。

图 4.9 正常显示图像

（7）在屏幕上绘制每张图像之前设置合成模式。

```
QPainter painter(this);
painter.setCompositionMode(QPainter::CompositionMode_
Difference);
painter.drawImage(QPoint(10, 10), image);
painter.setCompositionMode(QPainter::CompositionMode_Multiply);
painter.drawImage(QPoint(10, 10), image2);
painter.setCompositionMode(QPainter::CompositionMode_Xor);
painter.drawImage(QPoint(300, 10), image);
painter.setCompositionMode(QPainter::CompositionMode_SoftLight);
painter.drawImage(QPoint(300, 40), image3);
```

（8）编译并运行程序，结果如图 4.10 所示。

图 4.10　对图像应用不同的合成模式

4.5.2　工作方式

在使用 Qt 绘制图像时，调用 drawImage()函数的顺序将决定图像的渲染顺序，这将影响图像的深度顺序并产生不同的结果。

前述示例调用了 4 次 drawImage()函数，并在屏幕上绘制了 4 张不同的图像。第一个 drawImage()函数渲染了 checker.png，第二个 drawImage()函数渲染了 tux.png（企鹅）。后渲染的图像总是会出现在其他图像的前面，这就是企鹅显示在棋盘图案前面的原因。右边的蝴蝶和棋盘图案也是同样的道理。即使蝴蝶在棋盘图案前面被渲染，我们仍然可以看到棋盘格图案，因为蝴蝶图像并不完全透明。

现在，让我们颠倒渲染顺序，看看会发生什么。我们将尝试先渲染企鹅，然后是棋盘。右边的另一对图像也是如此：先渲染蝴蝶，然后是棋盘。结果如图 4.11 所示。

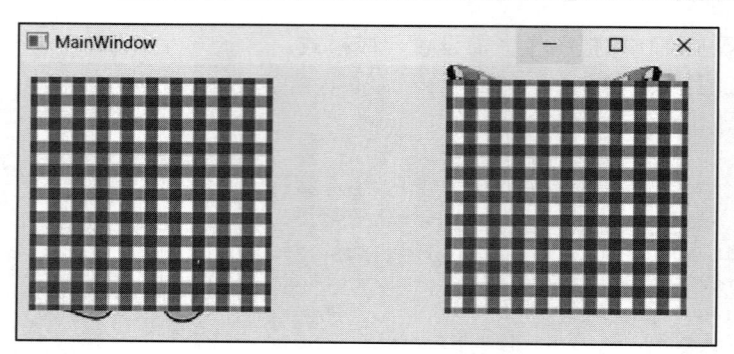

图 4.11 企鹅和蝴蝶都被棋盘覆盖

为了给图像应用合成效果，必须在绘制图像之前调用 painter.setCompositionMode()函数设置画笔的合成模式。我们可以输入 QPainter::CompositionMode 并从自动完成菜单中选择所需的合成模式。

前述示例对左边的棋盘应用了 QPainter::CompositionMode_Difference，这使得其颜色发生了反转。接下来对企鹅应用了 QPainter::CompositionMode_Overlay，这使得它与棋盘图案混合，并且能够看到两个图像相互叠加。在右侧，我们对棋盘应用了QPainter::CompositionMode_Xor，如果源和目标之间存在差异，则显示颜色；否则将渲染为黑色。

由于与白色背景进行差异比较，棋盘的非透明部分变成了完全的黑色。此外，还对蝴蝶图像应用了 QPainter::CompositionMode_SoftLight。这会减少对比度，将像素与背景混合。如果想禁用刚刚为前一次渲染设置的合成模式，然后再继续下一步，只需将其设置回默认模式，即 QPainter::CompositionMode_SourceOver。

4.5.3 附加内容

例如，可以将多个图像叠加在一起，使用 Qt 的图像合成功能将它们合并在一起，并根据使用的合成模式计算屏幕上的结果像素。这通常用于图像编辑软件中，如 Photoshop 和 GIMP，用于合成图像层。

Qt 中有超过 30 种合成模式可供选择。以下是一些最常用的模式。

- Clear：目标中的像素被设置为完全透明，与源无关。
- Source：输出是源像素。这种模式是 CompositionMode_Destination 的反义。
- Destination：输出是目标像素。这意味着混合没有效果。这种模式是 CompositionMode_Source 的反义。
- Source Over：通常被称为 alpha 混合。使用源的 alpha 在目标上混合像素。这是

QPainter 使用的默认模式。
- Destination Over：输出是目标 alpha 在源像素上的混合。这种模式的反义是 CompositionMode_SourceOver。
- Source In：输出是源，其中 alpha 被目标的 alpha 减少。
- Destination In：输出是目标，其中 alpha 被源的 alpha 减少。这种模式是 CompositionMode_SourceIn 的反义。
- Source Out：输出是源，其中 alpha 值被目标的反色减少。
- Destination Out：输出是目标，其中 alpha 值被源的反色减少。这种模式是 CompositionMode_SourceOut 的反义。
- Source Atop：源像素与目标像素混合，源像素的 alpha 值被目标像素的 alpha 值减少。
- Destination Atop：目标像素与源像素混合，源像素的 alpha 值被目标像素的 alpha 值减少。这种模式是 CompositionMode_SourceAtop 的反义。
- Xor：这是"异或"的缩写，是一种用于图像分析的高级混合模式。使用这种合成模式会更加复杂。首先，源的 alpha 值被目标 alpha 的反色减少。然后，目标的 alpha 值被源 alpha 的反色减少。最后，源和目标合并产生输出。

☑ **注意**：

读者可以访问 https://pyside.github.io 以查看更多信息。

图 4.12 显示了使用不同合成模式叠加两张图像的结果。

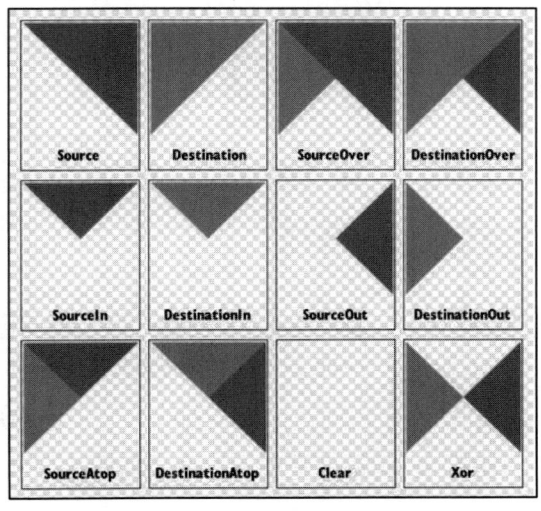

图 4.12 不同类型的合成模式

4.6 对图形应用图像效果

Qt 提供了一种简便的方法，用于为 QPainter 类绘制的任何图形添加图像效果。在当前例子中，我们将学习如何在将图形显示在屏幕上之前，对其应用不同的图像效果，如投影、模糊、着色和透明度效果。

4.6.1 实现方式

通过以下步骤学习如何对文本和图形应用图像效果。

（1）创建一个新的 Qt Widgets 应用程序项目，并移除 menuBar、mainToolBar 和 StatusBar。

（2）选择 File | New File or Project 创建一个新的资源文件，并添加项目所需的所有图像，如图 4.13 所示。

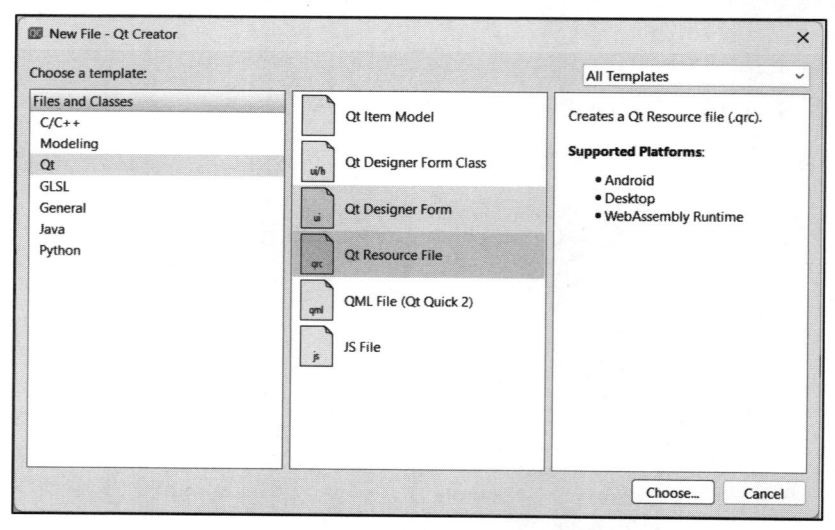

图 4.13 创建一个新的 Qt 资源文件

（3）打开 mainwindow.ui 并向窗口中添加 4 个标签。其中两个标签将用于显示文本，而另外两个标签将加载刚刚添加到资源文件中的图像，如图 4.14 所示。

第 4 章　QPainter 与 2D 图形

图 4.14　应用程序中填充文本和图像

（4）您可能已经注意到，字体大小远大于默认大小。这可以通过为标签组件添加样式表来实现，如下所示。

```
font: 26pt "MS Gothic";
```

（5）打开 mainwindow.cpp 并在源代码顶部包含以下头文件。

```
#include <QGraphicsBlurEffect>
#include <QGraphicsDropShadowEffect>
#include <QGraphicsColorizeEffect>
#include <QGraphicsOpacityEffect>
```

（6）在 MainWindow 类的构造函数中，添加以下代码创建一个 DropShadowEffect（投影效果），并将其应用到其中一个标签上。

```
MainWindow::MainWindow(QWidget *parent) : QMainWindow(parent),
ui(new Ui::MainWindow) {
ui->setupUi(this);
QGraphicsDropShadowEffect* shadow = new QGraphicsDropShadowEffect();
shadow->setXOffset(4);
shadow->setYOffset(4);
ui->label->setGraphicsEffect(shadow);
}
```

（7）创建 ColorizedEffect（着色效果）并将其应用于其中一张图像（即本例中的蝴蝶）。此外，还将效果颜色设置为红色。

```
QGraphicsColorizeEffect* colorize = new
QGraphicsColorizeEffect();
```

```
colorize->setColor(QColor(255, 0, 0));
ui->butterfly->setGraphicsEffect(colorize);
```

（8）完成上述操作后，创建 BlurEffect（模糊效果）并将其半径设置为 12。然后，将该图形效果应用到另一个标签上。

```
QGraphicsBlurEffect* blur = new QGraphicsBlurEffect();
blur->setBlurRadius(12);
ui->label2->setGraphicsEffect(blur);
```

（9）创建一个 Alpha 效果，并将其应用到企鹅图像上。我们将透明度值设置为 0.2，这意味着 20%的不透明度。

```
QGraphicsOpacityEffect* alpha = new QGraphicsOpacityEffect();
alpha->setOpacity(0.2);
ui->penguin->setGraphicsEffect(alpha);
```

（10）编译并运行程序，结果如图 4.15 所示。

图 4.15　不同类型的图形效果应用于文本和图像上

4.6.2　工作方式

每种图形效果都是继承自 QGraphicsEffect 父类的独立类。我们可以通过创建一个继承自 QGraphicsEffect 的新类，并重新实现其中的一些函数创建自定义效果。

每种效果都有为其特别创建的一组变量。例如，可以设置着色效果的颜色，但在模糊效果中则没有这样的变量。这是因为每种效果都与其他效果大不相同，这也是为什么它需要是一个独立的类，而不是使用同一个类来处理所有不同的效果。

注意，一次只能向组件添加单一的图形效果。如果添加了多个效果，只有最后一个会被应用到组件上，因为它会替换之前的效果。除此之外，如果创建了一个图形效果，如投影效果，我们不能将其分配给两个不同的组件，因为它只会被分配给最后应用的那个组件。如果需要将同一种效果应用到多个不同的组件上，应创建几个相同类型的效果并将它们分别应用到各自的组件上。

4.6.3 附加内容

目前，Qt 支持模糊、投影、着色和透明度效果。这些效果可以通过调用以下类来使用：QGraphicsBlurEffect、QGraphicsDropShadowEffect、QGraphicsColorizeEffect 和 QGraphicsOpacityEffect。所有这些类都是从 QGraphicsEffect 类继承而来的。此外，还可以通过创建 QGrapicsEffect（或任何其他现有效果）的子类并重新实现 draw()函数创建自定义图像效果。

图形效果仅改变源的边界矩形。如果想要增加边界矩形的边距，可重新实现 boundingRectFor()虚拟函数，并在该矩形发生变化时调用 updateBoundingRect()通知框架。

4.7 创建基本的绘画程序

前述内容学习了很多关于 QPainter 类的知识，以及如何使用它在屏幕上显示图形，现在是时候将这些知识付诸行动了。

在当前示例中，我们将学习如何制作一个基本的绘画程序，它允许在画布上用不同的画笔大小和颜色绘制线条。此外，还将学习如何使用 QImage 类和鼠标事件来构建绘画程序。

4.7.1 实现方式

让我们按照以下步骤开始我们有趣的项目。

（1）创建一个新的 Qt Widgets 应用程序项目，并移除工具栏和状态栏。这一次将保留菜单栏。

（2）设置菜单栏，如图 4.16 所示。

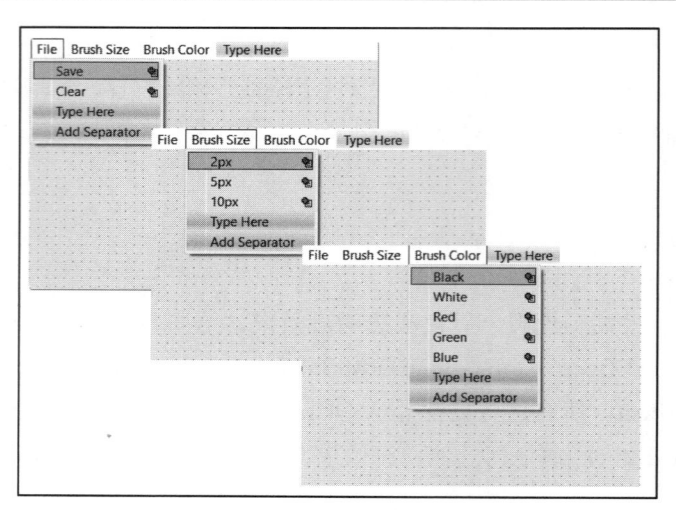

图 4.16 设置菜单栏

（3）暂时保留菜单栏的设置，接下来继续处理 mainwindow.h 文件。首先，包含以下项目所需的头文件。

```
#include <QPainter>
#include <QMouseEvent>
#include <QFileDialog>
```

（4）声明将在这个项目中使用的变量，如下所示。

```
private:
    Ui::MainWindow *ui;
    QImage image;
    bool drawing;
    QPoint lastPoint;
    int brushSize;
    QColor brushColor;
```

（5）声明从 QWidget 类继承的事件回调函数。当相应的事件发生时，Qt 将触发这些函数。我们将重写这些函数，并告诉 Qt 在这些事件被调用时应该执行什么操作。

```
public:
    explicit MainWindow(QWidget *parent = 0);
    ~MainWindow();
    virtual void mousePressEvent(QMouseEvent *event);
```

```
virtual void mouseMoveEvent(QMouseEvent *event);
virtual void mouseReleaseEvent(QMouseEvent *event);
virtual void paintEvent(QPaintEvent *event);
virtual void resizeEvent(QResizeEvent *event);
```

（6）转至 mainwindow.cpp 文件，并在类构造函数中添加以下代码来设置一些变量。

```
MainWindow::MainWindow(QWidget *parent) : QMainWindow(parent),
ui(new Ui::MainWindow) {
    ui->setupUi(this);
    image = QImage(this->size(), QImage::Format_RGB32);
    image.fill(Qt::white);
    drawing = false;
    brushColor = Qt::black;
    brushSize = 2;
}
```

（7）构建 mousePressEvent()事件，并告诉 Qt 当按下鼠标左键时应该执行何种操作。

```
void MainWindow::mousePressEvent(QMouseEvent *event) {
    if (event->button() == Qt::LeftButton) {
        drawing = true;
        lastPoint = event->pos();
    }
}
```

（8）构建 mouseMoveEvent()事件，并告诉 Qt 当鼠标移动时应该执行何种操作。在这种情况下，如果鼠标左键被按住，我们希望在画布上绘制线条。

```
void MainWindow::mouseMoveEvent(QMouseEvent *event) {
    if ((event->buttons() & Qt::LeftButton) && drawing) {
        QPainter painter(&image);
        painter.setPen(QPen(brushColor, brushSize, Qt::SolidLine,
        Qt::RoundCap, Qt::RoundJoin));
        painter.drawLine(lastPoint, event->pos());
        lastPoint = event->pos();
        this->update();
    }
}
```

（9）构建 mouseReleaseEvent()事件，该事件将在释放鼠标按钮时被触发。

```
void MainWindow::mouseReleaseEvent(QMouseEvent *event) {
    if (event->button() == Qt::LeftButton) {
```

```
        drawing = false;
    }
}
```

（10）继续处理 paintEvent()事件，与其他示例相比，该过程十分简单。

```
void MainWindow::paintEvent(QPaintEvent *event) {
    QPainter canvasPainter(this);
    canvasPainter.drawImage(this->rect(), image, image.rect());
}
```

（11）回忆一下，菜单栏当前一直处于闲置状态。让我们在 GUI 编辑器下对每个操作执行右键单击操作，并在弹出菜单中选择 Go to slot…，如图 4.17 所示。我们想要告诉 Qt 当菜单栏上的这些选项被选中时应执行什么操作。

（12）选择名为 triggered()的默认槽，并单击 OK 按钮。Qt 将自动在 mainwindow.h 和 mainwindow.cpp 文件中生成一个新的槽函数。完成所有操作后，我们应该在 mainwindow.h 文件中看到以下类似内容。

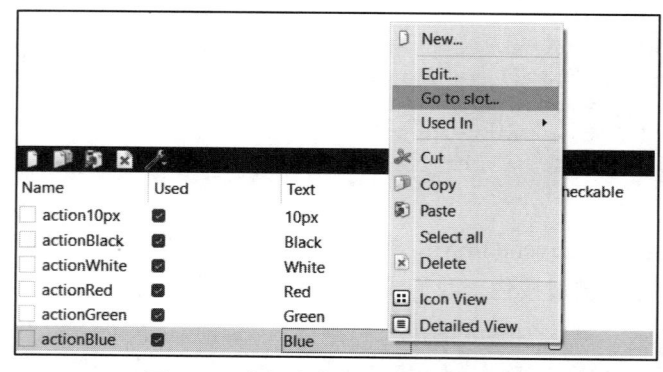

图 4.17　为每个菜单操作创建槽函数

```
private slots:
    void on_actionSave_triggered();
    void on_actionClear_triggered();
    void on_action2px_triggered();
    void on_action5px_triggered();
    void on_action10px_triggered();
    void on_actionBlack_triggered();
    void on_actionWhite_triggered();
    void on_actionRed_triggered();
    void on_actionGreen_triggered();
    void on_actionBlue_triggered();
```

（13）告诉 Qt 当这些槽被触发时应该执行什么操作。

```cpp
void MainWindow::on_actionSave_triggered() {
    QString filePath = QFileDialog::getSaveFileName(this, "Save Image",
    "", "PNG (*.png);;JPEG (*.jpg *.jpeg);;All files
    (*.*)");
    if (filePath == "")
        return;
    image.save(filePath);
}
void MainWindow::on_actionClear_triggered() {
    image.fill(Qt::white);
    this->update();
}
```

（14）继续实现其他槽。

```cpp
void MainWindow::on_action2px_triggered() {
    brushSize = 2;
}
void MainWindow::on_action5px_triggered() {
    brushSize = 5;
}
void MainWindow::on_action10px_triggered() {
    brushSize = 10;
}
void MainWindow::on_actionBlack_triggered() {
    brushColor = Qt::black;
}
```

（15）实现其余的槽函数。

```cpp
void MainWindow::on_actionWhite_triggered() {
    brushColor = Qt::white;
}
void MainWindow::on_actionRed_triggered() {
    brushColor = Qt::red;
}
void MainWindow::on_actionGreen_triggered() {
    brushColor = Qt::green;
}
void MainWindow::on_actionBlue_triggered() {
    brushColor = Qt::blue;
}
```

（16）编译并运行程序，我们将得到一个简单但可用的绘画程序，如图 4.18 所示。

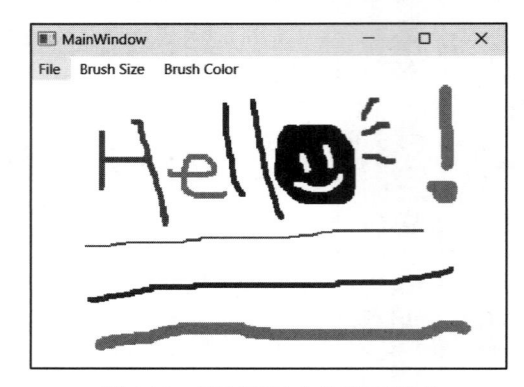

图 4.18　正在运行中的绘画程序

4.7.2　工作方式

当前示例在程序启动时创建了一个 Qimage 组件。该组件充当画布，并会在窗口调整大小时随之改变大小。为了在画布上绘制内容，需要使用 Qt 提供的鼠标事件。这些事件会告诉光标的位置，我们可以使用这些信息来改变画布上的像素。

我们使用一个名为 drawing 的布尔变量告知程序是否应该在鼠标按钮被按下时开始绘图。在这种情况下，当鼠标左键被按下时，drawing 变量将被设置为 true。此外，还将在鼠标左键被按下时将当前光标位置保存到 lastPoint 变量中，以便 Qt 知道应该从哪里开始绘图。当鼠标移动时，Qt 将触发 mouseMoveEvent() 事件。这就是检查 drawing 变量是否被设置为 true 的地方。如果是，那么 QPainter 就可以根据提供的画笔设置开始在 Qimage 组件上绘制线条。画笔设置包括 brushColor 和 brushSize。这些设置被保存为变量，并且可以通过从菜单栏选择不同的设置进行更改。

请记得在用户在画布上绘图时调用 update() 函数。否则，即使已经改变了画布的像素信息，画布也会保持空白。当从菜单栏选择 File|Clear 重置画布时，我们也必须调用 update() 函数。

当前示例使用 QImage::save() 保存图像文件，这非常简单。我们使用文件对话框让用户决定在哪里保存图像以及所需的文件名。然后将信息传递给 QImage，它将自行完成其余的工作。如果没有对 QImage::save() 函数指定文件格式，QImage 将尝试通过查看所需文件名的扩展名来确定它。

4.8 在 QML 中渲染 2D 画布

前述示例讨论了使用 Qt 的 C++ API 渲染 2D 图形的方法和技术。然而，我们尚未学习如何使用强大的 QML 脚本实现类似的结果。

（1）创建一个新项目，选择 File | New File or Project，并选择 Qt Quick Application 作为项目模板，如图 4.19 所示。

（2）新项目创建完成后，打开在项目面板中 qml.qrc 下列出的 main.qml。之后，为窗口设置一个 ID 并将其宽度和高度值调整为较大的值，如下所示。

```
import QtQuick
import QtQuick.Window
Window {
    id: myWindow
    visible: true
    width: 640
    height: 480
    title: qsTr("Hello World")
}
```

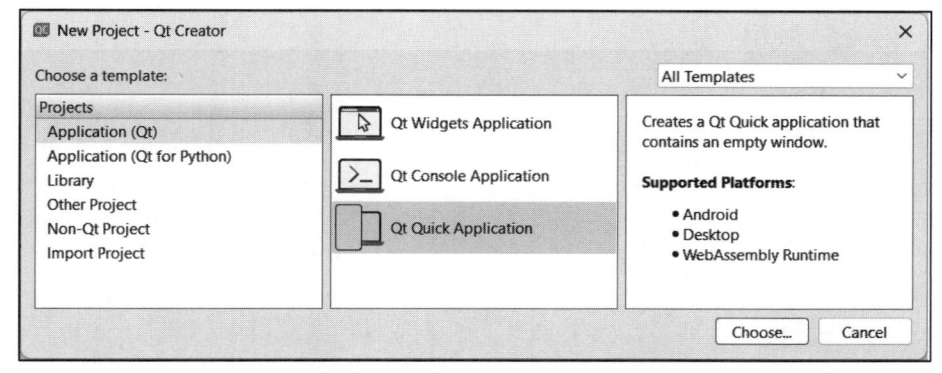

图 4.19　创建新的 Qt Quick Application 项目

（3）在 myWindow 下添加一个 Canvas 对象，并将其命名为 myCanvas。之后，将其 width 和 height 值设置为与 myWindow 相同。

```
Window {
    id: myWindow
```

```
    visible: true
    width: 640
    height: 480
    Canvas {
        id: myCanvas
        width: myWindow.width
        height: myWindow.height
    }
}
```

(4)定义当 onPaint 事件被触发时将会发生什么。在这种情况下,我们将在窗口上画一个叉号。

```
Canvas {
    id: myCanvas
    width: myWindow.width
    height: myWindow.height
    onPaint: {
        var context = getContext('2d')
        context.fillStyle = 'white'
        context.fillRect(0, 0, width, height)
        context.lineWidth = 2
        context.strokeStyle = 'black'
```

(5)继续编写代码,如下所示。

```
// Draw cross
context.beginPath()
context.moveTo(50, 50)
context.lineTo(100, 100)
context.closePath()
context.stroke()
context.beginPath()
context.moveTo(100, 50)
context.lineTo(50, 100)
context.closePath()
context.stroke()
    }
}
```

(6)添加以下代码在叉号旁边绘制一个对号。

```
// Draw tick
```

```
context.beginPath()
context.moveTo(150, 90)
context.lineTo(158, 100)
context.closePath()
context.stroke()
context.beginPath()
context.moveTo(180, 100)
context.lineTo(210, 50)
context.closePath()
context.stroke()
```

(7)添加以下代码绘制一个三角形形状。

```
// Draw triangle
context.lineWidth = 4
context.strokeStyle = "red"
context.fillStyle = "salmon"
context.beginPath()
context.moveTo(50,150)
context.lineTo(150,150)
context.lineTo(50,250)
context.closePath()
context.fill()
context.stroke()
```

(8)使用以下代码绘制一个半圆和一个完整的圆。

```
// Draw circle
context.lineWidth = 4
context.strokeStyle = "blue"
context.fillStyle = "steelblue"
var pi = 3.141592653589793
context.beginPath()
context.arc(220, 200, 60, 0, pi, true)
context.closePath()
context.fill()
context.stroke()
```

(9)绘制一个弧形。

```
context.beginPath()
context.arc(220, 280, 60, 0, 2 * pi, true)
context.closePath()
context.fill()
context.stroke()
```

（10）从文件中绘制一个二维图像。

```
// Draw image
context.drawImage("tux.png", 280, 10, 150, 174)
```

（11）然而，仅前述代码并不能成功地在屏幕上渲染图像，因为还必须事先加载图像文件。在 Canvas 对象内添加以下代码，以请求 QML 在程序启动时加载图像文件，然后在图像加载完成后调用 requestPaint() 信号，以便触发 onPaint() 事件槽。

```
onImageLoaded: requestPaint();
onPaint: {
    // The code we added previously
}
```

（12）在项目面板中右键单击 qml.qrc 并选择 Open in Editor 打开它。之后，将 tux.png 图像文件添加到项目资源中，如图 4.20 所示。

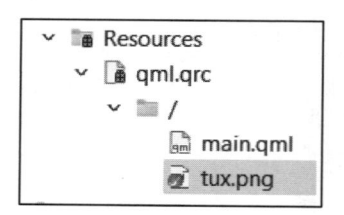

图 4.20　tux.png 图像文件现在已列在 qml.qrc 下

（13）构建并运行程序，结果如图 4.21 所示。

图 4.21　企鹅对象和一些几何形状

在前述示例中，我们学习了如何使用 Canvas 元素在屏幕上绘制简单的矢量形状。Qt 的内置模块使复杂的渲染过程对程序员来说更加简单直接。

第 5 章 OpenGL 实现

本章将学习如何使用开放图形库 OpenGL，这是一个强大的渲染应用程序接口（API），并将其与 Qt 结合使用。OpenGL 是一个跨语言、跨平台的 API，用于通过计算机图形芯片中的图形处理单元（GPU）在屏幕上绘制 2D 和 3D 图形。本章将学习 OpenGL 3 而不是 OpenGL 2，尽管对于初学者来说，固定功能管线比更新的可编程管线更容易理解，但它被视为遗留代码，并已被大多数现代 3D 渲染软件弃用。Qt 6 支持这两个版本，因此如果软件需要向后兼容，那么切换到 OpenGL 2 应该没有问题。

本章主要涉及下列主题。
- 在 Qt 中配置 OpenGL。
- Hello World！。
- 渲染 2D 形状。
- 渲染 3D 形状。
- OpenGL 中的纹理映射。
- OpenGL 中的基本光照。
- 使用键盘控制移动物体。
- QML 中的 Qt Quick 3D。

5.1 技术要求

本章需要使用 Qt 6.6.1 MinGW 64-bit 和 Qt Creator 12.0.2。本章使用的所有代码都可以从以下 GitHub 仓库下载：https://github.com/PacktPublishing/QT6-C-GUI-Programming-Cookbook---Third-Edition-/tree/main/Chapter05。

5.2 在 Qt 中配置 OpenGL

本节将学习如何在 Qt 6 中设置 OpenGL。

5.2.1 实现方式

按照以下步骤学习如何在 Qt 中设置 OpenGL。

（1）选择 File | New Project 创建一个新的 Qt Widgets Application。取消选中 Generate form 选项，以避免生成 mainwindow.ui、mainwindow.h 和 mainwindow.cpp 文件。

（2）打开项目文件（.pro），并通过在 QT += 后面添加 opengl 关键字将 OpenGL 模块添加到项目中，之后运行 qmake 重新加载项目模块。

```
QT += core gui opengl
```

（3）在项目文件中添加另一行代码，以便在启动时加载 OpenGL 和 OpenGL 实用程序（GLU）库。没有这两个库，程序将无法运行。

```
LIBS += -lopengl32 -lglu32
```

（4）打开 main.cpp 并将 mainwindow.h 替换为 QtOpenGL 头文件。

```
#include <QtOpenGL>
```

（5）从 main.cpp 文件中移除所有与 MainWindow 类相关的代码，并用以下代码片段中粗体显示的代码替换它。

```
#include <QApplication>
#include <QtOpenGL>
int main(int argc, char *argv[])
{
    QApplication app(argc, argv);
    QOpenGLWindow window;
    window.setTitle("Hello World!");
    window.resize(640, 480);
    window.show();
    return app.exec();
}
```

（6）编译并运行项目，我们将看到一个带有黑色背景的空窗口，如图 5.1 所示。不要担心，程序现在正在 OpenGL 上运行。

5.2.2 工作方式

为了能够访问与 OpenGL 相关的头文件，如 QtOpenGL 和 QOpenGLFunctions，必须将

图 5.1　空的 OpenGL 窗口

OpenGL 模块添加到项目文件（.pro）中。我们选择使用 QOpenGLWindow 类而不是 QMainWindow 作为主窗口，因为它被设计为可以轻松创建执行 OpenGL 渲染的窗口，并且由于它在其窗口模块中没有依赖项，因此与 QOpenGLWidget 相比提供了更好的性能。

此处必须调用 setSurfaceType(QWindow::OpenGLSurface) 告诉 Qt 更倾向于使用 OpenGL 而不是 QPainter 将图像渲染到屏幕上。QOpenGLWindow 类提供了多个虚拟函数〔initializeGL()、resizeGL()、paintGL()等〕，供方便地设置 OpenGL 并执行图形渲染。我们将在后续示例中学习如何使用这些函数。

5.2.3　附加内容

OpenGL 是一个跨语言、跨平台的 API，并通过计算机图形芯片中的 GPU 在屏幕上绘制 2D 和 3D 图形。计算机图形技术多年来一直在快速发展，以至于软件行业几乎跟不上它的步伐。

2008 年，负责维护和发展 OpenGL 的 Khronos Group 宣布发布 OpenGL 3.0 规范，这在整个行业中引起了巨大的震动和争议。这主要是因为 OpenGL 3.0 打算从 OpenGL API 中弃用整个固定功能管线，对于大公司来说，一夜之间从固定功能管线突然转向可编程管线几乎是一项不可能完成的任务。这导致了两个不同的主要版本的 OpenGL 被同时维护。

本章将使用更新后的 OpenGL 3，而不是较旧的、已被弃用的 OpenGL 2。这两个版本之间的编码风格和语法非常不同，这使得过渡变得非常麻烦。然而，性能的提升使得转向 OpenGL 3 所花费的时间变得值得。

5.3　Hello World!

本章将学习如何结合使用 OpenGL 3 和 Qt 6。常见的 OpenGL 函数，如 glBegin、glVertex2f、glColor3f、glMatrixMode 和 glLoadIdentity 都已从 OpenGL 3 中移除。OpenGL 3 使用顶点缓冲对象（VBO）批量向 GPU 发送数据，而不是通过如 glVertex2f()这样的函数逐个发送，这在等待 CPU 逐个提交数据时会减慢渲染速度。因此，我们将把所有数据打包进 VBO，将其作为一个巨大的数据包发送给 GPU，并通过着色器编程指导 GPU 计算结果像素。除此之外，本章还将会学习如何通过一种称为 OpenGL 着色语言（GLSL）的类似 C 语言的编程语言创建简单的着色器程序。

5.3.1　实现方式

具体操作步骤如下所示。

（1）创建一个名为 RenderWindow 的新类，它继承自 QOpenGLWindow 类。选择 File | New File，然后选择 Files and Classes 类别下的 C++ Class。将类命名为 RenderWindow 并将其基类设置为 QOpenGLWindow，如图 5.2 所示。然后，继续创建 C++类。

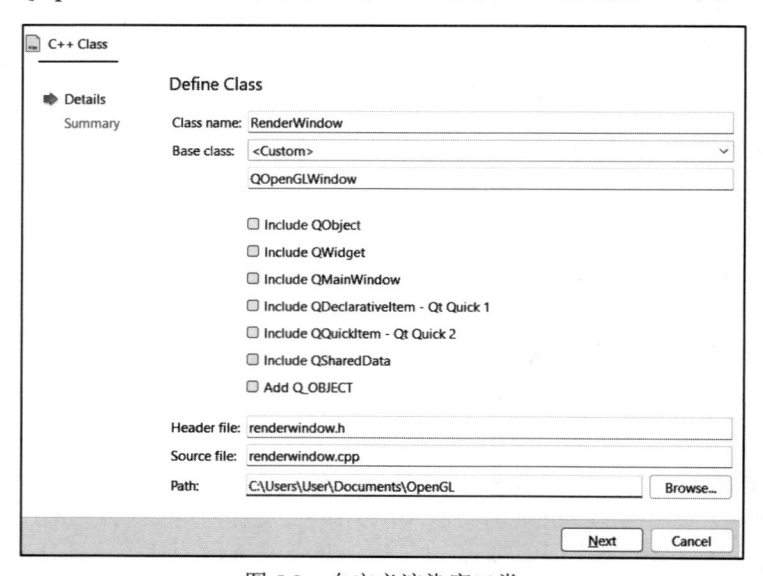

图 5.2　自定义渲染窗口类

（2）转至刚刚创建的 renderwindow.h 文件，并在源代码顶部添加以下头文件。

```
#include <GL/glu.h>
#include <QtOpenGL>
#include <QSurfaceFormat>
#include <QOpenGLFunctions>
#include <QOpenGLWindow>
#include <QOpenGLBuffer>
#include <QOpenGLVertexArrayObject>
#include <QOpenGLShader>
#include <QOpenGLShaderProgram>
```

（3）创建相应的函数和变量，如下所示。

```
class RenderWindow : public QOpenGLWindow {
public:
    RenderWindow();
protected:
    void initializeGL();
    void paintGL();
    void paintEvent(QPaintEvent *event);
    void resizeEvent(QResizeEvent *event);
```

（4）添加私有变量。

```
private:
    QOpenGLContext* openGLContext;
    QOpenGLFunctions* openGLFunctions;
    QOpenGLShaderProgram* shaderProgram;
    QOpenGLVertexArrayObject* vao;
    QOpenGLBuffer* vbo_vertices;
};
```

（5）打开 renderwindow.cpp 并按如下方式定义类构造函数。我们必须告诉渲染窗口使用 OpenGL 表面类型，同时启用核心配置文件（而不是兼容性配置文件）、运行版本 3.2、创建一个 OpenGL 上下文。最后，将刚刚创建的配置文件应用到上下文中。

```
RenderWindow::RenderWindow() {
    setSurfaceType(QWindow::OpenGLSurface);
    QSurfaceFormat format;
    format.setProfile(QSurfaceFormat::CoreProfile);
    format.setVersion(3, 2);
    setFormat(format);
```

```
openGLContext = new QOpenGLContext();
openGLContext->setFormat(format);
openGLContext->create();
openGLContext->makeCurrent(this);
}
```

（6）按如下方式定义 initializeGL()函数。该函数将在渲染开始前被调用。首先定义顶点着色器和片段着色器。

```
void RenderWindow::initializeGL() {
    openGLFunctions = openGLContext->functions();
    static const char *vertexShaderSource =
    "#version 330 core\n"
    "layout(location = 0) in vec2 posAttr;\n"
    "void main() {\n"
    "gl_Position = vec4(posAttr, 0.0, 1.0); }";
    static const char *fragmentShaderSource =
    "#version 330 core\n"
    "out vec4 col;\n"
    "void main() {\n"
    "col = vec4(1.0, 0.0, 0.0, 1.0); }";
```

（7）初始化 shaderProgram 并声明一个顶点数组。随后创建一个 QOpenGLVertexArrayObject 对象。

```
shaderProgram = new QOpenGLShaderProgram(this);
shaderProgram->addShaderFromSourceCode(QOpenGLShader::Ver tex,
vertexShaderSource);
shaderProgram->addShaderFromSourceCode(QOpenGLShader::Fragm ent,
fragmentShaderSource);
shaderProgram->link();
// The vertex coordinates of our triangle
    GLfloat vertices[] = {
    -1.0f, -1.0f,
    1.0f, -1.0f,
    0.0f, 1.0f };
    vao = new QOpenGLVertexArrayObject();
    vao->create();
    vao->bind();
```

（8）定义 vbo_vertices。

```
    vbo_vertices = new QOpenGLBuffer(QOpenGLBuffer::VertexBuffer);
```

```
    vbo_vertices->create();
    vbo_vertices->setUsagePattern(QOpenGLBuffer::StaticDraw);
    vbo_vertices->bind();
    vbo_vertices->allocate(vertices, sizeof(vertices) *
    sizeof(GLfloat));
    vao->release();
}
```

（9）向 paintEvent()函数添加一些代码。

```
void RenderWindow::paintEvent(QPaintEvent *event) {
    Q_UNUSED(event);
    glViewport(0, 0, width(), height());
    // Clear our screen with corn flower blue color
    glClearColor(0.39f, 0.58f, 0.93f, 1.f);
    glClear(GL_COLOR_BUFFER_BIT);
```

（10）在调用 glDrawArrays()之前绑定 VAO 和着色器程序。

```
    vao->bind();
    shaderProgram->bind();
    shaderProgram->bindAttributeLocation("posAttr", 0);
    shaderProgram->enableAttributeArray(0);
    shaderProgram->setAttributeBuffer(0, GL_FLOAT, 0, 2);
    glDrawArrays(GL_TRIANGLES, 0, 3);
    shaderProgram->release();
    vao->release();
}
```

（11）在渲染窗口调整大小时随时刷新视口。

```
void RenderWindow::resizeEvent(QResizeEvent *event) {
    Q_UNUSED(event);
    glViewport(0, 0, this->width(), this->height());
    this->update();
}
```

（12）编译并运行项目，我们应该能够看到一个红色三角形绘制在蓝色背景前面，如图 5.3 所示。

5.3.2 工作方式

我们必须将 OpenGL 版本设置为 3.x 并将表面格式设置为核心配置文件，以便可以访

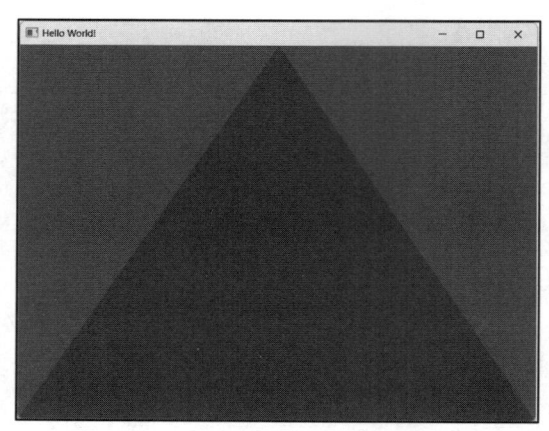

图 5.3 在 OpenGL 中绘制的第一个三角形

问更新的着色器管线，这与旧的、已被弃用的兼容性配置文件完全不同。OpenGL 2.x 仍然存在于兼容性配置文件中，仅仅是为了允许 OpenGL 程序在旧硬件上运行。创建的配置文件必须在它工作之前应用到 OpenGL 上下文中。

在 OpenGL 3 及其后续版本中，大多数计算都是 GPU 通过着色器程序完成的，因为所有常见的固定功能现在已经完全被弃用。因此，前述示例中创建了一个非常简单的顶点着色器和片段着色器。

着色器程序由 3 个不同的部分组成：几何着色器（可选）、顶点着色器和片段着色器。几何着色器在将数据传递给顶点着色器之前计算几何体的创建；顶点着色器在将数据传递给片段着色器之前处理顶点的位置和运动；最后，片段着色器计算并显示屏幕上的结果像素。

前述示例只使用了顶点和片段着色器，并省略了几何着色器，因为它是可选的。我们可以将 GLSL 代码保存在文本文件中，并通过调用 addShaderFromFile()将其加载到 Qt 6 程序中，但由于我们的着色器非常简短，因而直接在 C++源代码中定义它。

之后使用 VBO 批量存储顶点位置，然后将其发送到 GPU。此外，还可以使用 VBO 存储其他信息，如法线、纹理坐标和顶点颜色。只要它与着色器代码内的输入匹配，我们可以将任何内容发送到 GPU。然后，我们将 VBO 添加到顶点数组对象（VAO）中，并将整个 VAO 发送到 GPU 进行处理。由于 VAO 就像任何普通的 C++数组一样，我们可以将许多不同的 VBO 添加到 VAO 中。

如前所述，所有的绘制都发生在 paintEvent()函数内，并且只有当 Qt 认为有必要刷新屏幕时才会调用它。要强制 Qt 更新屏幕，可以手动调用 update()。此外，每当窗口屏幕调整大小时，必须通过调用 glViewport(x, y ,width, height)更新视口。

5.4 渲染 2D 形状

前述示例讨论了如何在屏幕上绘制我们的第一个三角形,我们将在本节进一步增强该示例。

5.4.1 实现方式

(1)打开 renderwindow.h 并在以下代码中粗体显示的部分添加两个 VBO,一个名为 vbo_vertices2,另一个名为 vbo_colors。

```
private:
    QOpenGLContext* openGLContext;
    QOpenGLFunctions* openGLFunctions;
    QOpenGLShaderProgram* shaderProgram;
    QOpenGLVertexArrayObject* vao;
    QOpenGLBuffer* vbo_vertices;
    QOpenGLBuffer* vbo_vertices2;
    QOpenGLBuffer* vbo_colors;
```

(2)打开 renderwindow.cpp 并添加以下代码到着色器代码中。

```
static const char *vertexShaderSource =
"#version 330 core\n"
"layout(location = 0) in vec2 posAttr;\n"
"layout(location = 1) in vec3 colAttr;\n"
"out vec3 fragCol;\n"
"void main() {\n"
"fragCol = colAttr;\n"
"gl_Position = vec4(posAttr, 1.0, 1.0); }";
```

(3)将粗体显示的代码添加到片段着色器中,如下所示。

```
static const char *fragmentShaderSource =
"#version 330 core\n"
"in vec3 fragCol;\n"
"out vec4 col;\n"
"void main() {\n"
"col = vec4(fragCol, 1.0); }";
```

（4）将顶点数组更改为以下代码所示的内容。此处将创建 3 个数组，用来保存两个三角形的顶点及其颜色，以便可以在稍后阶段将它们传递给片段着色器。

```
GLfloat vertices[] = {
-0.3f, -0.5f,
0.8f, -0.4f,
0.2f, 0.6f };
GLfloat vertices2[] = {
0.5f, 0.3f,
0.4f, -0.8f,
-0.6f, -0.2f };
GLfloat colors[] = {
1.0f, 0.0f, 0.0f,
0.0f, 1.0f, 0.0f,
0.0f, 0.0f, 1.0f };
```

（5）前述示例已经初始化了 vbo_vertices，这一次，我们只需要初始化另外两个 VBO，即 vbo_vertices2 和 vbo_colors。

```
vbo_vertices2 = new QOpenGLBuffer(QOpenGLBuffer::VertexBuffer);
vbo_vertices2->create();
vbo_vertices2->setUsagePattern(QOpenGLBuffer::StaticDraw);
vbo_vertices2->bind();
vbo_vertices2->allocate(vertices2, sizeof(vertices2) *
sizeof(GLfloat));

vbo_colors = new QOpenGLBuffer(QOpenGLBuffer::VertexBuffer);
vbo_colors->create();
vbo_colors->setUsagePattern(QOpenGLBuffer::StaticDraw);
vbo_colors->bind();
vbo_colors->allocate(colors, sizeof(colors) * sizeof(GLfloat));
```

（6）在开始使用 glDrawArrays() 绘制三角形之前，必须将 vbo_colors 的数据添加到着色器的 colAttr 属性中。在将数据发送到着色器之前，确保调用 bind() 将 VBO 设置为当前活动的 VBO。位置 ID（在本例中为 0 和 1）必须与在着色器中使用的位置 ID 相匹配。

```
vbo_vertices->bind();
shaderProgram->bindAttributeLocation("posAttr", 0);
shaderProgram->enableAttributeArray(0);
shaderProgram->setAttributeBuffer(0, GL_FLOAT, 0, 2);
vbo_colors->bind();
shaderProgram->bindAttributeLocation("colAttr", 1);
```

```
shaderProgram->enableAttributeArray(1);
shaderProgram->setAttributeBuffer(1, GL_FLOAT, 0, 3);
glDrawArrays(GL_TRIANGLES, 0, 3);
```

（7）将 vbo_vertices2 和 vbo_colors 发送到着色器属性，并再次调用 glDrawArrays()绘制第二个三角形。

```
vbo_vertices2->bind();
shaderProgram->bindAttributeLocation("posAttr", 0);
shaderProgram->enableAttributeArray(0);
shaderProgram->setAttributeBuffer(0, GL_FLOAT, 0, 2);
vbo_colors->bind();
shaderProgram->bindAttributeLocation("colAttr", 1);
shaderProgram->enableAttributeArray(1);
shaderProgram->setAttributeBuffer(1, GL_FLOAT, 0, 3);
glDrawArrays(GL_TRIANGLES, 0, 3);
```

（8）如果现在构建程序，应该能够在屏幕上看到两个三角形，其中一个三角形位于另一个三角形的上方，如图 5.4 所示。

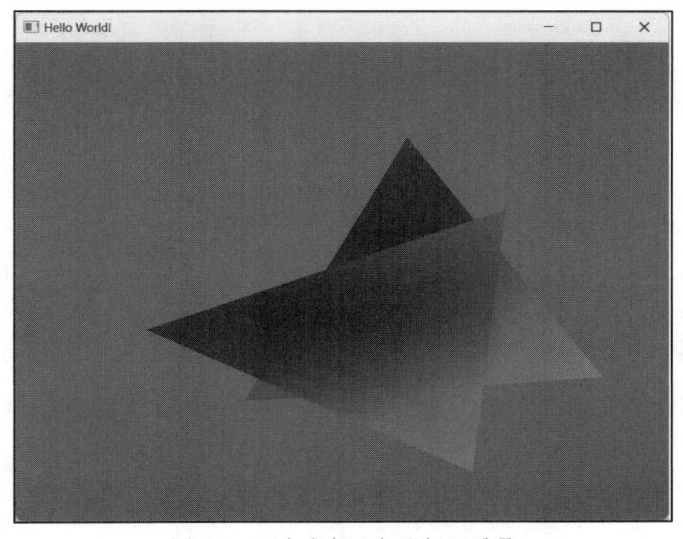

图 5.4　两个彩色三角形相互重叠

5.4.2　工作方式

OpenGL 支持的几何原素包含点、线、线带、线环、多边形、四边形、四边形带、三角形、三角形带和三角形扇形。在这个示例中，我们绘制了两个三角形，每个形状都提供了一组顶点和颜色，以便 OpenGL 知道如何渲染这些形状。

彩虹色效果是通过给每个顶点赋予不同的颜色创建的。OpenGL 将自动插值每个顶点之间的颜色并将其显示在屏幕上。目前，首先渲染的形状将出现在后来渲染的其他形状的后面。这是因为我们是在二维空间中渲染形状，且没有涉及深度信息以检查哪个形状位于前面。我们将在下一个示例中学习如何进行深度检查。

5.5 渲染 3D 形状

上一节学习了如何在屏幕上绘制简单的 2D 形状。然而，为了充分利用 OpenGL API，还需要学习如何使用它渲染 3D 图像。简而言之，3D 图像是使用 2D 形状创建的"幻觉"，并通过堆叠的方式使它们看起来像是 3D 图像。

5.5.1 实现方式

这里的主要元素是深度值，它决定了哪些形状应该出现在其他形状的前面或后面。位于另一个表面后面的原始形状（与另一个形状相比深度较浅）将不会被渲染（或部分渲染）。OpenGL 提供了一种简单的方法来实现这一点。

（1）继续之前的 2D 示例项目。在 renderwindow.cpp 中的 initializeGL() 函数中添加 glEnable(GL_DEPTH_TEST) 以启用深度测试。

```
void RenderWindow::initializeGL() {
    openGLFunctions = openGLContext->functions();
    glEnable(GL_DEPTH_TEST);
```

（2）前一步中启用了 GL_DEPTH_TEST，此外，还必须在设置 OpenGL 配置文件时设置深度缓冲区大小。

```
QSurfaceFormat format;
format.setProfile(QSurfaceFormat::CoreProfile);
format.setVersion(3, 2);
format.setDepthBufferSize(16);
```

（3）我们将把顶点数组改为更长的内容，即一个 3D 立方体的顶点信息。下一个代码块中的顶点坐标被分成每个顶点坐标的三个值，最终形成一个 3D 立方体。硬编码复杂形状的顶点是不现实的，但对于像这样的简单形状是可行的。由于这一次没有向着色器提供颜色信息，因而可以移除颜色数组。出于同样的原因，也可以移除 vbo_colors VBO。

```
GLfloat vertices[] = {
 -1.0f,-1.0f,-1.0f,1.0f,-1.0f,-1.0f,-1.0f,-1.0f, 1.0f,
 1.0f,-1.0f,-1.0f,1.0f,-1.0f, 1.0f,-1.0f,-1.0f, 1.0f,
 -1.0f, 1.0f,-1.0f,-1.0f, 1.0f, 1.0f,1.0f, 1.0f,-1.0f,
 1.0f, 1.0f,-1.0f,-1.0f, 1.0f, 1.0f,1.0f, 1.0f, 1.0f,
 -1.0f,-1.0f, 1.0f,1.0f,-1.0f, 1.0f,-1.0f, 1.0f, 1.0f,
 1.0f,-1.0f, 1.0f,1.0f, 1.0f, 1.0f,-1.0f, 1.0f, 1.0f,
 -1.0f,-1.0f,-1.0f,-1.0f,-1.0f, 1.0f,-1.0f,1.0f,-1.0f,
 -1.0f,-1.0f, 1.0f,-1.0f, 1.0f, 1.0f,-1.0f, 1.0f,-1.0f,
 -1.0f,-1.0f,-1.0f, 1.0f,-1.0f,-1.0f,-1.0f,-1.0f,-1.0f,
 -1.0f,-1.0f, 1.0f, 1.0f,-1.0f, 1.0f,-1.0f,-1.0f,-1.0f,
 1.0f,-1.0f, 1.0f,1.0f,-1.0f,-1.0f,1.0f, 1.0f,-1.0f,
 1.0f,-1.0f, 1.0f,1.0f, 1.0f, 1.0f,-1.0f,1.0f, 1.0f, 1.0f
};
```

（4）在 paintEvent()函数中，由于在前一步的 initializeGL()中启用了深度检查，因而必须在 glClear()函数中添加 GL_DEPTH_BUFFER_BIT。

```
glClear(GL_COLOR_BUFFER_BIT | GL_DEPTH_BUFFER_BIT);
```

（5）之后需要向着色器发送一段称为模型视图投影（ModelView-Projection，MVP）的矩阵信息，以便 GPU 知道如何在 2D 屏幕上渲染 3D 形状。MVP 矩阵是投影矩阵、视图矩阵和模型矩阵相乘的结果。这里，乘法顺序非常重要，以确保得到正确的结果。

```
QMatrix4x4 matrixMVP;
QMatrix4x4 model, view, projection;
model.translate(0, 1, 0);
model.rotate(45, 0, 1, 0);
view.lookAt(QVector3D(4, 4, 0), QVector3D(0, 0, 0),
QVector3D(0, 1, 0));
projection.perspective(60.0f,
((float)this->width()/(float)this->height()), 0.1f, 100.0f);
matrixMVP = projection * view * model;
shaderProgram->setUniformValue("matrix", matrixMVP);
```

（6）由于现在的立方体形状中有 36 个三角形，因此需要将 glDrawArrays()中的最后一个值更改为 36。

```
glDrawArrays(GL_TRIANGLES, 0, 36);
```

（7）着色器代码如下所示。

```
static const char *vertexShaderSource =
"#version 330 core\n"
"layout(location = 0) in vec3 posAttr;\n"
"uniform mat4 matrix;\n"
"out vec3 fragPos;\n"
"void main() {\n"
"fragPos = posAttr;\n"
"gl_Position = matrix * vec4(posAttr, 1.0); }";

static const char *fragmentShaderSource =
"#version 330 core\n"
"in vec3 fragPos;\n"
"out vec4 col;\n"
"void main() {\n"
"col = vec4(fragPos, 1.0); }";
```

（8）构建并运行项目，我们应该会在屏幕上看到一个彩色的立方体出现。此处使用了相同的顶点数组表示颜色，这产生了图 5.5 所示的多彩效果。

图 5.5　使用 OpenGL 渲染的多彩 3D 立方体

（9）尽管结果看起来相当不错，但如果想要真正展示 3D 效果，还需要对立方体进行动画处理。要做到这一点，首先需要打开 renderwindow.h 并包含以下头文件。

```
#include <QElapsedTimer>
```

（10）在 renderwindow.h 中添加以下变量。注意，根据现代 C++标准，现在可以在头文件中初始化变量，这在旧的 C++标准中是不允许的。

```
QElapsedTimer* time;
int currentTime = 0;
int oldTime = 0;
float deltaTime = 0;
float rotation = 0;
```

（11）打开 renderwindow.cpp 并在类构造函数中添加以下粗体显示的代码。

```
openGLContext = new QOpenGLContext();
openGLContext->setFormat(format);
openGLContext->create();
openGLContext->makeCurrent(this);

time = new QElapsedTimer();
time->start();
```

（12）在 paintEvent()函数顶部添加以下粗体显示的代码。deltaTime 是每帧经过的时间值，它用于使动画速度保持一致，不受帧率性能的影响。

```
void RenderWindow::paintEvent(QPaintEvent *event) {
    Q_UNUSED(event);

    // Delta time for each frame
    currentTime = time->elapsed();
    deltaTime = (float)(currentTime - oldTime) / 1000.0f;
    oldTime = currentTime;
```

（13）在 MVP 矩阵代码顶部添加以下粗体显示的代码，并将旋转变量应用于 rotate()函数，如下所示。

```
rotation += deltaTime * 50;

QMatrix4x4 matrixMVP;
QMatrix4x4 model, view, projection;
model.translate(0, 1, 0);
model.rotate(rotation, 0, 1, 0);
```

（14）在 paintEvent()函数的末尾调用 update()函数，这样 paintEvent()将在每次绘制调用结束时被反复调用。由于在 paintEvent()函数中改变了旋转值，这将产生一个立方体旋转的错觉。

```
        glDrawArrays(GL_TRIANGLES, 0, 36);
        shaderProgram->release();
        vao->release();

        this->update();
}
```

（15）编译并运行程序，我们应该能在渲染窗口中看到一个旋转的立方体。

5.5.2 工作方式

在任何 3D 渲染中，深度都非常重要，因此需要通过调用 glEnable(GL_DEPTH_TEST) 启用 OpenGL 中的深度测试功能。当清除缓冲区时，还必须指定 GL_DEPTH_BUFFER_BIT，以便深度信息也被清除，以确保下一个图像能够正确渲染。

我们在 OpenGL 中使用 MVP 矩阵，以便 GPU 知道如何正确渲染 3D 图形。在 OpenGL3 及以后的版本中，OpenGL 不再通过固定函数自动处理这一操作。程序员被赋予了自由和灵活性并根据他们的用例定义自己的矩阵，然后只需通过着色器将其提供给 GPU 以渲染最终图像。模型矩阵包含 3D 对象的变换数据，即对象的位置、旋转和平移。另一方面，视图矩阵是相机或视图信息。最后，投影矩阵告诉 GPU 在将 3D 世界投影到 2D 屏幕时使用哪种投影方法。

当前示例使用了透视投影方法，这提供了更好的距离和深度感知。透视投影的反面是正交投影，它使一切看起来都是平坦和平行的，如图 5.6 所示。

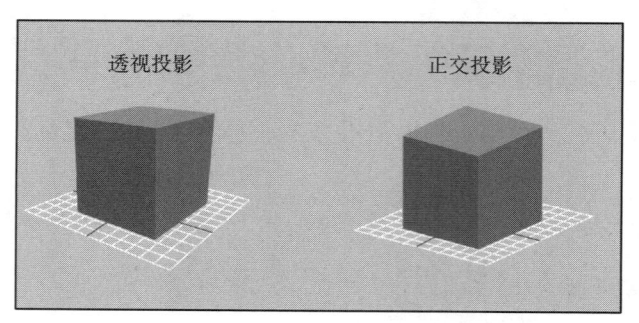

图 5.6　透视投影与正交投影的区别

在这个示例中，我们利用一个计时器，通过将其与 deltaTime 值相乘将旋转值增加 50。deltaTime 值会根据渲染帧率而变化。然而，这确保了在不同硬件上以不同帧率渲染时，动画速度的一致性。请记得手动调用 update() 函数以刷新屏幕，否则立方体将不会显示动画效果。

5.6 OpenGL 中的纹理映射

OpenGL 允许将图像（也称为纹理）映射到 3D 形状或多边形上。该过程也被称为纹理映射。在这种情况下，Qt 6 似乎是与 OpenGL 结合的最佳选择，因为它提供了一种简便的方式来加载属于常见格式（BMP、JPEG、PNG、TARGA、TIFF 等）的图像，而用户无须自己实现。我们将使用前面的旋转立方体示例，并尝试将其与纹理映射相结合。

5.6.1 实现方式

按照以下步骤学习如何在 OpenGL 中使用纹理。
（1）打开 renderwindow.h 并添加以下代码块中粗体显示的变量。

```
QOpenGLContext* openGLContext;
QOpenGLFunctions* openGLFunctions;
QOpenGLShaderProgram* shaderProgram;
QOpenGLVertexArrayObject* vao;
QOpenGLBuffer* vbo_vertices;
QOpenGLBuffer* vbo_uvs;
QOpenGLTexture* texture;
```

（2）必须在 initializeGL()函数中调用 glEnable(GL_TEXTURE_2D)启用纹理映射功能。

```
void RenderWindow::initializeGL()
{
    openGLFunctions = openGLContext->functions();
    glEnable(GL_DEPTH_TEST);
    glEnable(GL_TEXTURE_2D);
```

（3）在 QOpenGLTexture 类下初始化纹理变量。我们将从应用程序文件夹加载一个名为 brick.jpg 的纹理，并通过对 mirrored()的调用翻转图像。OpenGL 使用不同的坐标系统，这就是为什么需要在将纹理传递给着色器之前先翻转它。此外，还将相应地将 min 和 max 过滤器设置为 Nearest 和 Linear。

```
texture = new QOpenGLTexture(QImage(qApp->applicationDirPath() +
"/brick.jpg").mirrored());
texture->setMinificationFilter(QOpenGLTexture::Nearest);
texture->setMagnificationFilter(QOpenGLTexture::Linear);
```

（4）添加另一个名为 uvs 的数组，并为立方体对象保存纹理坐标。

```
GLfloat uvs[] = {
  0.0f, 0.0f, 1.0f, 0.0f, 0.0f, 1.0f,
  1.0f, 0.0f, 1.0f, 1.0f, 0.0f, 1.0f,
  0.0f, 0.0f, 0.0f, 1.0f, 1.0f, 0.0f,
  1.0f, 0.0f, 0.0f, 1.0f, 1.0f, 1.0f,
  1.0f, 0.0f, 0.0f, 0.0f, 1.0f, 0.0f,
  0.0f, 0.0f, 0.0f, 1.0f, 1.0f, 1.0f,
  0.0f, 0.0f, 0.0f, 1.0f, 1.0f, 0.0f,
  1.0f, 0.0f, 0.0f, 1.0f, 1.0f, 1.0f,
  0.0f, 1.0f, 1.0f, 0.0f, 0.0f, 0.0f,
  0.0f, 1.0f, 1.0f, 1.0f, 0.0f, 0.0f,
  1.0f, 1.0f, 1.0f, 0.0f, 0.0f, 0.0f,
  1.0f, 1.0f, 0.0f, 0.0f, 0.0f, 1.0f
};
```

（5）修改顶点着色器，以便它接收纹理坐标，并计算纹理将被应用到对象表面的位置。这里，我们简单地将纹理坐标传递给片段着色器而不进行修改。

```
static const char *vertexShaderSource =
"#version 330 core\n"
"layout(location = 0) in vec3 posAttr;\n"
"layout(location = 1) in vec2 uvAttr;\n"
"uniform mat4 matrix;\n"
"out vec3 fragPos;\n"
"out vec2 fragUV;\n"
"void main() {\n"
"fragPos = posAttr;\n"
"fragUV = uvAttr;\n"
"gl_Position = matrix * vec4(posAttr, 1.0); }";
```

（6）在片段着色器中，通过调用 texture()函数创建纹理，该函数接收来自 fragUV 的纹理坐标信息以及来自 tex 的图像采样器。

```
static const char *fragmentShaderSource =
"#version 330 core\n"
"in vec3 fragPos;\n"
"in vec2 fragUV;\n"
"uniform sampler2D tex;\n"
"out vec4 col;\n"
"void main() {\n"
```

```
"vec4 texCol = texture(tex, fragUV);\n"
"col = texCol; }";
```

（7）初始化用于纹理坐标的 VBO。

```
vbo_uvs = new QOpenGLBuffer(QOpenGLBuffer::VertexBuffer);
vbo_uvs->create();
vbo_uvs->setUsagePattern(QOpenGLBuffer::StaticDraw);
vbo_uvs->bind();
vbo_uvs->allocate(uvs, sizeof(uvs) * sizeof(GLfloat));
```

（8）在 paintEvent()函数中，必须将纹理坐标信息发送到着色器，然后在调用 glDrawArrays()之前绑定纹理。

```
vbo_uvs->bind();
shaderProgram->bindAttributeLocation("uvAttr", 1);
shaderProgram->enableAttributeArray(1);
shaderProgram->setAttributeBuffer(1, GL_FLOAT, 0, 2);
texture->bind();
glDrawArrays(GL_TRIANGLES, 0, 36);
```

（9）编译并运行程序，我们应该会在屏幕上看到一个砖块立方体在旋转，如图 5.7 所示。

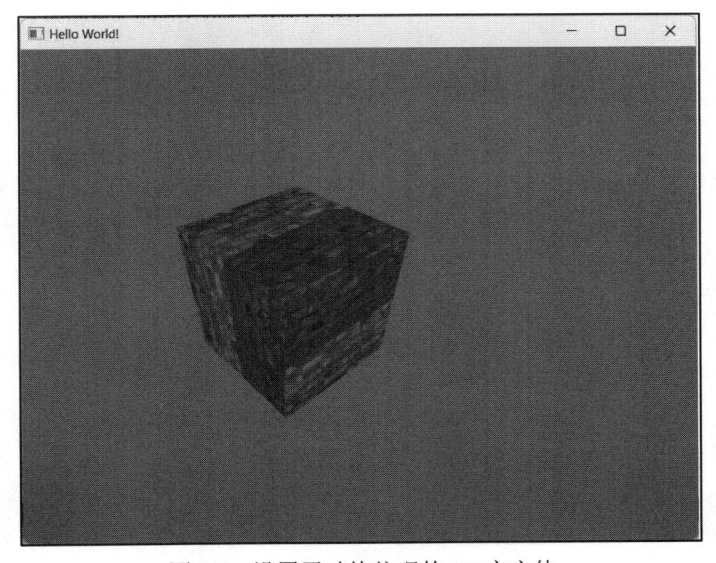

图 5.7　设置了砖块纹理的 3D 立方体

5.6.2 工作方式

Qt 6 使得加载纹理变得非常简单。加载图像文件、翻转它并将其转换为与 OpenGL 兼容的纹理仅需一行代码即可完成。纹理坐标是一些信息片段,它们让 OpenGL 知道在将纹理显示在屏幕上之前如何将其贴合到物体表面。

当纹理应用于比其分辨率更大的表面时,min 和 max 过滤器可用于改善纹理外观。默认设置为 GL_NEAREST,即最近邻过滤。这种过滤器在近距离查看时往往会使纹理看起来像素化。另一个常见设置是 GL_LINEAR,即双线性过滤。这种过滤器采用两个相邻的片段并将它们插值,以创建一个近似的颜色,且优于 GL_NEAREST,如图 5.8 所示。

图 5.8 GL_NEAREST 与 GL_LINEAR 之间的差异

5.7 OpenGL 中的基本光照

在这个示例中,我们将学习如何通过使用 OpenGL 和 Qt 6 为 3D 场景添加一个简单的点光源。

5.7.1 实现方式

让我们按照以下步骤开始。

(1) 使用之前的示例,并在旋转的立方体附近添加一个点光源。打开 renderwindow.h 并向文件中添加另一个名为 vbo_normals 的变量。

```
QOpenGLBuffer* vbo_uvs;
QOpenGLBuffer* vbo_normals;
QOpenGLTexture* texture;
```

（2）打开 renderwindow.cpp，并在 initializeGL()函数中添加另一个名为 normals 的数组。

```
GLfloat normals[] = {
 0.0f, -1.0f, 0.0f, 0.0f, -1.0f, 0.0f, 0.0f, -1.0f, 0.0f,
 0.0f, -1.0f, 0.0f, 0.0f, -1.0f, 0.0f, 0.0f, -1.0f, 0.0f,
 0.0f, 1.0f, 0.0f, 0.0f, 1.0f, 0.0f, 0.0f, 1.0f, 0.0f,
 0.0f, 1.0f, 0.0f, 0.0f, 1.0f, 0.0f, 0.0f, 1.0f, 0.0f,
 1.0f, 0.0f, 0.0f, 1.0f, 0.0f, 0.0f, 1.0f, 0.0f, 0.0f,
 1.0f, 0.0f, 0.0f, 1.0f, 0.0f, 0.0f, 1.0f, 0.0f, 0.0f,
 0.0f, 0.0f, 1.0f, 0.0f, 0.0f, 1.0f, 0.0f, 0.0f, 1.0f,
 0.0f, 0.0f, 1.0f, 0.0f, 0.0f, 1.0f, 0.0f, 0.0f, 1.0f,
 -1.0f, 0.0f, 0.0f, -1.0f, 0.0f, 0.0f, -1.0f, 0.0f, 0.0f,
 -1.0f, 0.0f, 0.0f, -1.0f, 0.0f, 0.0f, -1.0f, 0.0f, 0.0f,
 0.0f, 0.0f, -1.0f, 0.0f, 0.0f, -1.0f, 0.0f, 0.0f, -1.0f,
 0.0f, 0.0f, -1.0f, 0.0f, 0.0f, -1.0f, 0.0f, 0.0f, -1.0f
};
```

（3）通过添加以下代码，在 initializeGL()函数中初始化 vbo_normals VBO。

```
vbo_normals = new QOpenGLBuffer(QOpenGLBuffer::VertexBuffer);
vbo_normals->create();
vbo_normals->setUsagePattern(QOpenGLBuffer::StaticDraw);
vbo_normals->bind();
vbo_normals->allocate(normals, sizeof(normals) * sizeof(GLfloat));
```

（4）由于着色器代码较长，让我们将其移动至文本文件中，并通过调用 addShaderFromSourceFile()将它们加载到程序中。

```
shaderProgram = new QOpenGLShaderProgram(this);
shaderProgram->addShaderFromSourceFile(QOpenGLShader::Vertex,
qApp->applicationDirPath() + "/vertex.txt");
shaderProgram->addShaderFromSourceFile(QOpenGLShader::Fragment,
qApp->applicationDirPath() + "/fragment.txt");
shaderProgram->link();
```

（5）在 paintEvent() 函数中添加以下代码，将 normals VBO 传递给着色器。

```
vbo_normals->bind();
shaderProgram->bindAttributeLocation("normalAttr", 2);
shaderProgram->enableAttributeArray(2);
shaderProgram->setAttributeBuffer(2, GL_FLOAT, 0, 3);
```

（6）打开刚刚创建的包含着色器代码的两个文本文件。首先需要对顶点着色器进行一些修改，如下所示。

```
#version 330 core
layout(location = 0) in vec3 posAttr;
layout(location = 1) in vec2 uvAttr;
layout(location = 2) in vec3 normalAttr;
uniform mat4 matrix;
out vec3 fragPos;
out vec2 fragUV;
out vec3 fragNormal;

void main() {
    fragPos = posAttr;
    fragUV = uvAttr;
    fragNormal = normalAttr;
    gl_Position = matrix * vec4(posAttr, 1.0);
}
```

（7）此外，还将对片段着色器进行一些修改。我们将在着色器代码中创建一个名为 calcPointLight() 的函数。

```
#version 330 core
in vec3 fragPos;
in vec2 fragUV;
in vec3 fragNormal;
uniform sampler2D tex;
out vec4 col;
vec4 calcPointLight() {
vec4 texCol = texture(tex, fragUV);
vec3 lightPos = vec3(1.0, 2.0, 1.5);
vec3 lightDir = normalize(lightPos - fragPos);
vec4 lightColor = vec4(1.0, 1.0, 1.0, 1.0);
float lightIntensity = 1.0;
```

（8）使用 calcPointLight() 计算光照，并将结果片段输出到 col 变量，如下所示。

```
    // Diffuse
    float diffuseStrength = 1.0;
    float diff = clamp(dot(fragNormal, lightDir), 0.0, 1.0);
    vec4 diffuse = diffuseStrength * diff * texCol * lightColor *
    lightIntensity;
    return diffuse;
}
```

```
void main() {
    vec4 finalColor = calcPointLight();
    col = finalColor;
}
```

（9）编译并运行程序，图 5.9 显示了相应的灯光效果。

图 5.9 3D 立方体的灯光效果

5.7.2 工作方式

在 OpenGL 3 及更高版本中，不再存在固定功能的光照。我们不能再调用 glEnable(GL_LIGHT1)来为 3D 场景添加光源。添加光源的新方法是在着色器中自己计算光照。根据需要，这提供了创建各种类型光源的灵活性。旧方法在大多数硬件上最多有 16 个光源，但是，使用新的可编程管线，我们可以在场景中拥有任意数量的光源。然而，光照模型需要完全在着色器中编码，这并不是一项容易的任务。

除此之外，还需要为立方体的每个表面添加表面法线值。表面法线指示表面朝向何处，并用于光照计算。上述示例非常简单，以便理解 OpenGL 中的光照是如何工作的。在实际使用案例中，可能需要从 C++传递一些变量，如光强、光色和光源位置，或者从材质文件中加载它们，而不是在着色器代码中硬编码。

5.8 使用键盘控制移动物体

本节将探讨如何使用键盘在 OpenGL 中移动对象。Qt 提供了一种简单的方法并使用虚拟函数检测键盘事件，即 keyPressEvent() 和 keyReleaseEvent()。我们将继续使用前面的示例并对其进行扩展。

5.8.1 实现方式

要使用键盘控制移动对象，请遵循以下操作步骤。

（1）打开 renderwindow.h 并声明两个名为 moveX 和 moveZ 的浮点数。然后，声明一个名为 movement 的 QVector3D 变量。

```
QElapsedTimer* time;
int currentTime = 0;
int oldTime = 0;
float deltaTime = 0;
float rotation = 0;
float moveX = 0;
float moveZ = 0;
QVector3D movement = QVector3D(0, 0, 0);
```

（2）声明两个名为 keyPressEvent() 和 keyReleaseEvent() 的函数。

```
protected:
    void initializeGL();
    void paintEvent(QPaintEvent *event);
    void resizeEvent(QResizeEvent *event);
    void keyPressEvent(QKeyEvent *event);
    void keyReleaseEvent(QKeyEvent *event);
```

（3）在 renderwindow.cpp 中实现 keyPressEvent() 函数。

```
void RenderWindow::keyPressEvent(QKeyEvent *event) {
    if (event->key() == Qt::Key_W) { moveZ = -10; }
    if (event->key() == Qt::Key_S) { moveZ = 10; }
    if (event->key() == Qt::Key_A) { moveX = -10; }
    if (event->key() == Qt::Key_D) { moveX = 10; }
}
```

（4）实现 keyReleaseEvent()函数。

```
void RenderWindow::keyReleaseEvent(QKeyEvent *event) {
    if (event->key() == Qt::Key_W) { moveZ = 0; }
    if (event->key() == Qt::Key_S) { moveZ = 0; }
    if (event->key() == Qt::Key_A) { moveX = 0; }
    if (event->key() == Qt::Key_D) { moveX = 0; }
}
```

（5）之后，我们将在 paintEvent()中注释掉旋转代码，并添加移动代码。这里，我们不想被旋转分散注意力，只想专注于移动行为。

```
//rotation += deltaTime * 50;
movement.setX(movement.x() + moveX * deltaTime);
movement.setZ(movement.z() + moveZ * deltaTime);

QMatrix4x4 matrixMVP;
QMatrix4x4 model, view, projection;
model.translate(movement.x(), 1, movement.z());
```

（6）编译并运行程序，我们应该能够通过按 W、A、S 和 D 键来移动立方体。

5.8.2 工作方式

我们在这里所做的是在移动向量的 x 和 z 值中不断添加 moveX 和 moveZ 值。当按下某个键时，moveX 和 moveZ 将根据按下的是哪个按钮而变成正数或负数；否则，它将是 0。在 keyPressEvent()函数中，我们检查了被按下的键是否是 W、A、S 或 D，然后相应地设置变量。要获取 Qt 使用的键名的完整列表，可访问 http://doc.qt.io/qt-6/qt.html#Key-enum。

我们创建移动输入的一种方式是按住同一个键而不释放。Qt 6 会在一定间隔后重复按键事件，但由于现代操作系统限制按键事件以防止重复输入，因此它并不是很流畅。键盘输入间隔在不同的操作系统之间有所不同。我们可以通过调用 QApplication::setKeyboardInterval() 设置间隔，但这可能不在每个操作系统上都有效。因此，我们没有采用这种方法。

相反，我们只在键被按下或释放时设置一次 moveX 和 moveZ，然后在游戏循环中不断地将该值应用到移动向量上，使其能够连续移动，而不受输入间隔的影响。

5.9 QML 中的 Qt Quick 3D

本节将学习如何使用 Qt 6 渲染 3D 图像。

5.9.1 实现方式

让我们通过以下示例学习如何在 QML 中使用 3D 画布。

（1）在 Qt Creator 中创建一个新项目。这一次，我们将选择 Qt Quick Application，而不是之前示例中选择的其他选项，如图 5.10 所示。

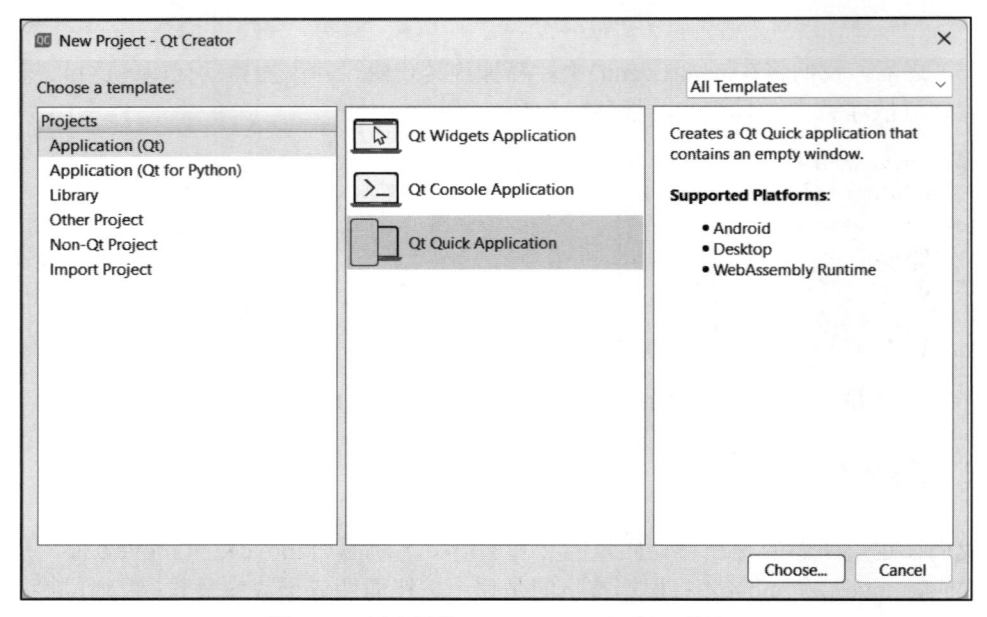

图 5.10　创建新的 Qt Quick Application 项目

（2）创建项目后，需要选择 File | New File，在 Files and Classes 下选择 Qt | Qt Resource File，并将其命名为 resource.qrc 以创建一个资源文件，如图 5.11 所示。

（3）将一个图像文件添加到项目资源中。在 Projects pane 中右键单击 resource.qrc 并选择 Open in Editor，并通过 Qt Creator 打开 resource.qrc。一旦资源文件被 Qt Creator 打开，单击 Add 按钮，然后单击 Add File 按钮，随后从计算机中选择想要的图像文件。当前示例添加了一个名为 brick.jpg 的图像，它将被用作 3D 对象的表面纹理，如图 5.12 所示。

（4）使用 Qt Creator 打开 main.qml。我们会看到文件中已经写有几行代码。它基本上只是打开了一个空窗口，且没有其他内容。下面开始向 Window 对象添加我们自己的代码。

第 5 章　OpenGL 实现　　• 145 •

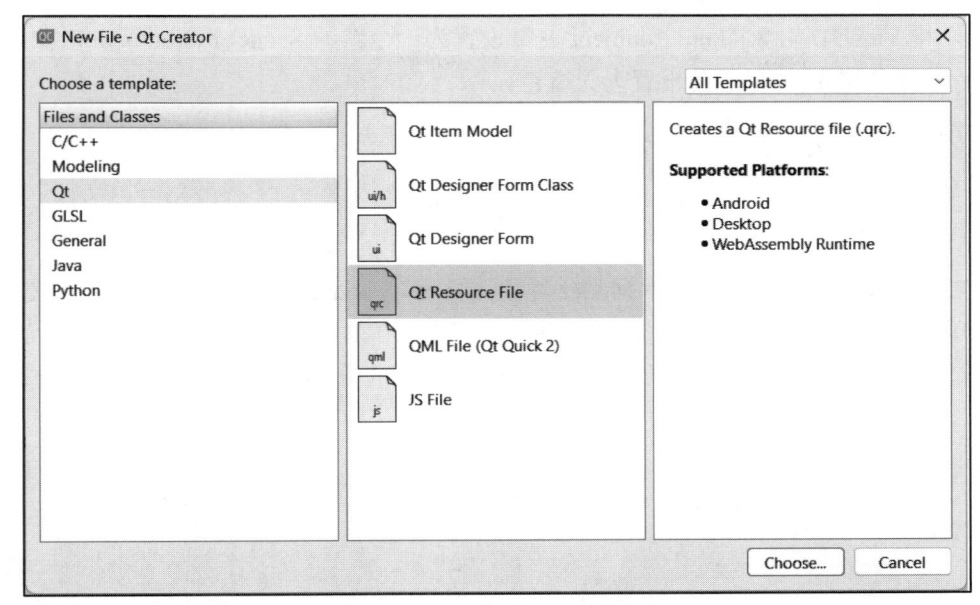

图 5.11　创建一个 Qt 资源文件

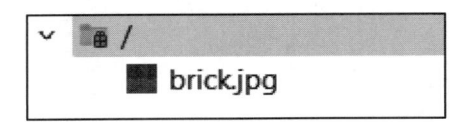

图 5.12　将砖块纹理添加到资源文件中

（5）将 QtQuick3D 模块导入项目，并在 Window 对象下创建一个 View3D 对象，我们将使用它渲染 3D 场景。

```
import QtQuick
import QtQuick3D

Window {
    width: 640
    height: 480
    visible: true
    title: qsTr("Hello World")

    View3D {
        id: view
        anchors.fill: parent
    }
}
```

（6）将 View3D 对象的 environment 变量设置为一个新的 SceneEnvironment 对象，并以此将我们 3D 视图的背景颜色设置为天蓝色。

```
environment: SceneEnvironment {
    clearColor: "skyblue"
    backgroundMode: SceneEnvironment.Color
}
```

（7）在 3D 视图中声明一个 Model 对象，并将其 source 设置为 Cube 重新创建之前 OpenGL 示例中的 3D 立方体。然后将其沿 y 轴旋转-30 单位，并为其应用材质。之后将材质的纹理设置为 brick.jpg。这里的关键字 qrc:意味着正在从之前创建的资源文件中获取纹理。

```
Model {
    position: Qt.vector3d(0, 0, 0)
    source: "#Cube"
    eulerRotation.y: -30
    materials: PrincipledMaterial {
        baseColorMap: Texture {
            source: "qrc:/brick.jpg"
        }
    }
}
```

（8）创建一个相机以及一个光源，这有助于渲染场景。

```
PerspectiveCamera {
    position: Qt.vector3d(0, 200, 300)
    eulerRotation.x: -30
}

DirectionalLight {
    eulerRotation.x: -10
    eulerRotation.y: -20
}
```

（9）完成之后，构建并运行项目。我们应该能够在屏幕上看到一个带有砖块纹理的 3D 立方体，如图 5.13 所示。

第 5 章 OpenGL 实现 • 147 •

图 5.13 在 QtQuick3D 中重新创建 3D 演示

（10）为了重新创建旋转动画，让我们为立方体模型添加 NumberAnimation。

```
Model {
    position: Qt.vector3d(0, 0, 0)
    source: "#Cube"
    eulerRotation.y: -30
    materials: PrincipledMaterial {
        baseColorMap: Texture {
            source: "qrc:/brick.jpg"
        }
    }

    NumberAnimation on eulerRotation.y {
        duration: 3000
        to: 360
        from: 0
        easing.type:Easing.Linear
        loops: Animation.Infinite
    }
}
```

5.9.2 工作方式

最初，Qt 5 使用了一种称为 Qt Canvas 3D 的技术在 QML 中渲染 3D 场景，它基于

three.js 库/API，该库/API 使用 WebGL 技术在 Qt Quick 窗口中显示动画化的 3D 计算机图形。然而，这一特性在 Qt 6 中已完全被弃用，并已被另一个名为 Qt Quick 3D 的模块取代。

  Qt Quick 3D 的工作效果比 Qt Canvas 3D 要好得多，因为它使用原生方法渲染 3D 场景，而不依赖于如 three.js 这样的第三方库。除此之外，它还提供了更好的性能，并且能够很好地与任何现有的 Qt Quick 组件集成。

第 6 章　从 Qt 5 过渡到 Qt 6

本章将了解 Qt 6 中所做的更改以及如何将现有的 Qt 5 项目升级到 Qt 6。与以前的更新不同，Qt 6 几乎是对整个 Qt 代码库从头开始的完全重写，包括所有底层类。如果直接切换到 Qt 6，这样的重大更改可能会破坏现有的 Qt 5 项目。

本章主要涉及下列主题。
- C++类的变化。
- 使用 Clazy 检查 Clang 和 C++。
- QML 类型的变更。

6.1　技术要求

本章将使用 Qt 6.6.1 MinGW 64-bit、Qt 5.15.2 MinGW 64-bit 和 Qt Creator 12.0.2。本章使用的所有代码都可以从以下 GitHub 仓库下载：https://github.com/PacktPublishing/QT6-C-GUI-Programming-Cookbook---Third-Edition-/tree/main/Chapter06。

6.2　C++类的变化

本节将学习 Qt6 的 C++类包含哪些变化。

6.2.1　实现方式

按照以下步骤了解 Qt6 中的 C++类。
（1）选择 File | New Project 创建一个新的 Qt Console Application。
（2）打开 main.cpp 文件并添加以下头文件。

```
#include <QCoreApplication>
#include <QDebug>

#include <QLinkedList>
```

```
#include <QRegExp>
#include <QStringView>
#include <QTextCodec>
#include <QTextEncoder>
#include <QTextDecoder>
```

（3）添加以下代码以演示 QLinkedList 类。

```
int main(int argc, char *argv[])
{
    QCoreApplication a(argc, argv);

    // QLinkedList
    QLinkedList<QString> list;
    list << "string1" << "string2" << "string3";
    QLinkedList<QString>::iterator it;
    for (it = list.begin(); it != list.end(); ++it)
    {
        qDebug() << "QLinkedList:" << *it;
    }
```

（4）继续添加以下代码，以演示如何使用 QRegExp 类从字符串中提取数字。

```
// QRegExp
QRegExp rx("\\d+");
QString text = "Jacky has 3 carrots, 15 apples, 9 oranges and 12 grapes.";
QStringList myList;
int pos = 0;
while ((pos = rx.indexIn(text, pos)) != -1)
{
    // Separate all numbers from the sentence
    myList << rx.cap(0);
    pos += rx.matchedLength();
}
qDebug() << "QRegExp:" << myList;
```

（5）在前述代码的底部添加以下代码，以演示 QStringView 类。

```
// QStringView
QStringView x = QString("Good afternoon");
QStringView y = x.mid(5, 5);
QStringView z = x.mid(5);
qDebug() << "QStringView:" << y; // after
qDebug() << "QStringView:" << z; // afternoon
```

（6）添加以下代码，以演示 QTextCodec 类。

```
// QTextCodec
QByteArray data = "\xCE\xB1\xCE\xB2\xCE\xB3"; // Alpha, beta, gamma symbols
QTextCodec *codec = QTextCodec::codecForName("UTF-8");
QString str = codec->toUnicode(data);
qDebug() << "QTextCodec:" << str;
```

（7）添加以下代码，演示如何使用 QTextEncoder 类将十六进制代码转换为字符。

```
// QTextEncoder
QString str2 = QChar(0x41); // Character "A"
QTextCodec *locale = QTextCodec::codecForLocale();
QTextEncoder *encoder = locale->makeEncoder();
QByteArray encoded = encoder->fromUnicode(str2);
qDebug() << "QTextEncoder:" << encoded.data();
```

（8）添加以下代码，以演示如何使用 QTextDecoder 类将一行文本从 Shift JIS 格式转换为 Unicode。

```
// QTextDecoder
QByteArray data2 = "\x82\xB1\x82\xF1\x82\xC9\x82\xBF\x82\xCD\x90\xA2\x8A\x45"; // "Hello world" in Japanese
QTextCodec *codec2 = QTextCodec::codecForName("Shift-JIS");
QTextDecoder *decoder = codec2->makeDecoder();
QString decoded = decoder->toUnicode(data2);
qDebug() << "QTextDecoder:" << decoded;
```

（9）现在我们已经完成了代码，下面尝试使用 Qt 5 编译项目，看看会发生什么。程序应该能够顺利编译，并且在输出窗口生成以下结果。

```
QLinkedList: "string1"
QLinkedList: "string2"
QLinkedList: "string3"
QRegExp: ("3", "15", "9", "12")
QStringView: "after"
QStringView: "afternoon"
QTextCodec: "αβγ"
QTextEncoder: A
QTextDecoder: "こんにちは世界"
```

（10）切换到 Qt 6 并再次编译项目，您应该会遇到以下错误。

```
QLinkedList: No such file or directory
fatal error: QLinkedList: No such file or directory
```

（11）打开项目文件（.pro），并在顶部添加以下代码。

```
QT += core5compat
```

（12）再次使用 Qt 6 编译项目。这次应该能够运行程序。core5compat 只是从 Qt 5 过渡到 Qt 6 的临时解决方案。您可能会考虑使用 std::list 替代 QLinkedList，因为 QLinkedList 将在未来被弃用。

6.2.2 工作方式

由于只是测试一些 C++ 类，所以不需要任何 GUI。因此 Qt 控制台应用程序对当前项目来说已经足够。我们需要 QDebug 类在输出窗口打印结果。

前述示例使用了在 Qt 6 中已被弃用的某些类，即 QLinkedList、QRegExp、QStringView、QTextCodec、QTextEncoder 和 QTextDecoder。这些只是在使用 Qt 时会碰到的一些常见类，它们在 Qt 6 中已经被重写。如果您正在将项目从 Qt 5 移植到 Qt 6，最好的方法是向项目中添加 Core5Compat 模块，以便 Qt 5 类可以在 Qt 6 下继续运行。Core5Compat 模块是在 Qt 6 项目下支持 Qt 5 类的临时措施，以便 Qt 程序员可以安全地将他们的项目迁移到 Qt 6，并有时间慢慢地将他们的代码移植到 Qt 6 类。

当迁移到 Qt 7 时，Core5Compat 模块将停止工作，因此不建议长时间继续使用已弃用的类。

6.2.3 附加内容

在 Qt 6 中，许多核心功能已经被从头重写，以使库与现代计算架构和工作流程保持同步。因此，Qt 6 被视为一个过渡阶段，其中一些类已经完成，而另一些则尚未完成。

为了使其能够工作，Qt 开发者引入了 Core5Compat 模块，以使 Qt 程序员更容易地维持他们的项目，同时逐渐过渡到新类。读者可以从官方在线文档中查看这些类的替代品。

最后，Qt 6 现在正在利用 C++ 17。强烈建议您的项目遵循 C++ 17 标准，以便代码能够与 Qt 6 很好地协同工作。

> **注意：**
> 在 Qt 6 中，有许多 C++ 类已被弃用或正在被重写。有关在 Qt 6 中已更改或弃用的 C++ 类的完整列表，读者可参阅 https://doc.qt.io/qt-6/obsoleteclasses.html。此外，也可以在 Qt 项目中添加 QT_DISABLE_DEPRECATED_UP_TO 宏禁用项目中弃用的 C++ API。例如，向

项目文件中添加 DEFINES += QT_DISABLE_DEPRECATED_UP_TO= 0x050F00` 将禁用在 Qt 5.15 中弃用的所有 C++ API。

6.3 使用 Clazy 检查 Clang 和 C++

本节将学习如何使用 Clang 工具集中的 Clazy 检查，并在 Qt 项目中检测到过时的 Qt 5 类和函数时自动显示警告。

6.3.1 实现方式

（1）我们将使用前述示例中的同一个项目。然后，通过选择 Edit | Preferences...打开首选项窗口。

（2）转到 Analyzer 页面，并单击 Diagnostic configuration 旁边的按钮，如图 6.1 所示。

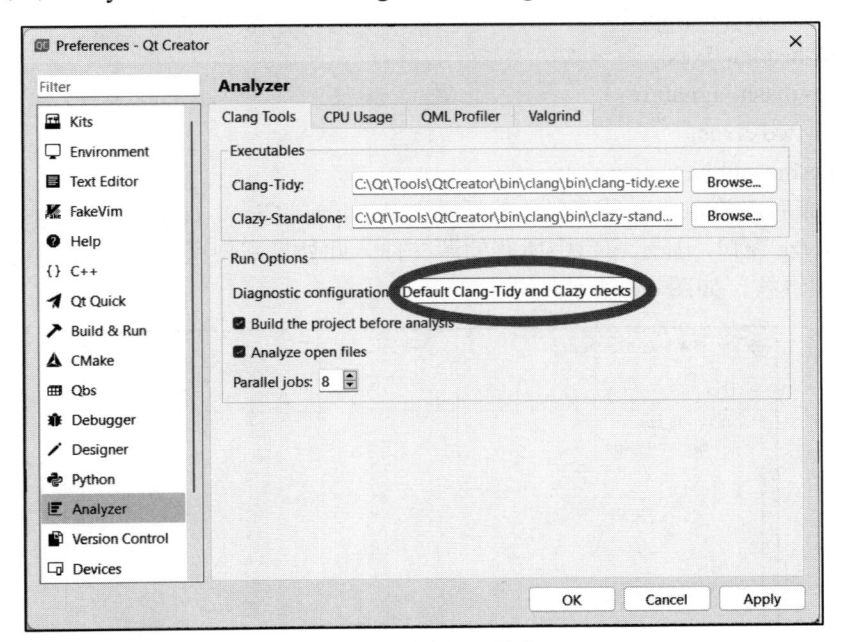

图 6.1　打开诊断配置窗口

（3）在顶部选择 Default Clang-Tidy and Clazy checks 选项，然后单击 Copy...按钮，如图 6.2 所示。给它赋予一个名称然后单击 OK 按钮。新的选项现在将出现在 Custom 类别下。

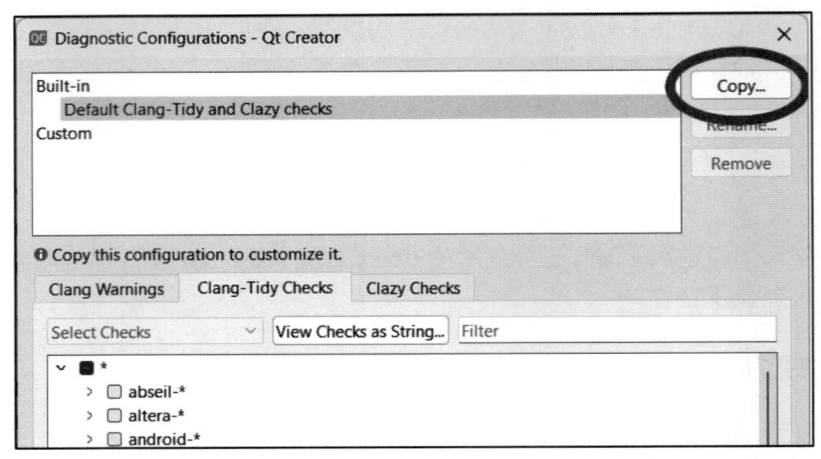

图 6.2　单击 Copy…按钮

（4）打开 Clazy 检查标签页，启用以下选项，并单击 OK 按钮。
- qt6-deprecated-api-fixes。
- qt6-header-fixes。
- qt6-qhash-signature。
- qt6-fwd-fixes。
- missing-qobject-macro。

（5）完成后，关闭首选项窗口，然后转至 Analyze | Clang-Tidy and Clazy…。随后弹出 Files to Analyze 窗口，显示窗口中所有的源文件。此处只需使用默认选项即可，然后单击 Analyze 按钮继续，如图 6.3 所示。

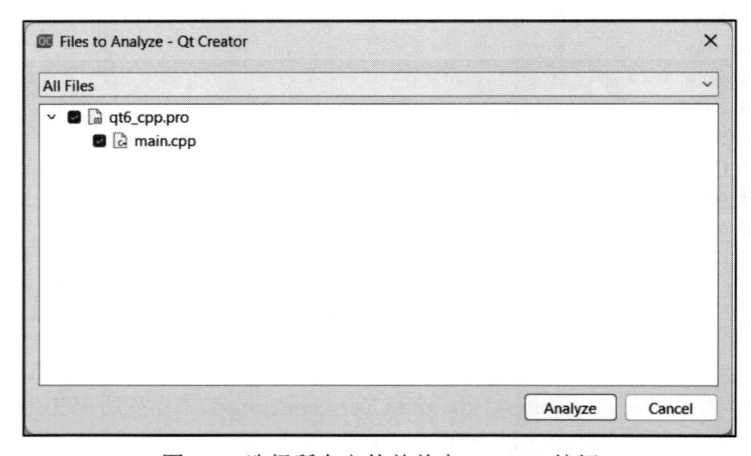

图 6.3　选择所有文件并单击 Analyze 按钮

（6）在 Clang-Tidy 和 Clazy 工具完成对项目的分析后，应该能够在 Qt Creator 下的一个单独面板上看到结果。它将显示在 Qt 6 中已被弃用的代码行，并提供替换它们的建议，如图 6.4 所示。

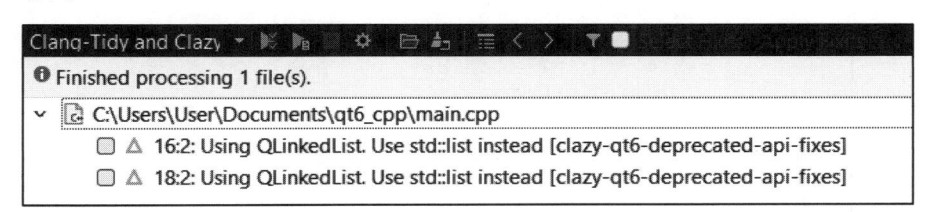

图 6.4　分析结果

6.3.2　工作方式

Tidy 和 Clazy 工具随 Clang 包一起提供，因此无须单独安装。它是一个强大的工具，可用于检查许多事项，如代码中使用已弃用的函数、在循环内放置容器、将非 void 槽标记为常量、注册以小写字母开头的 QML 类型等。

这是一个可以帮助我们轻松检查和提高代码质量的工具。它应该被广泛推广，并由 Qt 程序员更频繁地使用。

6.4　QML 类型的变更

本节将学习 Qt 6 与 Qt 5 相比所做的更改。

6.4.1　实现方式

（1）选择 File | New Project 创建一个新的 Qt Quick 应用程序。
（2）在定义项目细节时，选择 Qt 6.2 作为 Minimum required Qt version，如图 6.5 所示。
（3）创建项目后，打开 main.qml 并向文件中添加下列属性。

```
import QtQuick

Window {
    width: 640
    height: 480
    visible: true
```

```
        title: qsTr("Hello World")

    property variant myColor: "red"
    property url imageFolder: "/images"
```

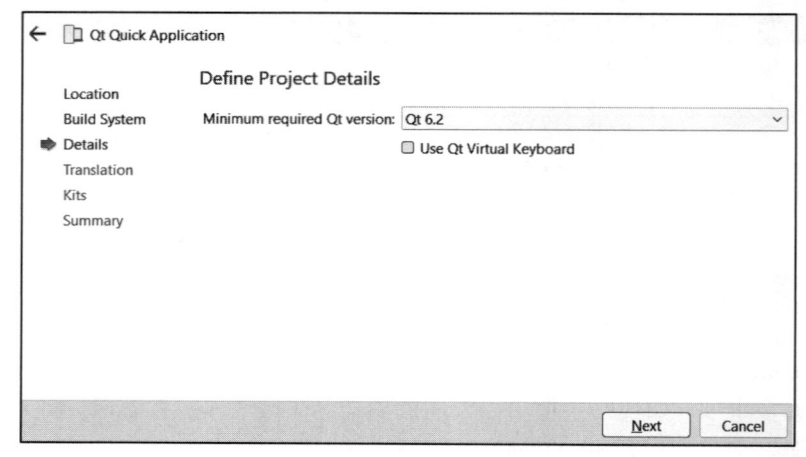

图 6.5 选择 Qt 6.2 作为 Minimum required Qt version

(4) 在 main.qml 中添加一个 Rectangle 对象，如下所示。

```
Rectangle {
    id: rect
    x: 100
    y: 100
    width: 100
    height: 100
    color: myColor
}
```

(5) 在矩形下方添加另一个 Image 对象。

```
Image {
    id: img
    x: 300
    y: 100
    width: 150
    height: 180
    source: imageFolder + "/tux.png"
}
```

第 6 章 从 Qt 5 过渡到 Qt 6 · 157 ·

（6）转至 File|New File… 并选择 Qt 模板下的 Qt Resource File，为项目创建一个新的资源文件，如图 6.6 所示。

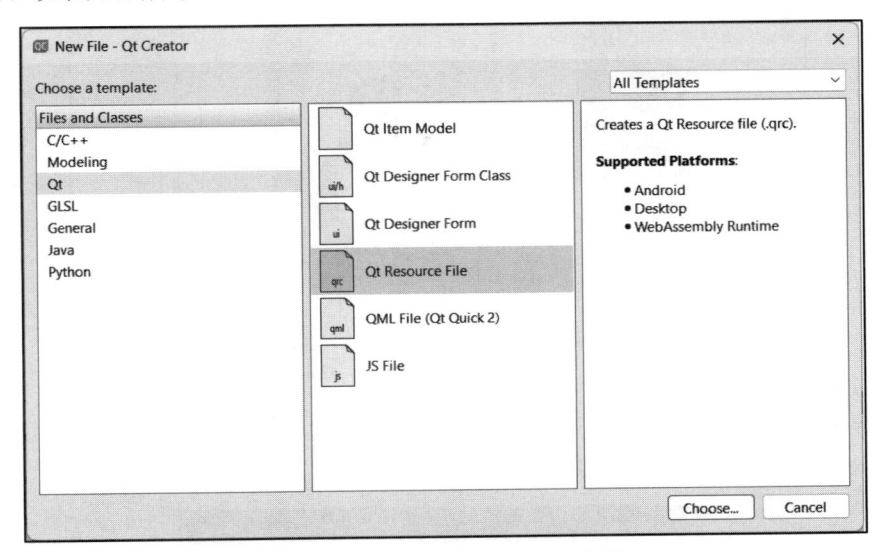

图 6.6 创建一个新的 Qt 资源文件

（7）在资源文件中创建一个名为 images 的文件夹，并将 tux.png 添加到 images 文件夹中，如图 6.7 所示。

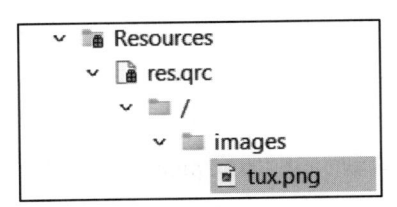

图 6.7 将 tux.png 添加到 images 文件夹中

（8）构建并运行项目，我们应该会得到图 6.8 所示的类似结果。

6.4.2 工作方式

Qt 6 对 Qt Quick 也做了许多改变，但它们大多是底层功能，不会太影响 QML 语言和对象。因此，在从 Qt 5 过渡到 Qt 6 时，不需要对 QML 脚本做太多改动。然而，项目的结构仍有一些细微的变化，代码也略有不同。

图 6.8　Qt Quick 6 中的 Hello World 演示

最明显的区别之一是，QML 脚本现在列在项目结构的 QML 类别下，而不是像 Qt 5 中那样列在 Resources 下，如图 6.9 所示。

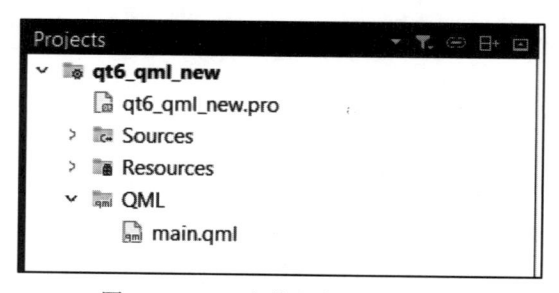

图 6.9　QML 文件包含自己的类别

因此，当在 main.cpp C++源代码中加载 main.qml 文件时，我们将使用以下代码。

```
const QUrl url(u"qrc:/qt6_qml_new/main.qml"_qs);
```

与 Qt 5 中的做法相比，此处存在一些细微差。

```
const QUrl url(QStringLiteral("qrc:/main.qml"));
```

字符串前的 u 创建了一个 16 位的字符串字面量，而字符串后的 _qs 将其转换为 QString。这些运算符类似于 Qt 5 中使用的 QStringLiteral 宏，但在符合 C++ 17 编码风格的同时，更容易转换为想要的确切字符串格式。

Qt 6 中的另一个重大变化是，Qt Quick Controls 1 模块已完全从 Qt Quick 中删除。Qt

Quick 现在只支持 Qt Quick Controls（以前称为 Qt Quick Controls 2），并进行了一些细微的更改。让我们打开前述示例中的 main.qml，看看有什么不同。

```
import QtQuick
Window {
    width: 640
    height: 480
    visible: true
    title: qsTr("Hello World")
```

可以看到，现在导入 Qt Quick 模块时版本号是可选的。Qt 默认会选择最新可用的版本。

现在，让我们看看在示例中声明的属性。

```
property variant myColor: "red"
property url imageFolder: "/images"
```

尽管上述代码可以正常运行，但建议使用 Qt 函数，如 Qt.color()和 Qt.resolvedUrl()，以返回具有正确类型的属性，而不是仅仅传递一个字符串。

```
property variant myColor: Qt.color("red")
property url imageFolder: Qt.resolvedUrl("/images")
```

另一个可能忽略的小区别是 Qt 对相对路径的处理方式。在 Qt 5 中，我们会将相对路径写为 ./images，这将返回为 qrc:/images。然而，在 Qt 6 中，./images 将返回为 qrc:/[project_name]/images/tux.png，这是不正确的。我们必须使用 /images 且去除前面的点。

注意：

有关 Qt 6 中 Qt Quick 全部变化的更多信息，请访问 https://doc.qt.io/qt-6/qtquickcontrols-changes-qt6.html。

第 7 章 使用网络和管理大型文档

本章将学习如何使用 Qt 6 的网络模块创建网络服务器程序和客户端程序。此外,还将学习如何创建一个使用文件传输协议(FTP)从服务器上传和下载文件的程序。

本章主要涉及下列主题。
- 创建 TCP 服务器。
- 创建 TCP 客户端。
- 使用 FTP 上传和下载文件。

7.1 技术要求

本章需要使用 Qt 6.6.1、Qt Creator 12.0.2 和 FileZilla。本章使用的所有代码都可以从以下 GitHub 仓库下载:https://github.com/PacktPublishing/QT6-C-GUI-Programming-Cookbook---Third-Edition-/tree/main/Chapter07。

7.2 创建 TCP 服务器

本节将学习如何在 Qt 6 中创建一个传输控制协议(TCP)服务器。在创建上传和下载文件的服务器之前,首先学习如何创建一个接收和发送文本的网络服务器。

7.2.1 实现方式

按照以下步骤创建一个 TCP 服务器。

(1)通过 File | New File or Project 创建一个 Qt 控制台应用程序项目,如图 7.1 所示。

(2)再次转至 File | New File or Project,但这一次在 C/C++ 类别下选择 C++ Class,如图 7.2 所示。

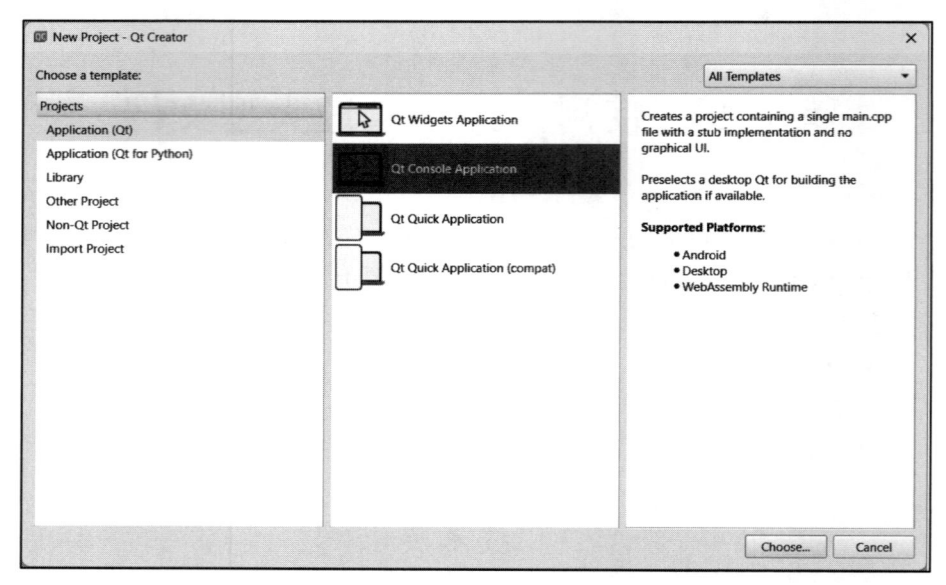

图 7.1　创建一个新的 Qt 控制台应用程序项目

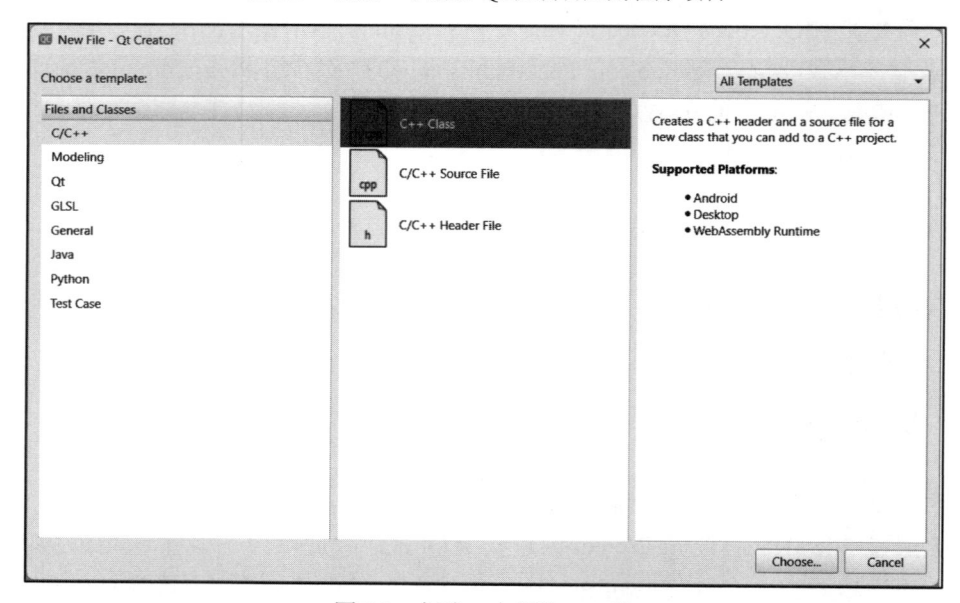

图 7.2　创建一个新的 C++类

（3）将类命名为 server。将其基类设置为 QObject，并确保在单击 Next 按钮之前选中了 Include QObject 选项。一旦类被创建，随后将创建两个文件，即 **server.h** 和 **server.cpp**，如图 7.3 所示。

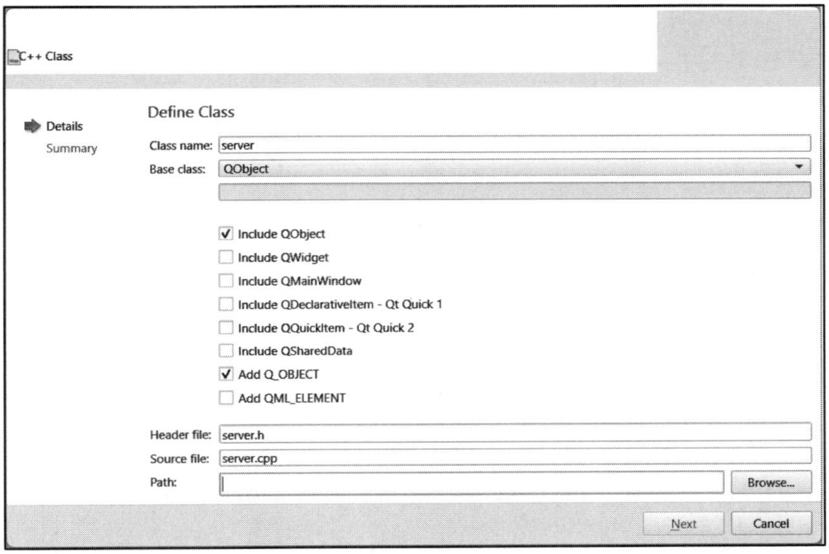

图 7.3 定义服务器类

（4）打开项目文件（.pro）并添加 network 模块，如下所示。然后，再次运行 qmake 以重新加载模块。

```
QT += core network
```

（5）打开 server.h 并向其中添加以下头文件。

```
#include <QTcpServer>
#include <QTcpSocket>
#include <QVector>
#include <QDebug>
```

（6）在代码中声明 startServer()和 sendMessageToClients()函数，如下所示。

```
public:
    server(QObject *parent = nullptr);
    void startServer();
    void sendMessageToClients(QString message);
```

（7）为 server 类声明以下槽函数。

```
public slots:
```

```
    void newClientConnection();
    void socketDisconnected();
    void socketReadReady();
    void socketStateChanged(QAbstractSocket::SocketState state);
```

（8）声明两个私有变量，如下所示。

```
private:
    QTcpServer* chatServer;
    QVector<QTcpSocket*>* allClients;
```

（9）打开 server.cpp 并定义 startServer()函数。这里，我们创建一个 QVector 容器存储所有连接到服务器的客户端，并在后续步骤中使用它来发送消息。

```
void server::startServer() {
    allClients = new QVector<QTcpSocket*>;
    chatServer = new QTcpServer();
    chatServer->setMaxPendingConnections(10);
    connect(chatServer, &QTcpServer::newConnection, this,
        &server::newClientConnection);
    if (chatServer->listen(QHostAddress::Any, 8001))
    qDebug() << "Server has started. Listening to port 8001.";
    else
    qDebug() << "Server failed to start. Error: " + chatServer->errorString();
}
```

（10）实现 sendMessageToClients()函数，在该函数中，我们遍历上一步刚刚创建的 allClients 容器，并向每个客户端发送消息。

```
void server::sendMessageToClients(QString message) {
if (allClients->size() > 0) {
    for (int i = 0; i < allClients->size(); i++) {
        if (allClients->at(i)->isOpen() && allClients- >at(i)- >isWritable()) {
        allClients->at(i)->write(message.toUtf8());
    }
}}}
```

（11）实现槽函数。

```
void server::newClientConnection() {
    QTcpSocket* client = chatServer->nextPendingConnection();
    QString ipAddress = client->peerAddress().toString();
    int port = client->peerPort();
    connect(client, &QTcpSocket::disconnected, this,
```

```
        &server::socketDisconnected);
    connect(client, &QTcpSocket::readyRead,this, &server::socketReadReady);
    connect(client, &QTcpSocket::stateChanged, this,
        &server::socketStateChanged);
    allClients->push_back(client);
    qDebug() << "Socket connected from " + ipAddress + ":" +
        QString::number(port);
}
```

（12）继续实现 socketDisconnected()函数。当客户端从服务器断开连接时，将调用此槽函数，如下所示。

```
void server::socketDisconnected() {
    QTcpSocket* client = qobject_ cast<QTcpSocket*>(QObject::sender());
    QString socketIpAddress = client->peerAddress().toString();
    int port = client->peerPort();
    qDebug() << "Socket disconnected from " + socketIpAddress + ":" +
        QString::number(port);
}
```

（13）定义 socketReadReady()函数，该函数将在客户端向服务器发送文本消息时被触发，如下所示。

```
void server::socketReadReady() {
    QTcpSocket* client = qobject_ cast<QTcpSocket*>(QObject::sender());
    QString socketIpAddress = client->peerAddress().toString();
    int port = client->peerPort();
    QString data = QString(client->readAll());
    qDebug() << "Message: " + data + " (" + socketIpAddress + ":" +
        QString::number(port) + ")";
    sendMessageToClients(data);
}
```

（14）实现 socketStateChanged()函数，该函数将在客户端的网络状态发生变化时被调用，如下所示。

```
void server::socketStateChanged(QAbstractSocket::SocketState state) {
    QTcpSocket* client = qobject_ cast<QTcpSocket*>(QObject::sender());
    QString socketIpAddress = client->peerAddress().toString();
    int port = client->peerPort();
    qDebug() << "Socket state changed (" + socketIpAddress + ":" +
        QString::number(port) + "): " + desc;
}
```

（15）在 socketStateChanged() 函数中添加以下代码，以打印出客户端的状态。

```
QString desc;
if (state == QAbstractSocket::UnconnectedState)
    desc = "The socket is not connected.";
else if (state == QAbstractSocket::HostLookupState)
    desc = "The socket is performing a host name lookup.";
else if (state == QAbstractSocket::ConnectingState)
    desc = "The socket has started establishing a connection.";
else if (state == QAbstractSocket::ConnectedState)
    desc = "A connection is established.";
else if (state == QAbstractSocket::BoundState)
    desc = "The socket is bound to an address and port.";
else if (state == QAbstractSocket::ClosingState)
    desc = "The socket is about to close (data may still be waiting to be
            written).";
else if (state == QAbstractSocket::ListeningState)
    desc = "For internal use only.";
```

（16）打开 main.cpp 并在以下示例中添加粗体显示的代码，以启动服务器。

```
#include <QCoreApplication>
#include "server.h"
    int main(int argc, char *argv[]) {
    QCoreApplication a(argc, argv);
    server* myServer = new server();
    myServer->startServer();
    return a.exec();
}
```

（17）尝试运行服务器程序，但由于尚未创建客户端程序，我们将无法对其进行测试，如图 7.4 所示。

```
10:31:29: Starting C:\Users\User\Desktop\book\
Release\release\Server.exe...
Server has started. Listening to port 8001.
```

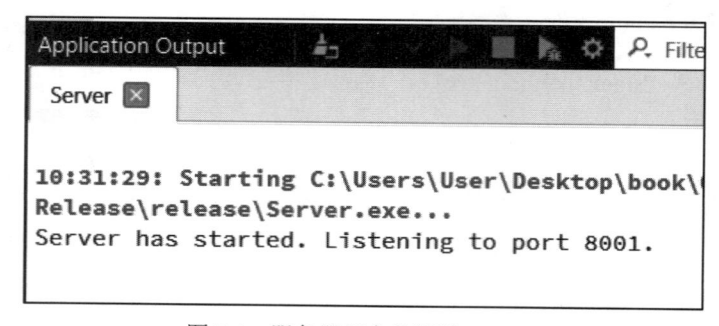

图 7.4　服务器正在监听端口 8001

让我们继续下一个示例项目，学习如何创建客户端程序。稍后会回来再次测试这个程序。

7.2.2 工作方式

网络连接主要有两种类型，即 TCP 连接和用户数据报协议（UDP）连接。TCP 是一种可靠的网络连接，而 UDP 则是不可靠的。

这两种连接设计用于完全不同的目的。

- TCP 网络通常用于那些要求每一条数据都必须按顺序发送和接收的程序。它还确保客户端接收到数据，并且服务器得到通知。像消息软件、Web 服务器和数据库这样的程序使用 TCP 网络。
- 另外，UDP 网络不需要服务器和客户端之间持续的交互。由于连接是不可靠的，因此没有关于数据是否成功接收的反馈。其间可以容忍数据包的丢失，数据甚至可能不会按发送的顺序到达。UDP 连接通常用于那些向客户端传输大量数据而不严格要求数据包传输顺序的应用程序，如视频游戏、视频会议软件和域名系统。

使用 Qt 6 创建网络软件要容易得多，这得益于其信号和槽机制。我们所需要做的就是将 QTcpServer 类和 QTcpSocket 类发出的信号连接到槽函数。稍后将实现这些槽函数，并定义在这些函数内部要执行的操作。

> **注意：**
> 我们使用了一个 QVector 容器存储所有已连接到服务器的客户端的指针，以便稍后可以使用它来传递消息。

为了保持这个示例项目的简单性，这里只是简单地向所有客户端发送文本消息，且类似于群聊软件。您可以自由探索其他可能性，并根据自己的需要对程序进行改进。

7.3 创建 TCP 客户端

前述步骤创建了一个 TCP 服务器，现在需要一个客户端程序来完成当前项目。因此，本节将学习如何使用 Qt 6 及其网络模块创建一个 TCP 客户端程序。

7.3.1 实现方式

要在 Qt 6 中创建一个 TCP 客户端，请按照以下步骤操作。

（1）从 Files | New File or Project 中创建一个新的 Qt Widgets Application 项目。

（2）项目创建完成后，打开 mainwindow.ui 并按照图 7.5 所示设置 GUI。注意，中央组件的布局方向必须是垂直的。

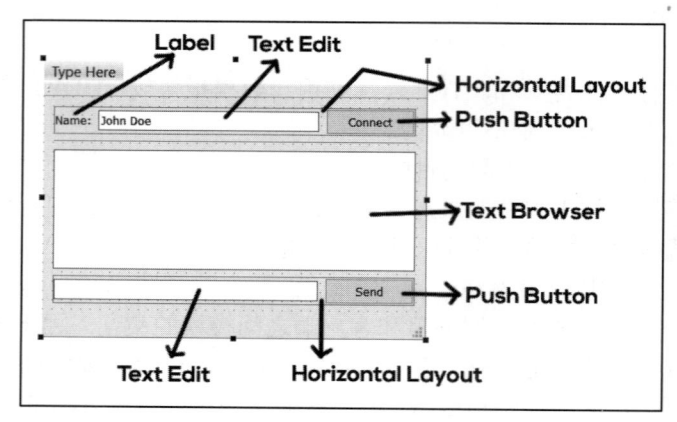

图 7.5 客户端程序的布局

（3）右键单击标有 Connect 的按钮，并从菜单中创建一个 clicked()槽函数。然后，对 Send 按钮重复相同的步骤。源代码中将创建两个槽函数，这些函数可能与我们在以下代码中看到的不完全相同，这取决于组件的名称。

```
void on_connectButton_clicked();
void on_sendButton_clicked();
```

（4）打开 mainwindow.h 并添加以下头文件。

```
#include <QDebug>
#include <QTcpSocket>
```

（5）声明 printMessage()函数和 3 个槽函数，即 socketConnected()、socketDisconnected() 和 socketReadyRead()，如下所示。

```
public:
    explicit MainWindow(QWidget *parent = 0);
    ~MainWindow();
    void printMessage(QString message);
private slots:
    void on_connectButton_clicked();
    void on_sendButton_clicked();
    void socketConnected();
```

```
    void socketDisconnected();
    void socketReadyRead();
```

（6）声明下列变量。

```
private:
    Ui::MainWindow *ui;
    bool connectedToHost;
    QTcpSocket* socket;
```

（7）在 mainwindow.cpp 文件中定义 printMessage()函数，如下所示。

```
void MainWindow::printMessage(QString message) {
    ui->chatDisplay->append(message);
}
```

（8）实现 on_connectButton_clicked()函数，该函数将在单击 Connect 按钮时被触发，如下所示。

```
void MainWindow::on_connectButton_clicked() {
    if (!connectedToHost) {
        socket = new QTcpSocket();
        connect(socket, &QTcpSocket::connected, this,
            &MainWindow::socketConnected);
        connect(socket, &QTcpSocket::disconnected, this,
            &MainWindow::socketDisconnected);
        connect(socket, &QTcpSocket::readyRead, this,
            &MainWindow::socketReadyRead);
        socket->connectToHost("127.0.0.1", 8001);
    }
    else {
        QString name = ui->nameInput->text();
        socket->write("<font color=\"Orange\">" + name.toUtf8() + " has
            left the chat room.</font>");
        socket->disconnectFromHost();
    }
}
```

（9）定义 on_sendButton_clicked()函数，该函数将在单击 Send 按钮时被调用，如下所示。

```
void MainWindow::on_sendButton_clicked() {
    QString name = ui->nameInput->text();
```

```
    QString message = ui->messageInput->text();
    socket->write("<font color=\"Blue\">" + name.toUtf8() + "</ font>: " +
    message.toUtf8());
    ui->messageInput->clear();
}
```

（10）实现 socketConnected() 函数，该函数将在客户端程序成功连接到服务器时被调用，如下所示。

```
void MainWindow::socketConnected() {
    qDebug() << "Connected to server.";
    printMessage("<font color=\"Green\">Connected to server.</ font>");
    QString name = ui->nameInput->text();
    socket->write("<font color=\"Purple\">" + name.toUtf8() + " has joined
    the chat room.</font>");
    ui->connectButton->setText("Disconnect");
    connectedToHost = true;
}
```

（11）实现 socketDisconnected() 函数，该函数将在客户端从服务器断开连接时被触发，如下所示。

```
void MainWindow::socketDisconnected() {
    qDebug() << "Disconnected from server.";
    printMessage("<font color=\"Red\">Disconnected from server.</font>");
    ui->connectButton->setText("Connect");
    connectedToHost = false;
}
```

（12）定义 socketReadyRead() 函数，该函数用于打印从服务器发送过来的消息，如下所示。

```
void MainWindow::socketReadyRead() {
    printMessage(socket->readAll());
}
```

（13）在运行客户端程序之前，必须首先启动上一步骤中创建的服务器程序。然后，构建并运行客户端程序。一旦程序打开，单击 Connect 按钮。成功连接到服务器后，在位于底部的行编辑组件中输入一些内容并单击 Send 按钮。我们应该会看到图 7.6 所示的内容。

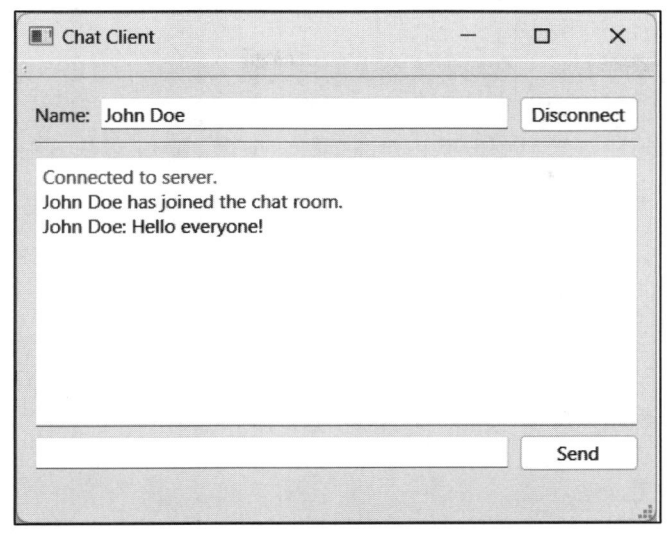

图7.6 聊天程序正在运行

（14）转到服务器程序，如图7.7所示，并查看终端窗口是否有任何打印输出。

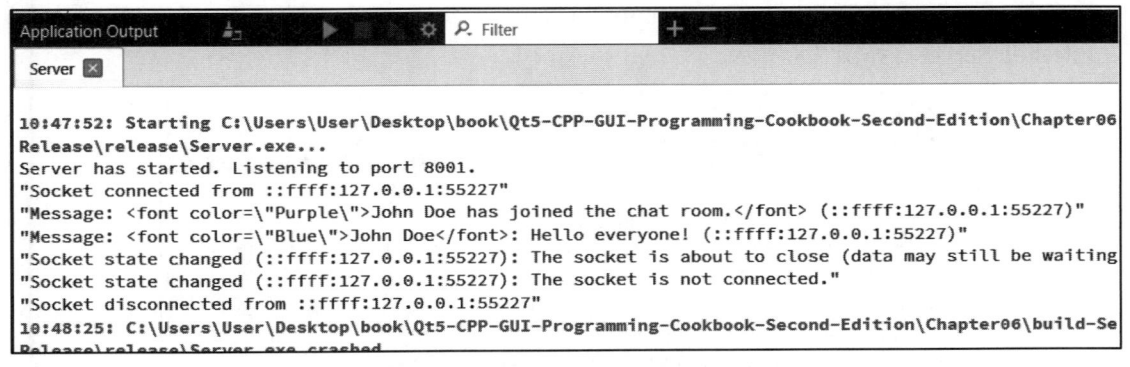

图7.7 客户端的活动也会在服务器的输出中显示

（15）至此，我们已成功创建了一个IRC聊天室的程序。

7.3.2 工作方式

为了使这个程序工作，我们需要两个程序：一个服务器程序，用于连接所有客户端并传递他们的消息；以及一个客户端程序，供用户发送和接收来自其他用户的消息。

由于服务器程序只是在幕后静默地处理一切，它不需要任何用户界面，因此只需要将其作为一个 Qt 控制台应用程序。

然而，客户端程序需要一个视觉上令人愉悦且易于使用的 GUI，以便用户阅读和编写消息。因此，我们选择将客户端程序创建为一个 Qt Widgets 应用程序。

与服务器程序相比，客户端程序相对简单。它所做的就是连接到服务器，发送用户输入的消息，并打印出服务器发送给它的所有内容。

7.4 使用 FTP 上传和下载文件

前述内容介绍了如何创建一个在用户之间分发文本消息的简单聊天软件。接下来，将学习如何创建一个使用 FTP 上传和下载文件的程序。

7.4.1 实现方式

让我们通过观察以下步骤开始。

（1）对于这个项目，需要安装一个名为 FileZilla Server 的软件，我们将把它用作 FTP 服务器。可以通过单击 https://filezilla-project.org 上的 Download FileZilla Server 按钮下载 FileZilla Server，如图 7.8 所示。

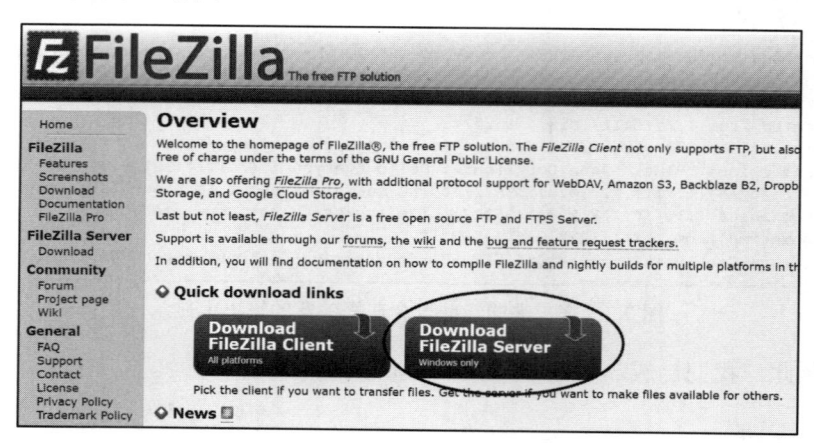

图 7.8　从官方网站下载 FileZilla Server

（2）一旦下载了安装程序，可运行该程序并接受所有默认选项安装 FileZilla Server，如图 7.9 所示。

第 7 章　使用网络和管理大型文档

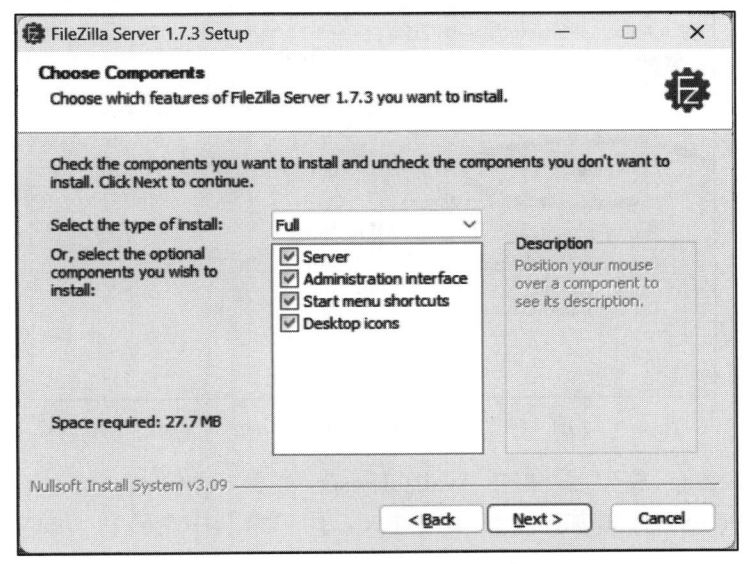

图 7.9　接受默认安装选项

（3）当安装完成后，打开 FileZilla Server 并单击 Connect to Server…按钮，这时会弹出 Connection 窗口，如图 7.10 所示。

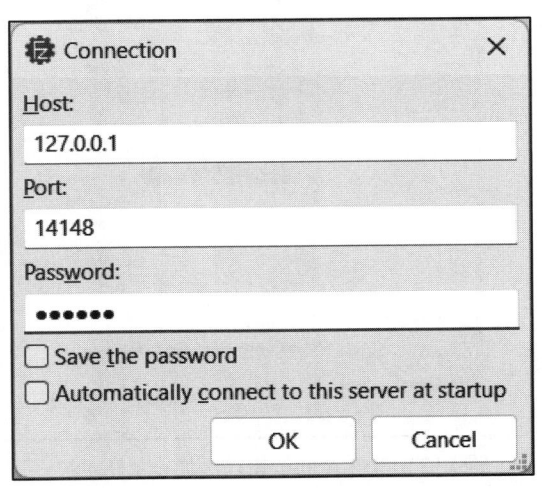

图 7.10　在 Connection 窗口中设置主机、端口和密码

（4）服务器启动后，从顶部菜单选择 Server | Configure…，如图 7.11 所示。

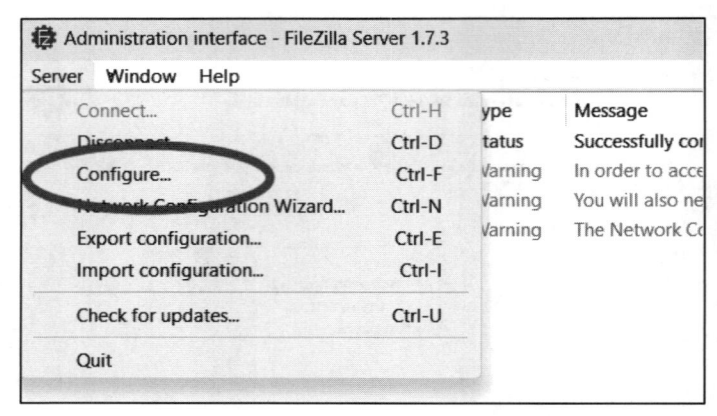

图 7.11　从顶部菜单打开 Settings 窗口

（5）打开 Settings 窗口后，单击 Available users 列表下方的 Add 按钮添加一个新用户。然后，在 Shared 列表下添加一个共享文件夹，用户将从中上传和下载文件，如图 7.12 所示。

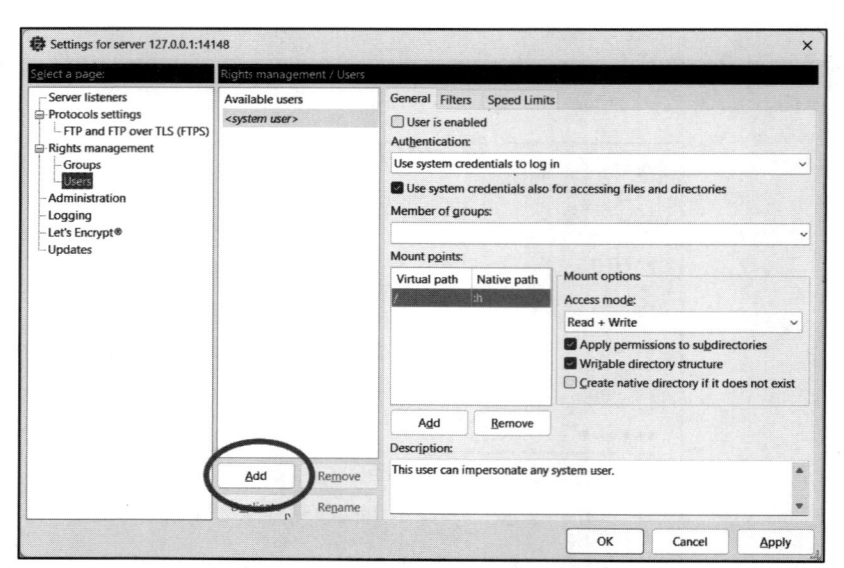

图 7.12　单击 Add 按钮以添加一个新用户

（6）在完成了 FileZilla Server 的设置后，下面转至 Qt Creator 并创建一个新的 Qt Widgets Application 项目。然后，打开 mainwindow.ui 并按照图 7.13 所示设置 GUI。

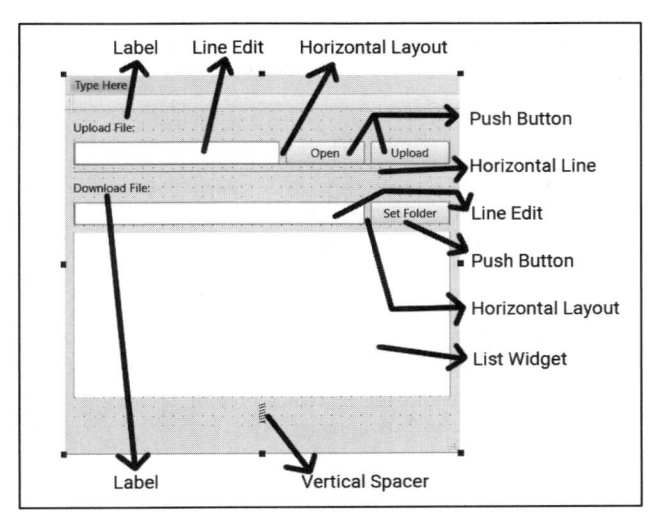

图 7.13　FPT 程序的布局

（7）右键单击 Open、Upload 和 Set Folder 按钮，并为它们创建相应的 clicked()槽函数，如下所示。

```
private slots:
    void on_openButton_clicked();
    void on_uploadButton_clicked();
    void on_setFolderButton_clicked();
```

（8）双击列表组件并选择 Go to slot...。然后，选择 itemDoubleClicked(QListWidgetItem*)选项并单击 OK 按钮，如图 7.14 所示。

（9）声明其他槽函数，如 serverConnected()、serverReply()和 dataReceived()，本章稍后实现这些函数。

```
private slots:
    void on_openButton_clicked();
    void on_uploadButton_clicked();
    void on_setFolderButton_clicked();
    void on_fileList_itemDoubleClicked(QListWidgetItem *item);
    void serverConnected(const QHostAddress &address, int port);
    void serverReply(int code, const QString &parameters);
    void dataReceived(const QByteArray &data);
```

（10）创建了槽函数后，选择 File | New File...，并创建一个名为 FtpDataChannel 的新 C++类。

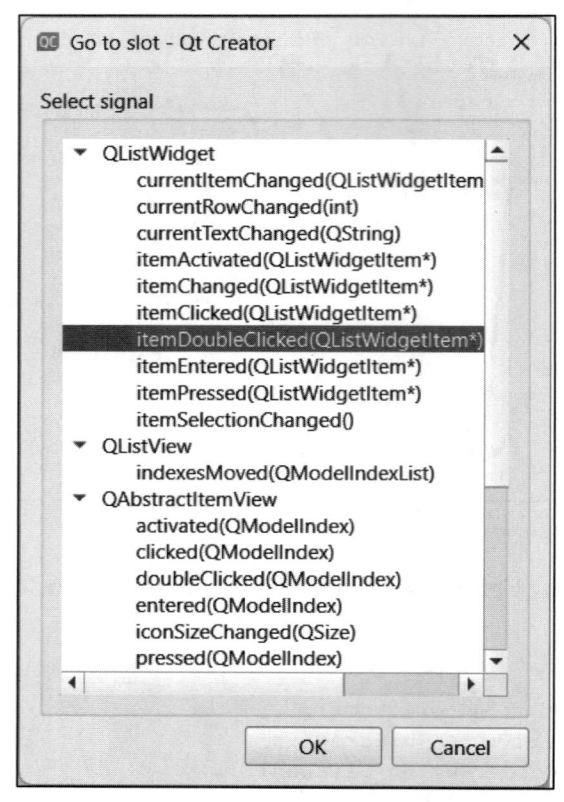

图 7.14 选择 itemDoubleClicked 选项

(11) 打开 ftpdatachannel.h 并向其中添加以下代码。

```
#ifndef FTPDATACHANNEL_H
#define FTPDATACHANNEL_H
#include <QtCore/qobject.h>
#include <QtNetwork/qtcpserver.h>
#include <QtNetwork/qtcpsocket.h>
#include <memory>
class FtpDataChannel : public QObject{
    Q_OBJECT
    public:
    explicit FtpDataChannel(QObject *parent = nullptr);
    void listen(const QHostAddress &address = QHostAddress::Any);
    void sendData(const QByteArray &data);
    void close();
```

```cpp
    QString portspec() const;
    QTcpServer m_server;
    std::unique_ptr<QTcpSocket> m_socket;
signals:
    void dataReceived(const QByteArray &data);
};
#endif
```

(12) 打开 ftpdatachannel.cpp 源文件并编写以下代码。

```cpp
#include "ftpdatachannel.h"
FtpDataChannel::FtpDataChannel(QObject *parent) : QObject(parent){
    connect(&m_server, &QTcpServer::newConnection, this, [this] (){
        m_socket.reset(m_server.nextPendingConnection());
        connect(m_socket.get(), &QTcpSocket::readyRead, this, [this](){
            emit dataReceived(m_socket->readAll());
        });
        connect(m_socket.get(), &QTcpSocket::bytesWritten, this,
        [this](qint64 bytes){
            qDebug() << bytes;
            close();
        });
    });
}
```

(13) 继续为 FtpDataChannel 类实现函数，如 listen()、sendData()和 close()。

```cpp
void FtpDataChannel::listen(const QHostAddress &address){
    m_server.listen(address);
}
void FtpDataChannel::sendData(const QByteArray &data){
    if (m_socket)
        m_socket->write(QByteArray(data).replace("\n", "\r\n"));
}
void FtpDataChannel::close(){
    if (m_socket)
        m_socket->disconnectFromHost();
}
```

(14) 实现 postspec()函数，该函数以一种特殊格式编排 FTP 服务器的信息，以便可以将这些信息发送回 FTP 服务器进行验证。

```cpp
QString FtpDataChannel::portspec() const{
```

```cpp
    QString portSpec;
    quint32 ipv4 = m_server.serverAddress().toIPv4Address();
    quint16 port = m_server.serverPort();
    portSpec += QString::number((ipv4 & 0xff000000) >> 24);
    portSpec += ',' + QString::number((ipv4 & 0x00ff0000) >> 16);
    portSpec += ',' + QString::number((ipv4 & 0x0000ff00) >> 8);
    portSpec += ',' + QString::number(ipv4 & 0x000000ff);
    portSpec += ',' + QString::number((port & 0xff00) >> 8);
    portSpec += ',' + QString::number(port &0x00ff);
    return portSpec;
}
```

（15）完成 FtpDataChannel 类后，再次转至 File | New File…并创建另一个名为 FtpControlChannel 的新 C++类。

（16）打开新创建的 ftpcontrolchannel.h 并在头文件中添加以下代码。

```cpp
#ifndef FTPCONTROLCHANNEL_H
#define FTPCONTROLCHANNEL_H
#include <QtNetwork/qhostaddress.h>
#include <QtNetwork/qtcpsocket.h>
#include <QtCore/qobject.h>
class FtpControlChannel : public QObject{
    Q_OBJECT
public:
    explicit FtpControlChannel(QObject *parent = nullptr);
    void connectToServer(const QString &server);
    void command(const QByteArray &command, const QByteArray &params);
    public slots:
    void error(QAbstractSocket::SocketError);
    signals:
    void opened(const QHostAddress &localAddress, int localPort);
    void closed();
    void info(const QByteArray &info);
    void reply(int code, const QByteArray &parameters);
    void invalidReply(const QByteArray &reply);
private:
    void onReadyRead();
    QTcpSocket m_socket;
    QByteArray m_buffer;
};
#endif // FTPCONTROLCHANNEL_H
```

(17) 打开 ftpcontrolchannel.cpp 并编写以下代码。

```cpp
#include "ftpcontrolchannel.h"
#include <QtCore/qcoreapplication.h>
FtpControlChannel::FtpControlChannel(QObject *parent) : QObject(parent){
    connect(&m_socket, &QIODevice::readyRead,
            this, &FtpControlChannel::onReadyRead);
    connect(&m_socket, &QAbstractSocket::disconnected,
            this, &FtpControlChannel::closed);
    connect(&m_socket, &QAbstractSocket::connected, this, [this] () {
        emit opened(m_socket.localAddress(), m_socket.localPort());
    });
    connect(&m_socket, &QAbstractSocket::errorOccurred,
            this, &FtpControlChannel::error);
}
```

(18) 继续实现类的其他函数，如 connectToServer() 和 command()。

```cpp
void FtpControlChannel::connectToServer(const QString &server){
    m_socket.connectToHost(server, 21);
}
void FtpControlChannel::command(const QByteArray &command, const QByteArray &params){
    QByteArray sendData = command;
    if (!params.isEmpty())
        sendData += " " + params;
    m_socket.write(sendData + "\r\n");
}
```

(19) 继续编写其槽函数的代码，即 onReadyRead() 和 error()。

```cpp
void FtpControlChannel::onReadyRead(){
    m_buffer.append(m_socket.readAll());
    int rn = -1;
    while ((rn = m_buffer.indexOf("\r\n")) != -1) {
        QByteArray received = m_buffer.mid(0, rn);
        m_buffer = m_buffer.mid(rn + 2);
        int space = received.indexOf(' ');
        if (space != -1) {
            int code = received.mid(0, space).toInt();
            if (code == 0) {
                qDebug() << "Info received: " << received.mid(space + 1);
                emit info(received.mid(space + 1));
```

```
            } else {
                qDebug() << "Reply received: " << received.mid(space + 1);
                emit reply(code, received.mid(space + 1));
            }
        } else {
            emit invalidReply(received);
        }
    }
}
void FtpControlChannel::error(QAbstractSocket::SocketError error) {
    qWarning() << "Socket error:" << error;
    QCoreApplication::exit();
}
```

(20)打开mainwindow.h并添加以下头文件。

```
#include <QDebug>
#include <QNetworkAccessManager>
#include <QNetworkRequest>
#include <QNetworkReply>
#include <QFile>
#include <QFileInfo>
#include <QFileDialog>
#include <QListWidgetItem>
#include <QMessageBox>
#include <QThread>
#include "ftpcontrolchannel.h"
#include "ftpdatachannel.h"
```

(21)声明getFileList()函数，如下所示。

```
public:
    explicit MainWindow(QWidget *parent = 0);
    ~MainWindow();
    void getFileList();
```

(22)声明下列变量。

```
private:
    Ui::MainWindow *ui;
    FtpDataChannel* dataChannel;
    FtpControlChannel* controlChannel;
    QString ftpAddress;
    QString username;
```

```
    QString password;
    QStringList fileList;
    QString uploadFileName;
    QString downloadFileName;
```

(23) 打开 mainwindow.cpp 并在类构造函数中添加以下代码。

```
MainWindow::MainWindow(QWidget *parent) : QMainWindow(parent), ui(new
Ui::MainWindow) {
    ui->setupUi(this);
    dataChannel = new FtpDataChannel(this);
    connect(dataChannel, &FtpDataChannel::dataReceived, this,
    &MainWindow::dataReceived);
    connect(controlChannel, &FtpControlChannel::reply, this,
    &MainWindow::serverReply);
    connect(controlChannel, &FtpControlChannel::opened, this,
    &MainWindow::serverConnected);
    controlChannel = new FtpControlChannel(this);
    ftpAddress = "127.0.0.1/";
    username = "myuser";
    password = "123456";
    controlChannel->connectToServer(ftpAddress);
}
```

(24) 实现 getFileList()函数，如下所示。

```
void MainWindow::getFileList() {
controlChannel->command("PORT", dataChannel->portspec().toUtf8());
    controlChannel->command("MLSD", ""); }
```

(25) 定义 on_openButton_clicked()槽函数，该函数在单击 Open 按钮时被触发，如下所示。

```
void MainWindow::on_openButton_clicked() {
    QString fileName = QFileDialog::getOpenFileName(this, "Select File",
    qApp->applicationDirPath());
    ui->uploadFileInput->setText(fileName);
}
```

(26) 实现在单击 Upload 按钮时被调用的槽函数，如下所示。

```
void MainWindow::on_uploadButton_clicked() {
    QFile* file = new QFile(ui->uploadFileInput->text());
    QFileInfo fileInfo(*file);
```

```
    uploadFileName = fileInfo.fileName();
    controlChannel->command("PORT", dataChannel->portspec().toUtf8());
    controlChannel->command("STOR", uploadFileName.toUtf8());
}
```

（27）下列代码展示了 on_setFolderButton_clicked() 槽函数。

```
void MainWindow::on_setFolderButton_clicked() {
    QString folder = QFileDialog::getExistingDirectory(this, tr("Open
    Directory"), qApp->applicationDirPath(), QFileDialog::ShowDirsOnly);
    ui->downloadPath->setText(folder);
}
```

（28）定义当列表组件的某个项目被双击时将被触发的槽函数，如下所示。

```
void MainWindow::on_fileList_itemDoubleClicked(QListWidgetItem *item) {
    downloadFileName = item->text();
    QString folder = ui->downloadPath->text();
    if (folder != "" && QDir(folder).exists()) {
        controlChannel->command("PORT", dataChannel- >portspec().toUtf8());
        controlChannel->command("RETR", downloadFileName.toUtf8());
    }
    else {
            QMessageBox::warning(this, "Invalid Path", "Please set the
            download path before download.");
}}
```

（29）实现 serverConnected() 函数，当程序成功连接到 FTP 服务器时，该函数将自动被调用，如下所示。

```
void MainWindow::serverConnected(const QHostAddress &address, int port){
    qDebug() << "Listening to:" << address << port;
    dataChannel->listen(address);
    controlChannel->command("USER", username.toUtf8());
    controlChannel->command("PASS", password.toUtf8());
    getFileList();
}
```

（30）此外，还需要实现一个函数，该函数将在 FTP 服务器对请求做出响应时被调用，如下所示。

```
void MainWindow::serverReply(int code, const QString &parameters){
    if (code == 150 && uploadFileName != ""){
```

```cpp
        QFile* file = new QFile(ui->uploadFileInput->text());
        QFileInfo fileInfo(*file);
        uploadFileName = fileInfo.fileName();
        if (file->open(QIODevice::ReadOnly)){
            QThread::msleep(1000);
            QByteArray data = file->readAll();
            dataChannel->sendData(data + "\n\r");
            qDebug() << data;
        } else {
            QMessageBox::warning(this, "Invalid File", "Failed to open file 
            for upload.");
        }
    }
    if (code == 226 && uploadFileName != ""){
        uploadFileName = "";
        QMessageBox::warning(this, "Upload Success", "File successfully 
        uploaded.");
    }
}
```

（31）dataReceived()函数用于获取从 FTP 服务器接收到的数据，对应代码如下所示。

```cpp
void MainWindow::dataReceived(const QByteArray &data){
    if (data.startsWith("type=file")){
        ui->fileList->clear();
        QStringList fileList = QString(data).split("\r\n");
        if (fileList.length() > 0){
            for (int i = 0; i < fileList.length(); ++i){
                if (fileList.at(i) != ""){
                    QStringList fileInfo = fileList.at(i).split(";");
                    QString fileName = fileInfo.at(4).simplified();
                    ui->fileList->addItem(fileName);
                }
            }
        }
    } else {
        QString folder = ui->downloadPath->text();
        QFile file(folder + "/" + downloadFileName);
        file.open(QIODevice::WriteOnly);
        file.write((data));
        file.close();
        QMessageBox::information(this, "Success", "File successfully 
        downloaded.");
    }
}
```

（32）构建并运行程序。尝试上传一些文件到 FTP 服务器。如果操作成功，文件列表应该会更新并显示在 List 组件上。然后，尝试双击列表组件上的文件名，并将文件下载到计算机中，如图 7.15 所示。

图 7.15　从 FTP 服务器下载文件

（33）尝试单击 Open 按钮，选择所需文件，然后单击 Upload 按钮上传文件，如图 7.16 所示。

至此，我们已经成功创建了一个可运行的 FTP 程序。

> **注意：**
> 这个示例程序旨在展示 FTP 程序的最基本实现，并非一个功能完备的程序。如果尝试上传/下载非文本格式的文件，它不一定能够正常工作。如果 FTP 服务器上已经存在同名文件，它也可能无法正确上传。如果希望在此项目的基础上进行扩展，您需要自己实现这些功能。

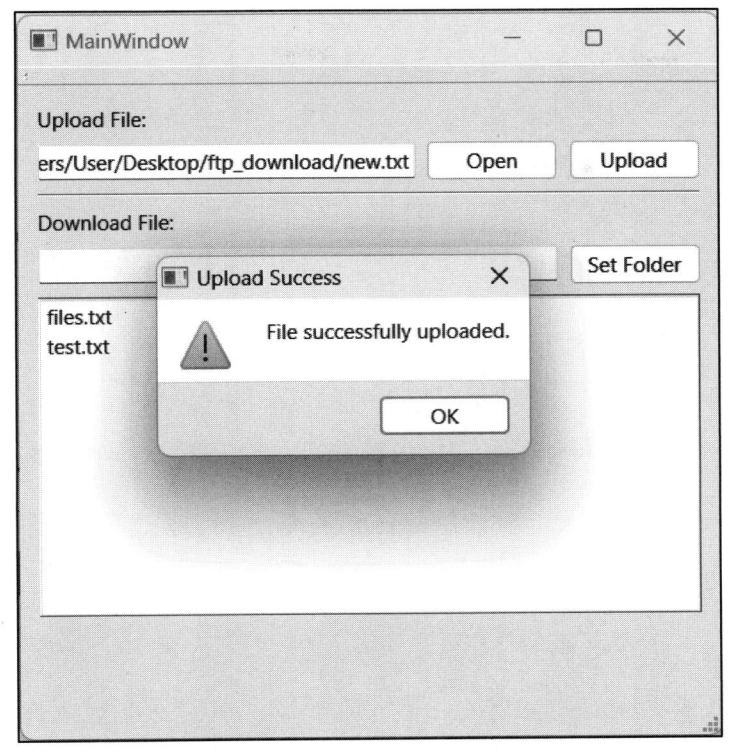

图 7.16 上传文件到 FTP 服务器

7.4.2 工作方式

尽管这个项目规模较大，代码更长，但它实际上与前述章节中的 TCP 网络项目非常相似。除此之外，我们还利用了 Qt 6 提供的信号和槽机制，以使我们的工作更加轻松。

过去，Qt 在 QNetworkAccessManager 类中支持 FTP。然而，自 Qt 6 起，FTP 已被弃用，因此我们必须自行实现它。

我们必须了解一些最常见的 FTP 命令，并在程序中使用它们。更多信息可查看 https://www.serv-u.com/resources/tutorial/appe-stor-stou-retr-list-mlsd-mlst-ftp-command。

FtpControlChannel 和 FtpDataChannel 类取自 Qt 官方 Git 仓库，并进行了一些微小的修改，对应网址为 https://code.qt.io/cgit/qt/qtscxml.git/tree/examples/scxml/ftpclient。

第 8 章　线程基础——异步编程

大多数现代软件通过并行运行其进程，并将任务分配给不同的线程，以利用现代 CPU 多核架构。这样，软件可以通过同时运行多个进程而不会影响性能以提高效率。本章将学习如何利用线程来提升 Qt 6 应用程序的性能和效率。

本章主要涉及下列主题。
- 使用线程。
- QObject 和 QThread。
- 数据保护和线程间数据共享。
- 使用 QRunnable 进程。

8.1　技术要求

本章需要使用 Qt 6.6.1 和 Qt Creator 12.0.2。本章使用的所有代码都可以从以下 GitHub 仓库下载：https://github.com/PacktPublishing/QT6-C-GUI-Programming-Cookbook---Third-Edition-/tree/main/Chapter08。

8.2　使用线程

Qt 6 提供了多种创建和使用线程的方法。我们可以选择高级方法和低级方法。高级方法更容易上手，但在使用上有所限制。相反，低级方法更加灵活，但对初学者不太友好。本节将学习如何使用高级方法之一，轻松创建一个多线程的 Qt 6 应用程序。

8.2.1　实现方式

让我们通过以下步骤学习如何创建多线程应用程序。
（1）创建一个 Qt 组件应用程序并打开 main.cpp。然后，在文件顶部添加以下头文件。

```
#include <QFuture>
```

```
#include <QtConcurrent/QtConcurrent>
#include <QFutureWatcher>
#include <QThread>
#include <QDebug>
```

（2）在main()函数之前创建一个名为printText()的函数。

```
void printText(QString text, int count) {
    for (int i = 0; i < count; ++i)
        qDebug() << text << QThread::currentThreadId();
    qDebug() << text << "Done";
}
```

（3）在main()函数中添加以下代码。

```
int main(int argc, char *argv[]) {
    QApplication a(argc, argv);
    MainWindow w;
    w.show();
    printText("A", 100);
    printText("B", 100);
    return a.exec();
}
```

（4）构建并运行程序，我们应该会看到A在B之前被打印出来。注意，它们的线程ID都是相同的。这是因为我们正在主线程中运行printText()函数。

```
...
"A" 0x2b82c
"A" 0x2b82c
"A" 0x2b82c
"A" Done
...
"B" 0x2b82c
"B" 0x2b82c
"B" 0x2b82c
"B" Done
```

（5）为了将它们分离到不同的线程中，可使用Qt 6提供的一个高级类QFuture。在main()中注释掉两个printText()函数，并改用以下代码。

```
QFuture<void> f1 = QtConcurrent::run(printText, QString("A"), 100);
QFuture<void> f2 = QtConcurrent::run(printText, QString("B"), 100);
QFuture<void> f3 = QtConcurrent::run(printText, QString("C"), 100);
```

```
f1.waitForFinished();
f2.waitForFinished();
f3.waitForFinished();
```

（6）如果再次构建并运行程序，我们应该会在调试窗口中看到以下内容被打印出来，这意味着 3 个 printText()函数现在并行运行。

```
...
"A" 0x271ec
"C" 0x26808
"B" 0x27a40
"A" 0x271ec
"C" Done
"B" 0x27a40
"A" Done
"B" Done
```

（7）还可以使用 QFutureWatcher 类通过信号和槽机制通知 QObject 类。QFutureWatcher 类允许使用信号和槽监控 QFuture。

```
QFuture<void> f1 = QtConcurrent::run(printText, QString("A"), 100);
QFuture<void> f2 = QtConcurrent::run(printText, QString("B"), 100);
QFuture<void> f3 = QtConcurrent::run(printText, QString("C"), 100);

QFutureWatcher<void> futureWatcher;
QObject::connect(&futureWatcher,
QFutureWatcher<void>::finished, &w, MainWindow::mySlot);
futureWatcher.setFuture(f1);

f1.waitForFinished();
f2.waitForFinished();
f3.waitForFinished();
```

（8）打开 mainwindow.h 并声明槽函数。

```
public slots:
    void mySlot();
```

（9）在 mainwindow.cpp 中，mySlot()函数如下所示。

```
void MainWindow::mySlot() {
    qDebug() << "Done!" << QThread::currentThreadId();
}
```

（10）如果再次构建并运行程序，这一次，我们将看到以下结果。

```
...
"A" 0x271ec
"C" 0x26808
"B" 0x27a40
"A" 0x271ec
"C" Done
"B" 0x27a40
"A" Done
"B" Done
Done! 0x27ac0
```

（11）尽管 QFutureWatcher 与 f1 相关联，但 Done!消息只有在所有线程执行完毕后才会打印出来。这是因为 mySlot()在主线程中运行，这一点由调试窗口中与 Done!消息一起显示的线程 ID 得到证实。

8.2.2　工作方式

　　默认情况下，任何 Qt 6 应用程序中都有一个主线程（也称为 GUI 线程）。我们创建的其他线程被称为工作线程。

　　与 GUI 相关的类（如 QWidget 和 QPixmap）只能存在于主线程中，因此我们在处理这些类时必须格外小心。

　　QFuture 是一个处理异步计算的高级类。

　　我们使用 QFutureWatcher 类让 QFuture 与信号和槽进行交互。我们甚至可以使用它在进度条上显示操作的进度。

8.3　QObject 和 QThread

　　本节将探索一些其他方法，以便可以在 Qt 6 应用程序中使用线程。Qt 6 提供了一个名为 QThread 的类，它允许更多地控制如何创建和执行线程。通过调用 run()函数，QThread 对象开始在其线程中执行其事件循环。在这个示例中，我们将学习如何通过 QThread 类使 QObject 类异步协同工作。

8.3.1　实现方式

　　让我们通过执行以下步骤开始。

第 8 章 线程基础——异步编程

（1）创建一个新的 Qt 组件应用程序项目。然后，转至 File | New File or Project...并创建一个 C++类文件，如图 8.1 所示。

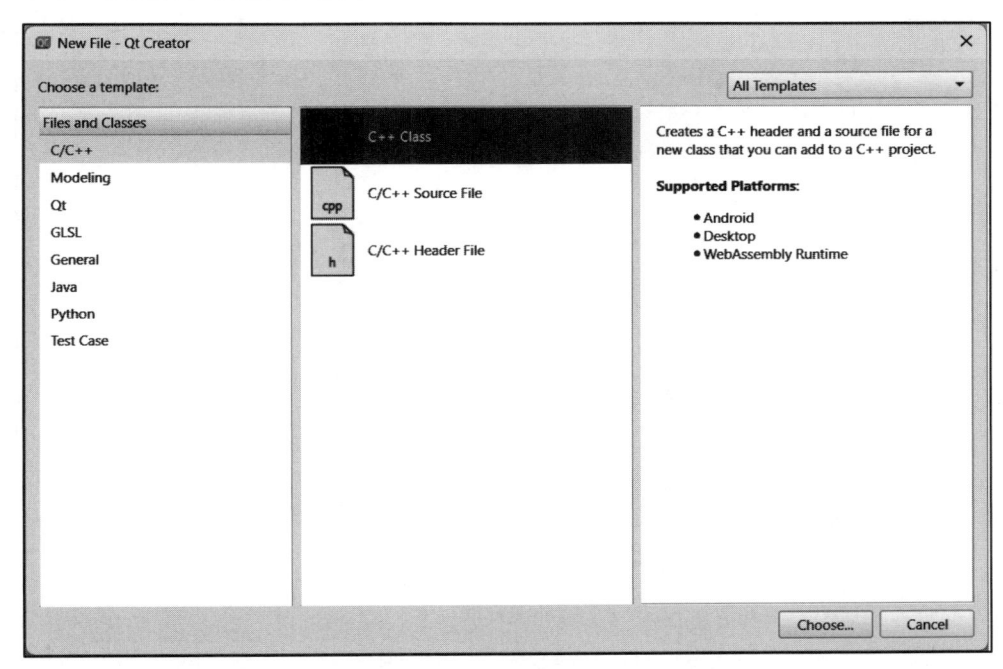

图 8.1　创建一个新的 C++类

（2）将新类命名为 MyWorker 并使其继承自 QObject 类。不要忘记，默认情况下也包含 QObject 类，如图 8.2 所示。

（3）创建 MyWorker 类后，打开 myworker.h 并在顶部添加以下头文件。

```
#include <QObject>
#include <QDebug>
```

（4）在文件中添加以下信号和槽函数。

```
signals:
    void showResults(int res);
    void doneProcess();

public slots:
    void process();
```

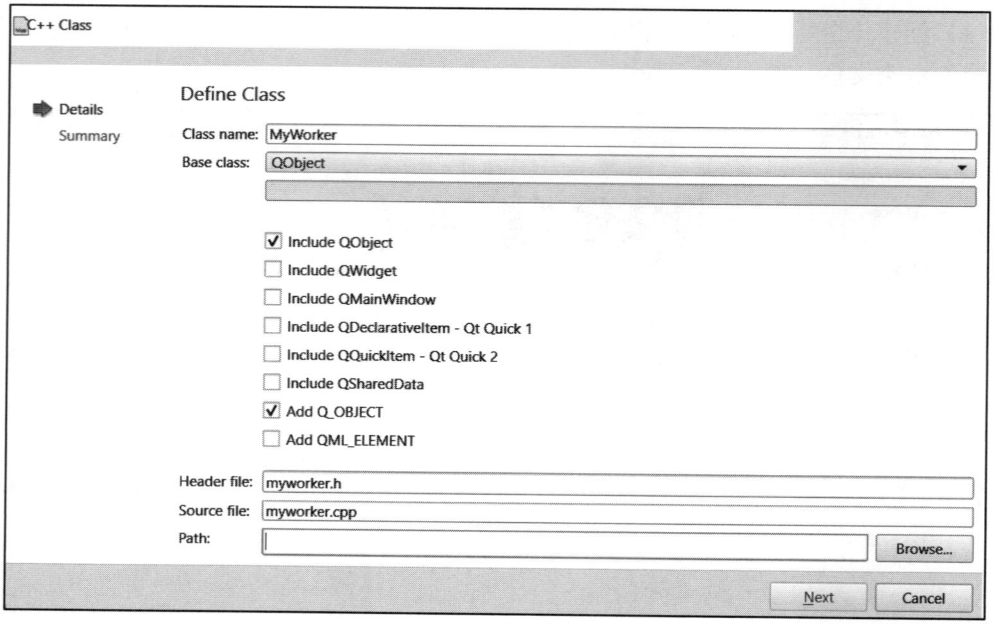

图 8.2 定义 MyWorker C++类

（5）打开 myworker.cpp 并实现 process()函数。

```
void MyWorker::process() {
    int result = 0;
    for (int i = 0; i < 2000000000; ++i) {
    result += 1;
    }
    emit showResults(result);
    emit doneProcess();
}
```

（6）打开 mainwindow.h 并在顶部添加以下头文件。

```
#include <QDebug>
#include <QThread>
#include "myworker.h"
```

（7）声明一个槽函数，如下所示。

```
public slots:
    void handleResults(int res);
```

（8）打开 mainwindow.cpp 并实现 handResults()函数。

```
void MainWindow::handleResults(int res) {
    qDebug() << "Handle results" << res;
}
```

（9）在 MainWindow 类的构造函数中添加以下代码。

```
MainWindow::MainWindow(QWidget *parent)
: QMainWindow(parent), ui(new Ui::MainWindow){
    ui->setupUi(this);
    QThread* workerThread = new QThread;
    MyWorker *workerObject = new MyWorker;
    workerObject->moveToThread(workerThread);
    connect(workerThread, &QThread::started, workerObject,
    &MyWorker::process);
    connect(workerObject, &MyWorker::doneProcess, workerThread,
    &QThread::quit);
    connect(workerObject, &MyWorker::doneProcess, workerObject,
    &MyWorker::deleteLater);
    connect(workerObject, &MyWorker::showResults, this,
    &MainWindow::handleResults);
    connect(workerThread, &QThread::finished, workerObject,
    &MyWorker::deleteLater);
    workerThread->start();
}
```

（10）构建并运行程序。我们应该会看到主窗口弹出，且几秒钟内没有任何反应，然后调试窗口中打印出一行消息。

```
Final result: 2000000000
```

（11）结果是在单独的线程中计算的，这就是为什么主窗口可以平滑显示，甚至可以在计算过程中通过鼠标移动。为了查看在主线程上运行计算时的区别，让我们注释掉一些代码，并直接调用 process()函数。

```
//QThread* workerThread = new QThread;
MyWorker *workerObject = new MyWorker;
//workerObject->moveToThread(workerThread);
//connect(workerThread, &QThread::started, workerObject, &MyWorker::process);
//connect(workerObject, &MyWorker::doneProcess, workerThread, &QThread::quit);
connect(workerObject, &MyWorker::doneProcess, workerObject,
&MyWorker::deleteLater);
```

```
connect(workerObject, &MyWorker::showResults, this,
&MainWindow::handleResults);
//connect(workerThread, &QThread::finished, workerObject,
&MyWorker::deleteLater);
//workerThread->start();
workerObject->process();
```

（12）构建并运行项目。这一次，主窗口将在计算完成后才出现在屏幕上。这是因为计算阻塞了主线程（或 GUI 线程），并阻止了主窗口的显示。

8.3.2 工作方式

除使用 QFuture 类之外，QThread 是运行异步进程的另一种方法。与 QFuture 相比，它为我们提供了更多的控制权，这将在下面的示例中展示。

注意，移动到工作线程的 QObject 类不能有任何父对象，因为 Qt 设计成整个对象树必须存在于同一线程中。因此，当调用 moveToThread()时，QObject 类的所有子对象也将被移动到工作线程。

如果希望工作线程与主线程通信，可使用信号和槽机制。我们使用 QThread 类提供的 started 信号通知工作对象开始计算，因为工作线程已经被创建。

然后，当计算完成后，我们发出 showResult 和 doneProcess 信号通知线程退出，同时将最终结果传递给主线程以供打印。

最后，我们还使用信号和槽机制在一切完成后安全地删除工作线程和工作对象。

8.4 数据保护和线程间数据共享

尽管多线程使进程异步运行，但有时线程必须停止并等待其他线程。这通常发生在两个线程同时修改同一个变量时。为了保护共享资源（如数据），通常需要强制线程相互等待。Qt 6 同样提供了低级方法和高级机制来同步线程。

8.4.1 实现方式

我们将继续使用前一个示例项目中的代码，因为我们已经建立了一个具有多线程的工作程序。

第 8 章 线程基础——异步编程

（1）打开 myworker.h 并添加以下头文件。

```
#include <QObject>
#include <QDebug>
#include <QMutex>
```

（2）添加两个新变量并对类构造函数进行一些更改。

```
public:
    explicit MyWorker(QMutex *mutex);
    int* myInputNumber;
    QMutex* myMutex;
signals:
    void showResults(int res);
    void doneProcess();
```

（3）打开 myworker.cpp 并将类构造函数更改为以下代码。我们不再需要父对象输入，因为该对象没有父对象。

```
MyWorker::MyWorker(QMutex *mutex) {
    myMutex = mutex;
}
```

（4）更改 process() 函数，如下所示。

```
void MyWorker::process() {
    myMutex->lock();
    for (int i = 1; i < 100000; ++i){
    *myInputNumber += i * i + 2 * i + 3 * i;
    }
    myMutex->unlock();
    emit showResults(*myInputNumber);
    emit doneProcess();
}
```

（5）完成后，打开 mainwindow.cpp 对代码进行一些更改。

```
MainWindow::MainWindow(QWidget *parent) : QMainWindow(parent),
    ui(new Ui::MainWindow) {
    ui->setupUi(this);
    int myNumber = 5;
    QMutex* newMutex = new QMutex;
    QThread* workerThread = new QThread;
    QThread* workerThread2 = new QThread;
```

```
QThread* workerThread3 = new QThread;
MyWorker *workerObject = new MyWorker(newMutex);
MyWorker *workerObject2 = new MyWorker(newMutex);
MyWorker *workerObject3 = new MyWorker(newMutex);
```

（6）将工作对象的 myInputNumber 变量设置为 myNumber。注意，我们引用的是它的指针而不是值。

```
workerObject->myInputNumber = &myNumber;
workerObject->moveToThread(workerThread);
connect(workerThread, &QThread::started, workerObject, &MyWorker::process);
connect(workerObject, &MyWorker::doneProcess, workerThread, &QThread::quit);
connect(workerObject, &MyWorker::doneProcess, workerObject,
&MyWorker::deleteLater);
connect(workerObject, &MyWorker::showResults, this,
&MainWindow::handleResults);
connect(workerThread, &QThread::finished, workerObject,
&MyWorker::deleteLater);
```

（7）重复上一步两次，以设置 workerObject2、workerThread2、workerObject3 和 workerThread3。

```
workerObject2->myInputNumber = &myNumber;
workerObject2->moveToThread(workerThread2);
connect(workerThread2, &QThread::started, workerObject2, &MyWorker::process);
connect(workerObject2, &MyWorker::doneProcess, workerThread2, &QThread::quit);
connect(workerObject2, &MyWorker::doneProcess, workerObject2,
&MyWorker::deleteLater);
connect(workerObject2, &MyWorker::showResults, this,
&MainWindow::handleResults);
connect(workerThread2, &QThread::finished, workerObject2,
&MyWorker::deleteLater);
workerObject3->myInputNumber = &myNumber;
workerObject3->moveToThread(workerThread3);
connect(workerThread3, &QThread::started, workerObject3, &MyWorker::process);
connect(workerObject3, &MyWorker::doneProcess, workerThread3, &QThread::quit);
connect(workerObject3, &MyWorker::doneProcess, workerObject3,
&MyWorker::deleteLater);
connect(workerObject3, &MyWorker::showResults, this,
&MainWindow::handleResults);
connect(workerThread3, &QThread::finished, workerObject3,
&MyWorker::deleteLater);
```

(8）调用 start()方法来启动这些线程。

```
workerThread->start();
workerThread2->start();
workerThread3->start();
```

(9）构建并运行程序，无论运行多少次，都应该看到一个一致的结果。

```
Final result: -553579035
Final result: -1107158075
Final result: -1660737115
```

(10）每次运行程序都能获得结果，因为互斥锁确保只有一个线程可以修改数据，而其他线程则等待它们的完成。为了查看缺少互斥锁锁定时的区别，让我们注释掉下列代码。

```
void MyWorker::process() {
    //myMutex->lock();
    for (int i = 1; i < 100000; ++i) {
        *myInputNumber += i * i + 2 * i + 3 * i;
        }
    //myMutex->unlock();
    emit showResults(*myInputNumber);
    emit doneProcess();
}
```

(11）再次构建并运行程序。这一次，运行程序时将获得一个不同的结果。例如，作者在运行 3 次后获得了以下结果。

```
1st time:
Final result: -589341102
Final result: 403417142
Final result: -978935318
2nd time:
Final result: 699389030
Final result: -175723048
Final result: 1293365532
3rd time:
Final result: 1072831160
Final result: 472989964
Final result: -534842088
```

出现这种情况的原因是，由于并行计算的特性，myNumber 数据是由所有线程以随机顺序同时操作的。通过锁定互斥锁，可确保数据只能被单个线程修改，从而消除了这个问题。

8.4.2 工作方式

Qt 6 提供了两个类,即 QMutex 和 QReadWriteLock,用于在多个线程访问和修改相同数据时保护数据。我们只在前一个示例中使用了 QMutex,但这两个类在本质上非常相似。唯一的区别是 QReadWriteLock 允许在数据被写入时,其他线程同时读取数据。与 QMutex 不同,它将读和写状态分开,但一次只能发生一个(要么锁定读取,要么锁定写入),二者不能同时进行。对于复杂的函数和语句,可使用高级的 QMutexLocker 类而不是 QMutex,以简化代码并便于调试。

这种方法的缺点是,当单个线程修改数据时,所有其他线程都将处于空闲状态。除非别无他法,否则最好不要与多个线程共享数据,因为这将使其他线程停止运行,从而违背了并行计算的目的。

8.5 使用 QRunnable 进程

本示例将学习如何使用另一种高级方法并轻松创建一个多线程的 Qt 6 应用程序。其间将使用 QRunnable 和 QThreadPool 类。

8.5.1 实现方式

(1)创建一个新的 Qt 组件应用程序项目,然后创建一个名为 MyProcess 的新 C++类,该类继承自 QRunnable 类。

(2)打开 myprocess.h 并添加以下头文件。

```
#include <QRunnable>
#include <QDebug>
```

(3)声明 run()函数,如下所示。

```
class MyProcess : public QRunnable {
   public:
       MyProcess();
       void run();
};
```

（4）打开 myprocess.cpp 并定义 run() 函数。

```
void MyProcess::run() {
    int myNumber = 0;
    for (int i = 0; i < 100000000; ++i) {
        myNumber += i;
    }
    qDebug() << myNumber;
}
```

（5）完成后，在 mainwindow.h 中添加以下头文件。

```
#include <QMainWindow>
#include <QThreadPool>
#include "myprocess.h"
```

（6）添加以下代码来实现类构造函数。

```
MainWindow::MainWindow(QWidget *parent) : QMainWindow(parent),
    ui(new Ui::MainWindow) {
    ui->setupUi(this);
    MyProcess* process = new MyProcess;
    MyProcess* process2 = new MyProcess;
    MyProcess* process3 = new MyProcess;
    MyProcess* process4 = new MyProcess;
    QThreadPool::globalInstance()->start(process);
    QThreadPool::globalInstance()->start(process2);
    QThreadPool::globalInstance()->start(process3);
    QThreadPool::globalInstance()->start(process4);
    qDebug() <<
    QThreadPool::globalInstance()- >activeThreadCount();
}
```

（7）构建并运行项目。我们应该看到进程在不同线程中运行，其中活动线程数为 4 个。

（8）QThreadPool 类在执行完最后一个进程后自动停用线程。让我们通过暂停程序 3 秒并再次打印活动线程数证明这一点。

```
qDebug() << QThreadPool::globalInstance()- >activeThreadCount();
this->thread()->sleep(3);
qDebug() << QThreadPool::globalInstance()- >activeThreadCount();
```

（9）再次构建并运行程序。这一次，我们应该看到活动线程数为 4 个，然后，在 3 秒后，活动线程数变为 0。这是因为所有进程都已执行完毕。

8.5.2 工作方式

QRunnable 类与 QThreadPool 类紧密合作，后者管理着一组线程。QThreadPool 类自动管理和回收个别 QThread 对象，以避免过于频繁地创建和销毁线程，这有助于降低计算成本。

要使用 QThreadPool，必须对 QRunnable 对象进行子类化并实现名为 run() 的虚函数。默认情况下，当最后一个线程退出 run() 函数时，QThreadPool 将自动删除 QRunnable 对象。我们可以通过调用 setAutoDelete() 来更改此行为，将 autoDelete 变量设置为 false。

默认情况下，超过 30 秒未使用的线程将过期。我们可以通过在线程运行前调用 setExpiryTimeout() 来更改此持续时间。否则，超时设置将不会产生任何效果。

此外，还可以通过调用 setMaxThreadCount() 设置可用的最大线程数。要获取当前活动的线程总数，只需调用 activeThreadCount() 即可。

第 9 章 使用 Qt 6 构建触摸屏应用程序

作为一个跨平台的软件开发工具包，Qt 不仅支持 PC 平台，它还支持移动平台，如 iOS 和 Android。Qt 的开发者在 2010 年引入了 Qt Quick，它提供了一种简单的方式构建高度动态的自定义用户界面，用户可以仅通过最少的编码轻松创建流畅的过渡和效果。

Qt Quick 使用一种称为 QML 的声明性脚本语言，它类似于 Web 开发中使用的 JavaScript 语言。高级用户还可以在 C++中创建自定义函数，并将它们移植到 Qt Quick 中以增强其功能。目前，Qt Quick 支持多个平台，如 Windows、Linux、macOS、iOS 和 Android。

本章主要涉及下列主题。
- 为移动应用设置 Qt。
- 使用 QML 设计基础用户界面。
- 触摸事件。
- QML 中的动画。
- 使用模型/视图显示信息。
- 集成 QML 和 C++。

9.1 技术要求

本章需要使用 Qt 6.6.1、Qt Creator 12.0.2、Android 软件开发工具包（SDK）、Android 本地开发工具包（NDK）、Java 开发工具包（JDK）和 Apache Ant。本章使用的所有代码都可以从以下 GitHub 仓库下载：https://github.com/PacktPublishing/QT6-C-GUI-Programming-Cookbook---Third-Edition-/tree/main/Chapter09。

9.2 为移动应用设置 Qt

本节将学习如何在 Qt Quick 中设置 Qt 项目，并使其能够构建并导出到移动设备。

9.2.1 实现方式

下面开始学习如何使用 Qt 6 创建第一个移动应用程序。

（1）选择 File | New Project...创建一个新项目。随后会弹出一个窗口供我们选择项目模板。选择 Qt Quick Application 并单击 Choose...按钮，如图 9.1 所示。

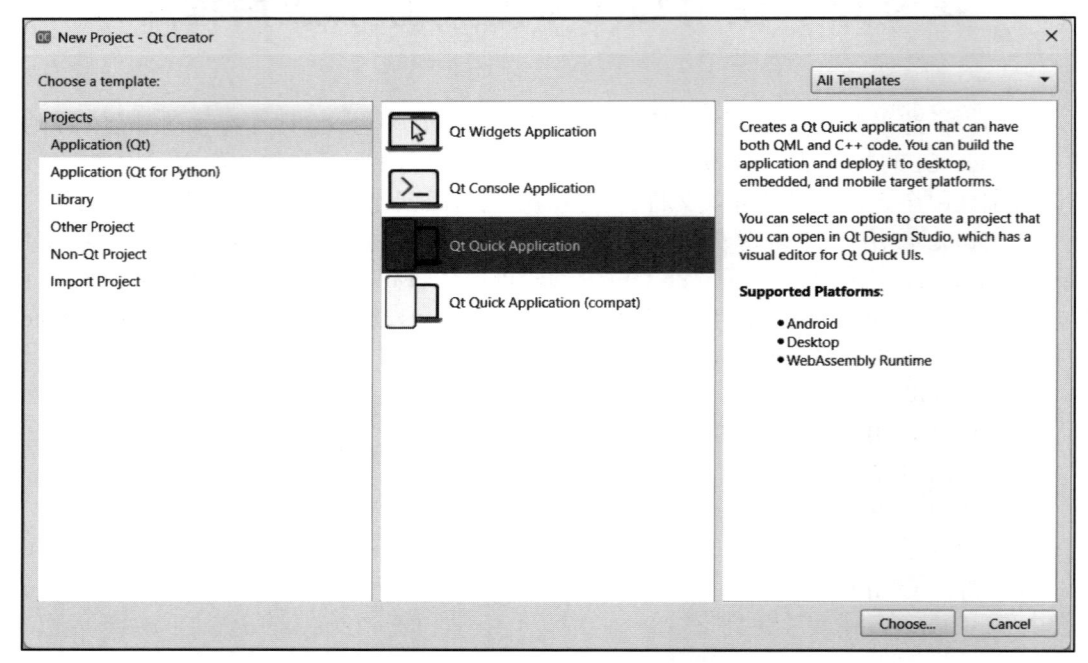

图 9.1　创建一个 Qt Quick 应用程序项目

（2）输入项目名称并选择项目位置。单击 Next 按钮，系统将提示我们选择项目所需的最低 Qt 版本。

> **重要提示：**
> 确保选择的版本存在于计算机上。否则将无法正确运行它。

（3）单击 Next 按钮继续操作。

（4）Qt Creator 会询问我们想要为项目使用哪个套件。这些套件基本上是不同的编译器，可以使用它们为不同平台编译项目。由于正在为移动平台制作应用程序，我们将启用 Android 套件（如果使用的是 Mac，则为 iOS 套件），以便构建并导出应用程序到移动设备，如图 9.2 所示。此外，还可以启用其中一个桌面套件，以便事先在桌面上测试程序。注意，如果第一次使用 Android 套件，则需要对其进行配置，以便 Qt 可以找到 Android SDK 的目录。完成后单击 Next 按钮。

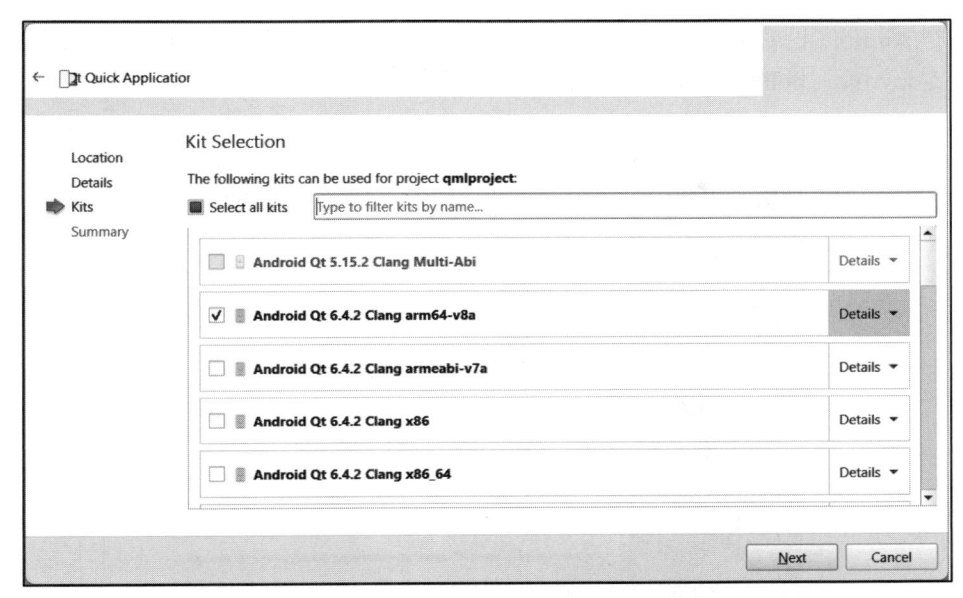

图 9.2 为项目创建一个 Android 套件

（5）项目创建完成后，Qt Creator 会自动打开项目中的一个名为 Main.qml 的文件。我们将看到一种不同类型的脚本，如下列代码所示，它与通常的 C/C++项目十分不同。

```
import QtQuick
import QtQuick.Window
Window {
    visible: true
    width: 640
    height: 480
    title: qsTr("Hello World")
}
```

（6）单击 Qt Creator 左下角的三角形按钮构建并运行项目，如图 9.3 所示。如果将默认套件设置为桌面套件之一，项目编译完成后将弹出一个空窗口。

（7）如图 9.4 所示，可以通过进入项目界面并选择希望用于构建项目的套件以切换不同的套件。此外，还可以在 Projects 界面上管理计算机上所有可用的套件，或为项目添加新的套件。

（8）如果这是第一次构建并运行项目，则需要在构建设置下为 Android 套件创建一个模板。一旦单击了 Build Android APK 标签下的 Create Templates 按钮，如图 9.5 所示，Qt

将生成在 Android 设备上运行应用程序所需的所有文件。如果不打算在项目中使用 Gradle，可禁用 Copy the Gradle files to Android directory 选项。否则，在尝试将应用程序编译和部署到移动设备时可能会遇到问题。

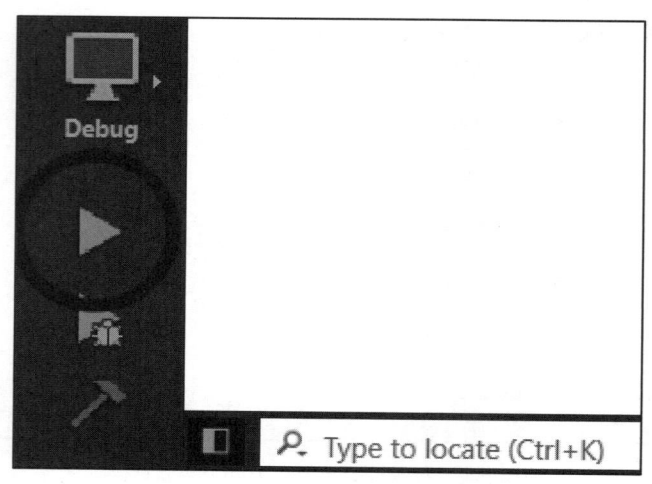

图 9.3　单击三角形按钮构建和运行

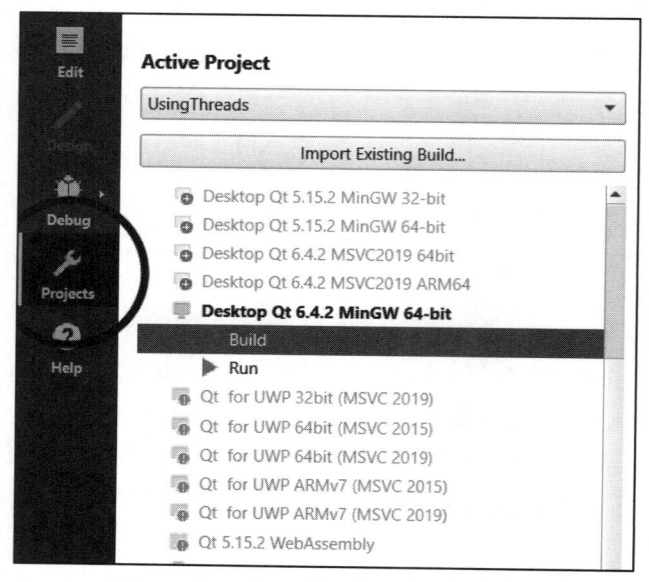

图 9.4　在 Projects 界面中更改为任意套件

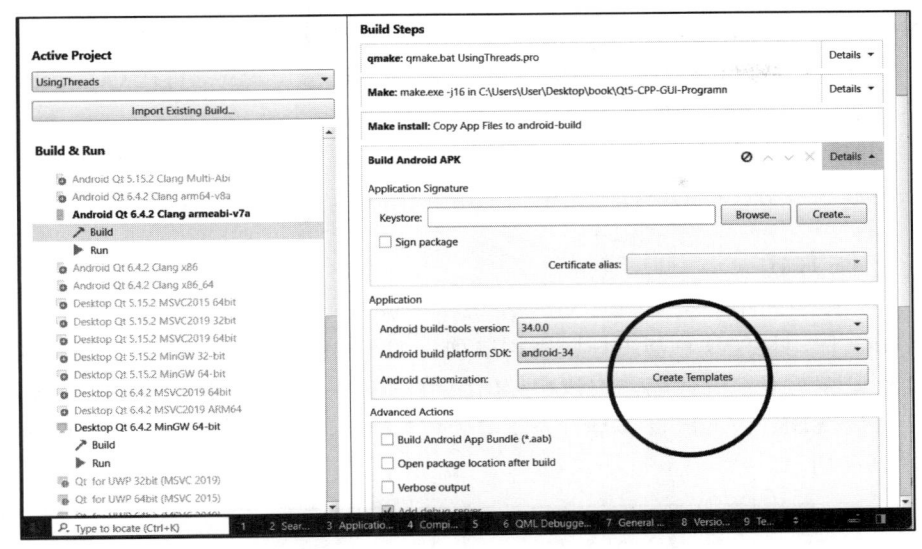

第 9 章 使用 Qt 6 构建触摸屏应用程序

图 9.5 单击 Create Templates 按钮以创建一个 Android 模板文件

（9）一旦单击 Create Templates 按钮，Qt 将向项目中添加几个文件。这些文件专门用于 Android 项目，包括 AndroidManifest.xml、与 Gradle 相关的文件，以及 Android 平台所需的其他资源。下面打开 AndroidManifest.xml 文件，如图 9.6 所示。

图 9.6 在 AndroidManifest.xml 中设置应用程序

（10）打开 AndroidManifest.xml 后，可以在导出应用程序之前设置应用程序的包名、版本代码、应用程序图标和权限。要构建和测试 Android 应用程序，可在 Qt Creator 上单击 Run 按钮。随后应可看到弹出的窗口，询问应该导出到哪个设备。

（11）选择当前连接到计算机的设备，然后按下 OK 按钮。等待一段时间以构建项目，我们应该能够在移动设备上运行一个空白应用程序。

9.2.2 工作方式

Qt Quick 应用程序项目与组件应用程序项目大不相同。我们大部分时间将编写 QML 脚本，而不是编写 C/C++ 代码。构建和导出应用程序到 Android 平台需要使用 Android 软件开发工具包（SDK）、Android 本地开发工具包（NDK）、Java 开发工具包（JDK）和 Apache Ant，如图 9.7 所示。

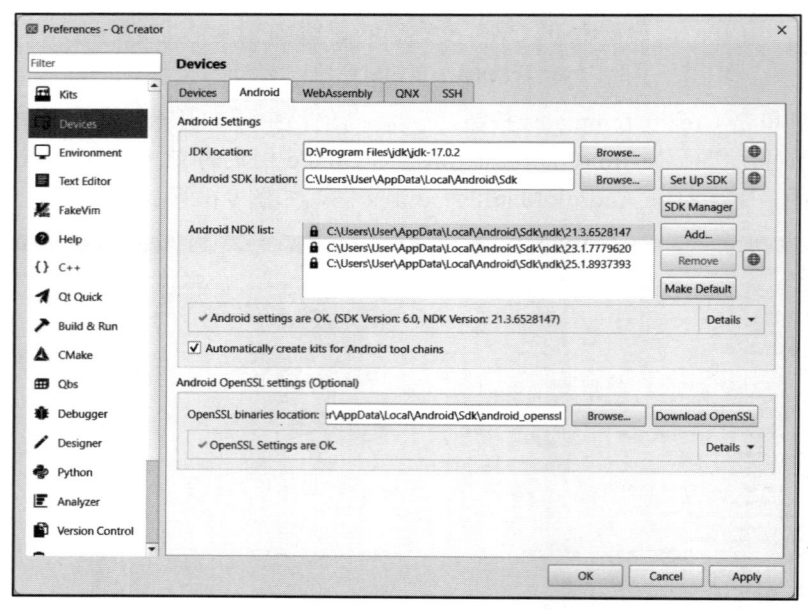

图 9.7　在 Preferences 窗口的 Android 标签页中设置 Android

或者，也可以使用 Gradle 而不是 Apache Ant 构建 Android 套件。我们所需要做的就是启用 Use Gradle 代替 Ant 选项，并为 Qt 提供 Gradle 的安装路径。注意，目前（在编写本书时）Qt Creator 不支持 Android Studio。

如果在 Android 设备上运行应用程序，请确保已启用 USB 调试模式。要启用 USB 调

试模式，首先需要选择 Settings | About Phone 并连续单击 Build Number 7 次启用 Android 设备上的开发者选项。之后，前往 Settings | Developer Options，我们将看到菜单中的 USB debugging 选项。启用该选项后，现在可以将应用程序导出到设备进行测试。

要为 iOS 平台进行构建，需要在 Mac 上运行 Qt Creator 并确保 Mac 上也安装了最新版本的 Xcode。要在 iOS 设备上测试应用程序，需要在 Apple 注册开发者账户，在开发者门户网站注册设备，并将配置文件安装到 Xcode 中，这比 Android 要复杂得多。一旦从 Apple 获取了开发者账户，我们将获得访问开发者门户网站的权限。

9.3 使用 QML 设计基础用户界面

本节将讨论如何使用 Qt Design Studio 设计程序的用户界面。

9.3.1 实现方式

让我们按照以下步骤开始。

（1）创建一个新的 Qt Quick Application 项目，同前述示例中所做的那样。然而，这一次，确保同时勾选了 Creates a project that you can open in Qt Design Studio 选项，如图 9.8 所示。

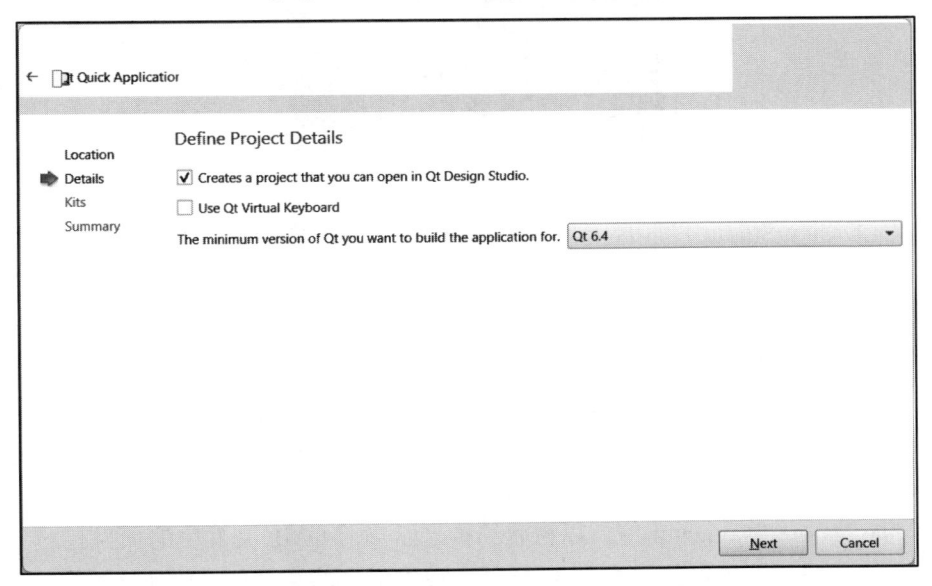

图 9.8　确保项目可以通过 Qt Design Studio 打开

（2）我们将看到项目资源中有一个名为 Main.qml 的 QML 文件。这是实现应用程序逻辑的地方，但还需要另一个 QML 文件来定义用户界面。

（3）在开始设计程序的用户界面之前，可从 Qt 官方网站下载并安装 Qt Design Studio，对应网址为 https://www.qt.io/product/ui-design-tools。这是 Qt 为 UI/UX 设计师创建的新编辑器，用于为他们的 Qt Quick 项目设计用户界面。

（4）安装好 Qt Design Studio 后，打开编辑器，并单击 Open Project...按钮打开项目目录中的.qmlproject 文件，如图 9.9 所示。

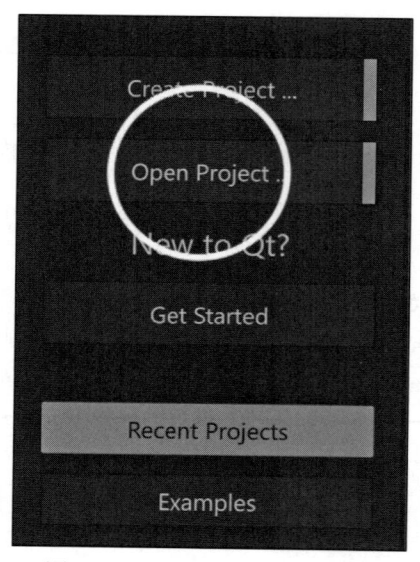

图 9.9　单击 Open Project...按钮

（5）Qt Design Studio 将打开一个名为 Sreen01.ui.qml 的默认 QML UI 文件。我们将看到一个完全不同的用户界面编辑器。

（6）自 Qt 6 以来，Qt 团队发布了 Qt Design Studio，这是一个专门用于为 Qt Quick 项目设计用户界面的新编辑器。此编辑器的组件描述如下所示。

- Components：Components 窗口显示了所有预定义的 QML 类型，我们可以将它们添加到用户界面画布中。此外，还可以通过 Create Component 按钮创建自定义 Qt Quick 组件，并在这里显示它们。
- Navigator：Navigator 窗口以树状结构显示当前 QML 文件中的项目。
- Connections：可以使用 Connections 窗口中提供的工具将对象连接到信号，为对象

第 9 章　使用 Qt 6 构建触摸屏应用程序

指定动态属性，并在两个对象的属性之间创建绑定。
- States：States 窗口显示了一个项目的不同状态。我们可以通过单击 States 窗口右侧的 + 按钮为一个项目添加新状态。
- 2D/3D 画布：画布是设计程序用户界面的地方。我们可以从 Components 窗口将 Qt Quick 组件拖曳至画布上，并立即看到它在程序中的样子。我们可以为不同类型的应用程序创建 2D 或 3D 画布。
- 属性：这是更改选定项目属性的地方。

（7）还可以通过选择右上角下拉框中的选项，为 Qt Design Studio 编辑器选择预定义的工作区，如图 9.10 所示。

（8）我们即将制作一个简单的登录界面。首先，从 2D 画布上删除编辑组件。然后，从 Components 窗口拖动两个文本组件到画布上。

（9）将这两个文本组件的 Text 属性分别设置为 Username:和 Password:，如图 9.11 所示。

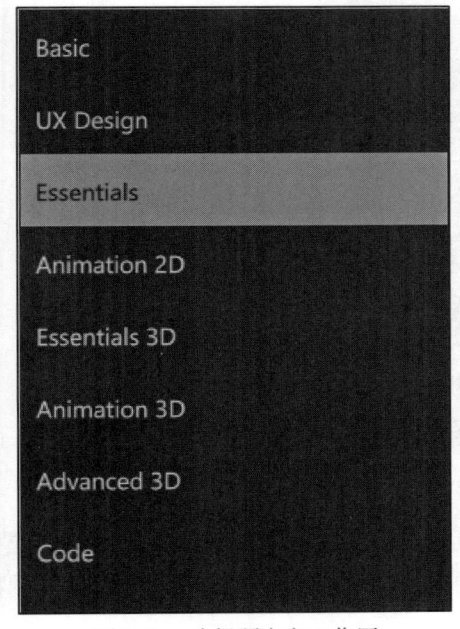

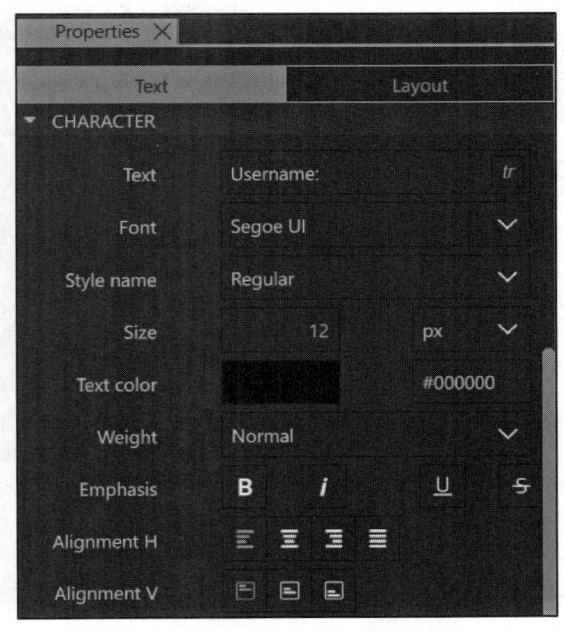

图 9.10　选择预定义工作区　　　　图 9.11　设置 Text 属性

（10）从 Components 窗口拖曳两个矩形到画布上，然后拖曳两个文本输入组件到画布上，并将它们分别设置为刚刚添加到画布上的矩形的子项。将矩形的 Border 属性设置为 1，Radius 设置为 5。然后，将其中一个文本字段的回显模式设置为 Password。

（11）将鼠标区域组件与矩形和文本组件结合手动创建一个按钮组件。将一个鼠标区域组件拖曳至画布上，然后将一个矩形和一个文本文件拖曳至画布上，并将它们都设置为鼠标区域的子项。将矩形的颜色设置为 #bdbdbd，然后将其 Border 属性设置为 1，Radius 设置为 5。然后，将 text 设置为 Login，并确保鼠标区域的大小与矩形相同。

（12）再拖曳一个矩形到画布上，充当登录表单的容器，以使其看起来整洁。将其 Border Color 设置为 #5e5858，Border 属性设置为 2。然后，将其 Radius 属性设置为 5，使其边角看起来略微圆润。

（13）确保在前一步中添加的矩形在 Navigator 窗口的层次结构顶部定位，以便它出现在所有其他组件的后面。我们可以通过单击 Navigator 窗口顶部的 Move up 按钮安排层次结构中组件的位置，如图 9.12 所示。

图 9.12 单击 Move up 按钮

（14）将 3 个组件（鼠标区域和两个文本输入组件）导出为根项目的别名属性，以便稍后可以从 App.qml 文件中访问这些组件。可以通过单击组件名称后面的小图标并确保图标变为 On 状态导出组件。

（15）当前，用户界面如图 9.13 所示。

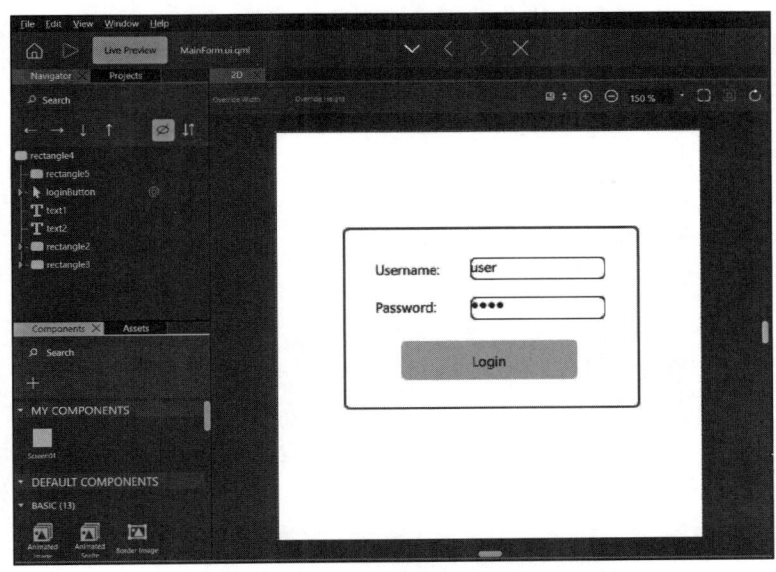

图 9.13 简单的登录界面

（16）打开 App.qml 文件。默认情况下，Qt Creator 不会在 Qt Design Studio 中打开此文件；相反，它将使用脚本编辑器打开。这是因为所有与用户界面设计相关的任务都是在 Screen01.ui.qml 中完成的，而 App.qml 仅用于定义应用于 UI 的逻辑和函数。然而，可以通过单击编辑器左侧边栏中的 Design 按钮，使用 Qt Design Studio 打开它以预览用户界面。

（17）在脚本的顶部，添加第三行代码以将对话框模块导入 App.qml 中，如下所示。

```
import QtQuick
import QtQuick.Dialogs
import yourprojectname
```

（18）用以下代码替换现有代码。

```
Window {
    visible: true
    title: "Hello World"
    width: 360
    height: 360
    Screen01 {
        anchors.fill: parent
        loginButton.onClicked: {
            messageDialog.text = "Username is " +
            userInput.text + " and password is " + passInput.text
```

```
        messageDialog.visible = true
        }
    }
```

（19）定义 messageDialog，如下所示。

```
MessageDialog {
    id: messageDialog
    title: "Fake login"
    text: ""
    onAccepted: {
        console.log("You have clicked the login button")
        Qt.quit()
    }
}
```

（20）在 PC 上构建并运行这个程序，当单击 Login 按钮时，应该会得到一个简单的程序，并显示一个消息框，如图 9.14 所示。

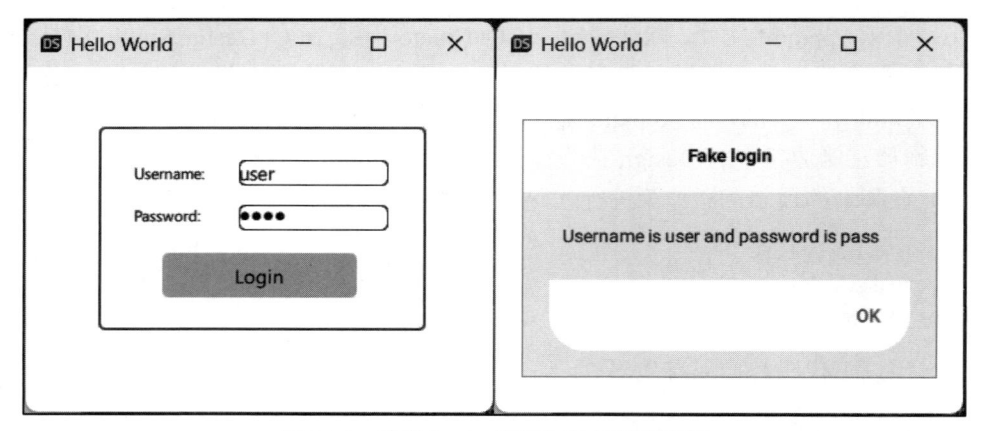

图 9.14　单击 Login 按钮后显示的消息框

9.3.2　工作方式

自 Qt 5.4 以来，Qt 引入了一种名为 .ui.qml 的新文件扩展名。QML 引擎像处理普通 .qml 文件一样处理它，但禁止在其中编写任何逻辑实现。它作为用户界面定义模板，可以在不同的 .qml 文件中重复使用。UI 定义与逻辑实现的分离提高了 QML 代码的可维护性并创造了更好的工作流程。

自 Qt 6 以来，.ui.qml 文件不再由 Qt Creator 处理。相反，Qt 提供了另一个名为 Qt Design Studio 的程序来编辑 Qt Quick 用户界面，进而为程序员和设计师提供适合他们工作流程的独立工具。

所有在 Basic 下的组件都是可以用来混合搭配并创建新类型组件的基础组件，如图 9.15 所示。

图 9.15 从此处拖曳组件

在前述示例中，我们学习了如何将 3 个组件（一个文本组件、一个鼠标区域组件和一个矩形组件）组合在一起，形成一个按钮组件。我们也可以通过单击右上角的 Create Component 按钮创建自定义组件，如图 9.16 所示。

我们在 App.qml 中导入了 QtQuick.Dialogs 模块，并创建了一个消息框，用于在按下 Login 按钮时显示用户填写的用户名和密码，以证明用户界面功能正在工作。如果组件没有从 Screen01.ui.qml 中导出，我们将无法在 App.qml 中访问它们的属性。

目前，可以将程序导出到 iOS 和 Android，但是用户界面在一些具有更高分辨率或更高 DPI 的设备上可能看起来不准确。我们将在本章后面讨论这个问题。

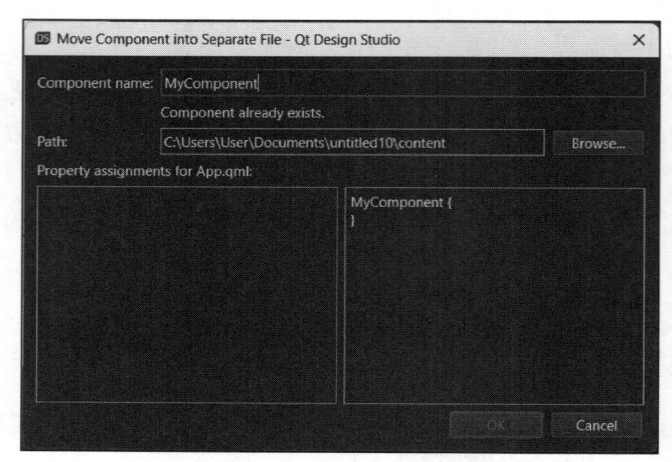

图 9.16 创建自定义组件

9.4 触摸事件

本节将学习如何使用 Qt Quick 开发一个在移动设备上运行的触摸驱动应用程序。

9.4.1 实现方式

（1）创建一个新的 Qt Quick Application 项目。

（2）在 Qt Design Studio 中，单击 Assets 窗口上的 + 按钮。然后，选择 tux.png 并按照以下方式将其添加到项目中，如图 9.17 所示。

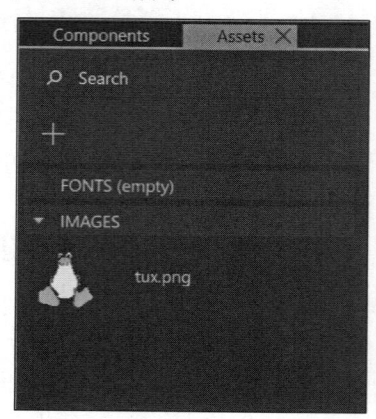

图 9.17 将 tux.png 导入项目中

（3）打开 Screen01.ui.qml。从 Components 窗口拖曳一个图像组件到画布上。然后，将图像的源设置为 tux.png 并将其 fillMode 设置为 PreserveAspectFit。之后，将其 width 设置为 200，height 设置为 220。

（4）确保通过单击各自组件名称旁边的小图标，将鼠标区域组件和图像组件都导出为根项目的别名属性。

（5）通过单击编辑器左侧边栏上的 Edit 按钮切换到脚本编辑器。我们需要将鼠标区域组件更改为多点触控区域组件，如下代码所示。

```
MultiPointTouchArea {
    id: touchArea
    anchors.fill: parent
    touchPoints: [
        TouchPoint { id: point1 },
        TouchPoint { id: point2 }
    ]
}
```

（6）此外，还设置了图像组件，默认情况下自动放置在窗口的中心，如下所示。

```
Image {
    id: tux
    x: (window.width / 2) - (tux.width / 2)
    y: (window.height / 2) - (tux.height / 2)
    width: 200
    height: 220
    fillMode: Image.PreserveAspectFit
    source: "tux.png"
}
```

（7）最终的用户界面如图 9.18 所示。

图 9.18　将企鹅对象放置在应用程序窗口中

（8）打开 App.qml 文件。首先，除了 anchors.fill: parent，清除 Screen01 对象内的所有内容，如下所示。

```
import QtQuick
import QtQuick.Window
Window {
    visible: true
    Screen01 {
        anchors.fill: parent
    }
}
```

（9）在 MainForm 对象内声明几个变量，这些变量将用于重新调整图像组件的大小。如果想了解更多关于以下代码中使用的 property 关键字的信息，请查看 9.4.3 节。

```
property int prevPointX: 0
property int prevPointY: 0
property int curPointX: 0
property int curPointY: 0
property int prevDistX: 0
property int prevDistY: 0
property int curDistX: 0
property int curDistY: 0
property int tuxWidth: tux.width
property int tuxHeight: tux.height
```

（10）使用以下代码，我们将定义当手指触摸多点触控区域组件时会发生什么。在这种情况下，如果多于一个手指触摸多点触控区域，我们将保存第一和第二个触摸点的位置。此外，还保存图像组件的宽度和高度，以便之后当手指开始移动时，可以使用这些变量来计算图像的缩放比例。

```
touchArea.onPressed: {
    if (touchArea.touchPoints[1].pressed) {
        if (touchArea.touchPoints[1].x < touchArea.
            touchPoints[0].x)
            prevDistX = touchArea.touchPoints[1].x
                - touchArea.touchPoints[0].x
        else
            prevDistX = touchArea.touchPoints[0].x -
                touchArea.touchPoints[1].x
        if (touchArea.touchPoints[1].y < touchArea.
            touchPoints[0].y)
```

第 9 章 使用 Qt 6 构建触摸屏应用程序

```
            prevDistY = touchArea.touchPoints[1].y -
                touchArea.touchPoints[0].y
        else
            prevDistY = touchArea.touchPoints[0].y -
                touchArea.touchPoints[1].y
            tuxWidth = tux.width
            tuxHeight = tux.height
        }
}
```

（11）图 9.19 展示了当两个手指在 touchArea 边界内触摸屏幕时注册的触摸点的示例。touchArea.touchPoints[0] 是第一个注册的触摸点，而 touchArea.touchPoints[1] 则是第二个注册的触摸点。然后计算两个触摸点之间的 X 和 Y 距离，并将它们保存为 prevDistX 和 prevDistY。

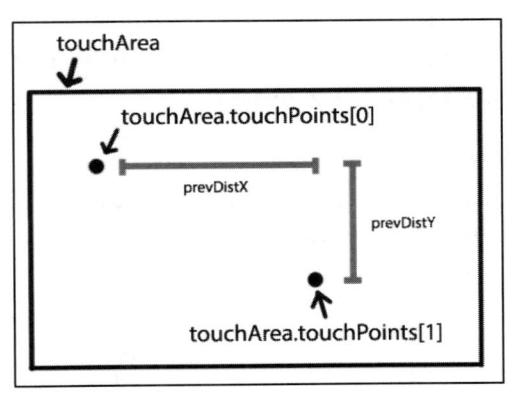

图 9.19 计算两个触摸点之间的距离

（12）使用以下代码定义当手指在保持与屏幕接触的同时仍在触控区域边界内移动时会发生什么。在这一点上，我们将使用上一步保存的变量计算图像的缩放比例。同时，如果检测到只发现了一个触摸点，那么将移动图像而不是改变它的缩放比例。

```
touchArea.onUpdated: {
    if (!touchArea.touchPoints[1].pressed) {
        tux.x += touchArea.touchPoints[0].x -
            touchArea.touchPoints[0].previousX
        tux.y += touchArea.touchPoints[0].y -
            touchArea.touchPoints[0].previousY
    }
    else {
```

```
        if (touchArea.touchPoints[1].x <
            touchArea.touchPoints[0].x)
            curDistX = touchArea.touchPoints[1].x - touchArea.touchPoints[0].x
        else
            curDistX = touchArea.touchPoints[0].x - touchArea.touchPoints[1].x
        if (touchArea.touchPoints[1].y <
            touchArea.touchPoints[0].y)
            curDistY = touchArea.touchPoints[1].y - touchArea.touchPoints[0].y
        else
            curDistY = touchArea.touchPoints[0].y - touchArea.touchPoints[1].y
        tux.width = tuxWidth + prevDistX - curDistX
        tux.height = tuxHeight + prevDistY - curDistY
    }
}
```

（13）图 9.20 展示了移动触摸点的示例。touchArea.touchPoints[0] 从点 A 移动到点 B，而 touchArea.touchPoints[1] 从点 C 移动到点 D。然后，可以通过查看先前的 X 和 Y 变量与当前变量之间的差确定触摸点移动了多少单位。

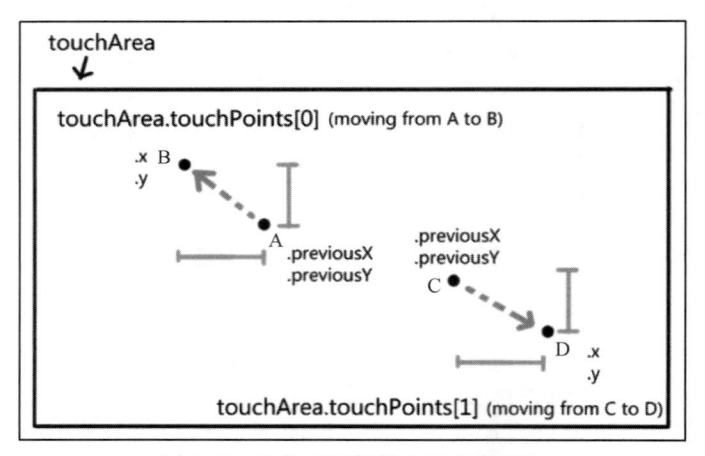

图 9.20　比较两组触摸点以确定移动

（14）构建并导出程序到移动设备。我们无法在不支持多点触控的平台上测试此程序。

（15）一旦程序在移动设备上（或支持多点触控的桌面/笔记本电脑上）运行，可尝试完成两件事：只将一个手指放在屏幕上并移动手指，以及同时用两个手指在屏幕上向相反方向移动。我们应该看到的是，如果仅使用一个手指，企鹅会被移动到另一个地方；如果使用两个手指，企鹅会被放大或缩小，如图 9.21 所示。

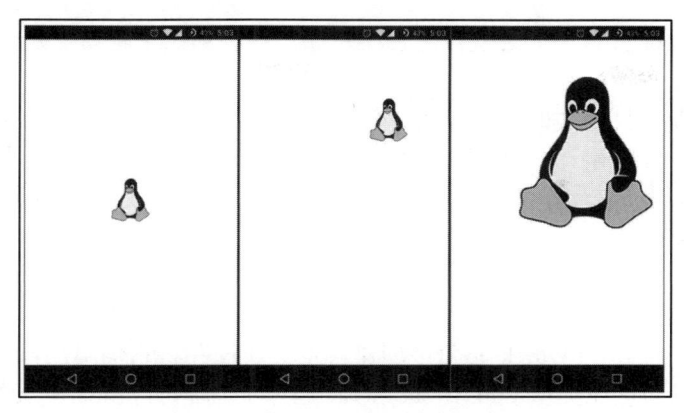

图 9.21 使用手指进行放大和缩小

9.4.2 实现方式

当手指触摸设备的屏幕时,多点触控区域组件会触发 onPressed 事件,并在内部数组中注册每个触摸点的位置。我们可以通过告诉 Qt 想要访问哪个触摸点获取这些数据。第一次触摸将具有索引号 0,第二次触摸将是 1,依此类推。然后将这些数据保存到变量中,以便稍后检索它们以计算企鹅图像的缩放比例。除了 onPressed,如果希望在用户将手指从触控区域移开时触发事件,还可以使用 onReleased。

当一个或多个手指在移动时仍然与屏幕保持接触,多点触控区域将触发 onUpdated 事件。然后将检查有多少触摸点,如果只发现一个触摸点,我们将根据手指移动的距离移动企鹅图像。如果有多个触摸点,则比较两个触摸点之间的距离,并将其与之前保存的变量进行比较,以确定应该将图像缩放多少。

如图 9.22 所示,轻敲手指在屏幕上将触发 onPressed 事件,而滑动手指在屏幕上将触发 onUpdated 事件。

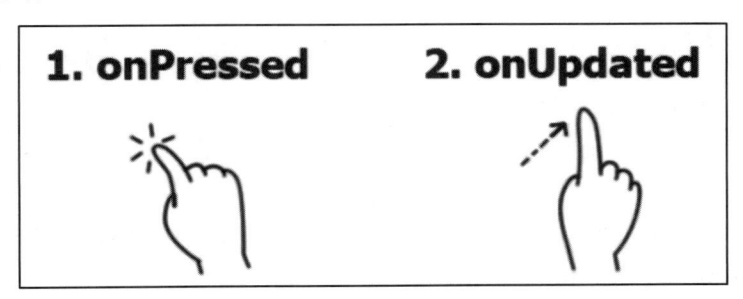

图 9.22 onPressed 和 onUpdated 之间的差异

此外，还必须检查第一个触摸点是否在左侧，或者第二个触摸点是否在右侧。通过这种方式，可以防止图像在与手指移动方向相反的方向上缩放，从而产生不准确的结果。至于企鹅的移动，我们只需获取当前触摸位置与之前位置之间的差，并将该差值添加到企鹅的坐标上。通常，单次触摸事件比多次触摸事件要简单得多。

9.4.3 附加内容

在 Qt Quick 中，所有组件都具有内置属性，如 width、height 和 color，这些属性默认附加到组件上。然而，Qt Quick 还允许创建自定义属性并将它们附加到在 QML 脚本中声明的组件上。可以通过在类型（int、float 等）关键字之前添加 property 关键字，在 QML 文档的对象声明中定义对象类型的自定义属性，如下所示。

```
property int myValue;
```

此外，还可以使用冒号（:）将自定义属性绑定到值，如下所示。

```
property int myValue: 100;
```

重要提示：

要了解更多关于 Qt Quick 支持的属性类型，可查看 http://doc.qt.io/qt-6/qtqml-typesystem-basictypes.html。

9.5　QML 中的动画

Qt 允许我们轻松地对用户界面组件进行动画处理，而无须编写大量代码。在当前示例中，我们将学习如何通过应用动画使程序的用户界面更有趣。

9.5.1　实现方式

按照以下步骤学习如何为 Qt Quick 应用程序添加动画。

（1）在 Qt Creator 中创建一个新的 Qt Quick Application 项目，并打开 Screen01.ui.qml 文件。

（2）打开 Screen01.ui.qml，单击 Components 窗口中的 + 按钮，并为项目添加一个名为 QtQuick.Controls 的 Qt Quick 模块。

（3）之后，将看到 QML 类型标签中出现一个名为 QtQuick Controls 的新类别，其中包含许多可以放置在画布上的新组件。

（4）将 3 个按钮组件拖曳至画布上，并将它们的高度设置为 45。然后，转至 Properties 窗口的 Layout 标签，并为所有 3 个按钮组件启用左侧和右侧锚点。确保锚点的目标设置为 Parent，并且边距保持为 0。这将使按钮根据主窗口的宽度水平调整大小。之后，将第一个按钮的 y 值设置为 0，第二个按钮的 y 值设置为 45，第三个按钮的 y 值设置为 90。最终，用户界面如图 9.23 所示。

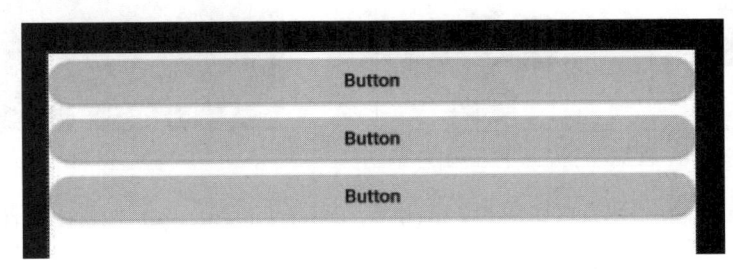

图 9.23　向布局中添加 3 个按钮

（5）打开 Assets 窗口，并将 fan.png 添加到项目中，如图 9.24 所示。

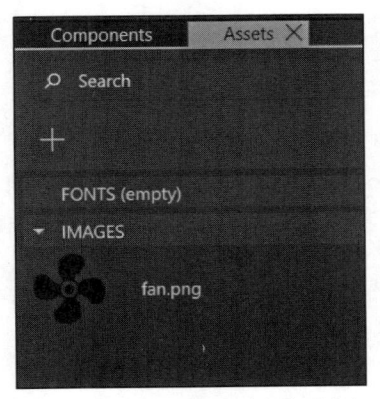

图 9.24　将 fan.png 添加到项目中

（6）在画布上添加两个鼠标区域组件。之后，将一个矩形组件和一个图像组件拖曳至画布上。将矩形和图像设置为刚刚添加的鼠标区域的子项。

（7）将矩形的颜色设置为 #0000ff 并将 fan.png 应用到图像组件上。当前，用户界面应如图 9.25 所示。

（8）通过单击位于组件名称右侧的图标，将 Screen01.ui.qml 中的所有组件导出为根项目的别名属性，如图 9.26 所示。

图 9.25　在布局中放置一个矩形和风扇图像　　　图 9.26　向组件添加别名

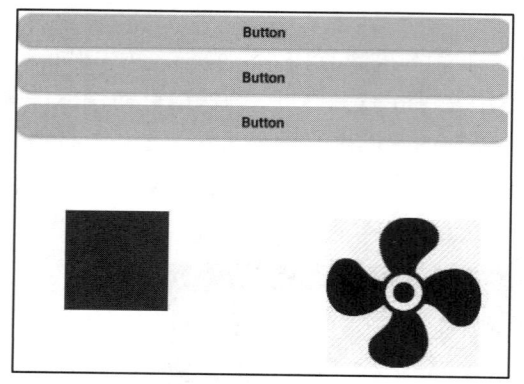

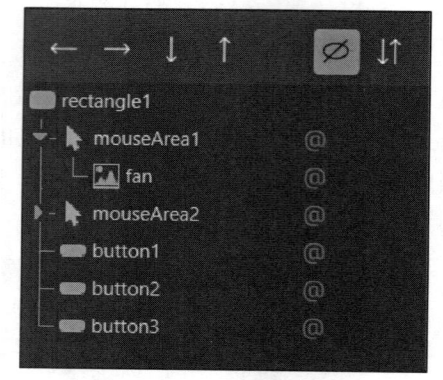

（9）对用户界面应用动画和逻辑，但不会在 Screen01.ui.qml 中进行操作。相反，我们将在 App.qml 中完成所有操作。

（10）在 App.qml 中，移除鼠标区域的默认代码，并为窗口添加 width 和 height，以便有更多空间进行预览，如下所示。

```
import QtQuick
import QtQuick.Window
Window {
    visible: true
    width: 480
    height: 550
    Screen01 {
        anchors.fill: parent
    }
}
```

（11）添加以下代码，定义 Screen01 组件中按钮的行为。

```
button1 {
    Behavior on y { SpringAnimation { spring: 2; damping: 0.2 } }
    onClicked: {
        button1.y = button1.y + (45 * 3)
    }
}

button2 {
    Behavior on y { SpringAnimation { spring: 2; damping: 0.2 } }
    onClicked: {
```

第 9 章 使用 Qt 6 构建触摸屏应用程序

```
        button2.y = button2.y + (45 * 3)
    }
}
```

（12）在以下代码中，继续定义 button3。

```
button3 {
    Behavior on y { SpringAnimation { spring: 2; damping: 0.2 } }
    onClicked: {
        button3.y = button3.y + (45 * 3)
    }
}
```

（13）按照以下方式定义风扇图像及其附着的鼠标区域组件的行为。

```
fan {
    RotationAnimation on rotation {
        id: anim01
        loops: Animation.Infinite
        from: 0
        to: -360
        duration: 1000
    }
}
```

（14）在以下代码中，定义 mouseArea1。

```
mouseArea1 {
    onPressed: {
        if (anim01.paused)
            anim01.resume()
        else
            anim01.pause()
    }
}
```

（15）最后但同样重要的是，添加矩形及其所附着的鼠标区域组件的行为，如下所示。

```
rectangle2 {
    id: rect2
    state: "BLUE"
    states: [
        State {
            name: "BLUE"
            PropertyChanges {
```

```
            target: rect2
            color: "blue"
        }
},
```

（16）在以下代码中，继续添加 RED 状态。

```
        State {
        name: "RED"
        PropertyChanges {
            target: rect2
            color: "red"
        }
    }
]
}
```

（17）通过定义 mouseArea2 完成代码，如下所示。

```
mouseArea2 {
    SequentialAnimation on x {
        loops: Animation.Infinite
        PropertyAnimation { to: 150; duration: 1500 }
        PropertyAnimation { to: 50; duration: 500 }
    }
    onClicked: {
        if (rect2.state == "BLUE")
            rect2.state = "RED"
        else
            rect2.state = "BLUE"
    }
}
```

（18）如果现在编译并运行程序，我们应该在窗口顶部看到 3 个按钮，在左下角看到一个移动的矩形，右下角是一个旋转的风扇，如图 9.27 所示。如果单击任何一个按钮，它们都会伴随着一个平滑的动画略微向下移动。如果单击矩形，它的颜色将从蓝色变为红色。

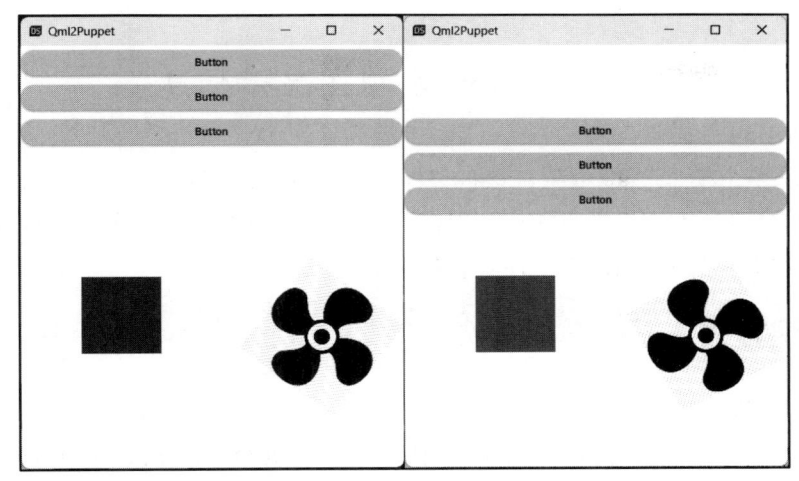

图 9.27 控制组件的动画和颜色

（19）同时，如果在风扇动画播放时单击它，风扇图像将暂停动画，如果再次单击它，它将恢复动画。

9.5.2 工作方式

Qt 的 C++版本支持的大多数动画元素，如过渡、顺序动画和并行动画，在 Qt Quick 中也都有提供。如果熟悉 C++中的 Qt 动画框架，您应该能够很容易地理解这一点。

在这个示例中，我们为所有 3 个按钮添加了一个弹簧动画元素，特别跟踪它们各自的 y 轴。如果 Qt 检测到 y 值发生了变化，组件不会立即跳转到新位置；相反，它将进行插值，跨过画布移动，并在到达目的地时执行一个小的震动动画，模拟弹簧效果。我们只需要编写一行代码，其余的都交给 Qt。

至于风扇图像，我们为它添加了一个旋转动画元素，并将持续时间设置为 1000 ms，这意味着它将在一秒钟内完成一个完整的旋转。此外，还将其设置为无限循环动画。当单击它所附着的鼠标区域组件时，只需调用 pause()或 resume()启用或禁用动画。

对于矩形组件，我们为它添加了两个状态，一个称为 BLUE，另一个称为 RED，每个状态都带有将在状态更改时应用到矩形的颜色属性。同时，我们为矩形附着的鼠标区域组件添加了一个顺序动画组，然后向该组添加了两个属性动画元素。此外，还可以混合使用不同类型的组动画，Qt 可以非常好地处理这一点。

9.6　使用模型/视图显示信息

Qt 包含了一个模型/视图框架，该框架保持了数据组织和管理方式与它们呈现给用户的方式之间的分离。本节将学习如何利用模型/视图，特别是通过使用列表视图显示信息，并同时应用我们自己的定制内容，使其看起来更加流畅。

9.6.1　实现方式

让我们按照以下步骤开始。

（1）创建一个新的 Qt Quick 应用程序项目，并在 Qt Design Studio 中打开资源窗口。按照以下步骤向项目中添加 6 个图像，即 arrow.png、home.png、map.png、profile.png、search.png、settings.png，如图 9.28 所示。

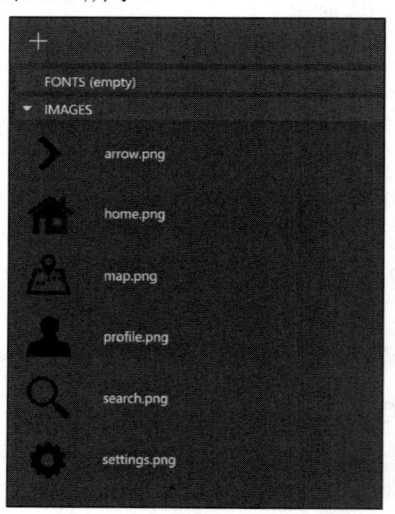

图 9.28　向项目中添加图像

（2）创建并打开 Screen01.ui.qml，就像之前所有示例中所做的那样。从 Components 窗口中的 Qt Quick-Views 类别下拖曳一个 List View 组件并将其放置在画布上。然后，通过单击 Layout 窗口中间的按钮，将其 Anchors 设置为填充父级尺寸，如图 9.29 所示。

第 9 章　使用 Qt 6 构建触摸屏应用程序

图 9.29　将 Anchors 设置为填充父节点

（3）切换到脚本编辑器，并定义列表视图的外观，如下所示。

```
import QtQuick
Rectangle {
    id: rectangle1
    property alias listView1: listView1
    property double sizeMultiplier: width / 480
```

（4）继续编写代码，并添加以下列表视图。

```
ListView {
    id: listView1
    y: 0
    height: 160
    orientation: ListView.Vertical
    boundsBehavior: Flickable.StopAtBounds
    anchors.fill: parent
    delegate: Item {
        width: 80 * sizeMultiplier
        height: 55 * sizeMultiplier
```

（5）向列表视图中添加行，如下所示。

```
Row {
    id: row1
    Rectangle {
```

```
        width: listView1.width
        height: 55 * sizeMultiplier
        gradient: Gradient {
            GradientStop { position: 0.0; color:
            "#ffffff" }
            GradientStop { position: 1.0; color:
            "#f0f0f0" }
        }
        opacity: 1.0
```

（6）添加一个鼠标区域和一个图像，如下所示。

```
MouseArea {
    id: mouseArea
    anchors.fill: parent
}
Image {
    anchors.verticalCenter: parent.verticalCenter
    x: 15 * sizeMultiplier
    width: 30 * sizeMultiplier
    height: 30 * sizeMultiplier
    source: icon
}
```

（7）继续添加两个文本对象，如下所示。

```
Text {
    text: title
    font.family: "Courier"
    font.pixelSize: 17 * sizeMultiplier
    x: 55 * sizeMultiplier
    y: 10 * sizeMultiplier
}
Text {
    text: subtitle
    font.family: "Verdana"
    font.pixelSize: 9 * sizeMultiplier
    x: 55 * sizeMultiplier
    y: 30 * sizeMultiplier
}
```

（8）添加一个图像对象，如下所示。

```
        Image {
```

```
            anchors.verticalCenter: parent.verticalCenter
            x: parent.width - 35 * sizeMultiplier
            width: 30 * sizeMultiplier
            height: 30 * sizeMultiplier
            source: "images/arrow.png"
        }
    }
}
```

(9)利用以下代码定义列表模型。

```
model: ListModel {
    ListElement {
        title: "Home"
        subtitle: "Go back to dashboard"
        icon: "images/home.png"
    }
    ListElement {
        title: "Map"
        subtitle: "Help navigate to your destination"
        icon: "images/map.png"
    }
```

(10)继续编写下列代码。

```
ListElement {
    title: "Profile"
    subtitle: "Customize your profile picture"
    icon: "images/profile.png"
}
ListElement {
    title: "Search"
    subtitle: "Search for nearby places"
    icon: "images/search.png"
}
```

(11)添加最终的列表元素,如下所示。

```
        ListElement {
            title: "Settings"
            subtitle: "Customize your app settings"
            icon: "images/settings.png"
        }
```

```
        }
    }
}
```

（12）打开 App.qml 文件，并用以下代码替换现有内容。

```
import QtQuick
import QtQuick.Window
Window {
    visible: true
    width: 480
    height: 480
    Screen01 {
        anchors.fill: parent
            MouseArea {
                onPressed: row1.opacity = 0.5
                onReleased: row1.opacity = 1.0
            }
        }
    }
}
```

（13）构建并运行程序，结果如图 9.30 所示。

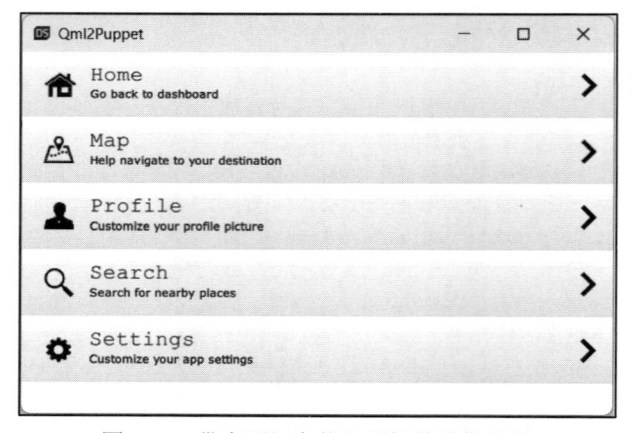

图 9.30　带有不同字体和图标的导航菜单

9.6.2　工作方式

Qt Quick 允许轻松自定义列表视图中每一行的外观。代理（delegate）定义了每一行的样式，而模型（model）则是存储将在列表视图中显示的数据的地方。

第 9 章　使用 Qt 6 构建触摸屏应用程序

在这个示例中，我们在每一行添加了一个带有渐变的背景，然后在每个项目的两侧都添加了一个图标、一个标题、一个描述，以及一个鼠标区域组件，使得列表视图中的每一行都可以单击。代理不是静态的，因为我们允许模型更改标题、描述和图标，使得每一行看起来都是独一无二的。

在 App.qml 中，我们定义了鼠标区域组件的行为，当按下时，它会将自己的不透明度值减半，并在释放时恢复为完全不透明。由于所有其他元素（如标题和图标）都是鼠标区域组件的子元素，因此它们也会自动遵循其父组件的行为，并变得半透明。

此外，我们最终解决了在高分辨率和高 DPI 的移动设备上的显示问题，这是一个非常简单的技巧。首先，我们定义了一个叫作 sizeMultiplier 的变量。sizeMultiplier 的值是将窗口宽度除以预定义值的结果，如 480，这是为 PC 使用的当前窗口宽度。然后，用 sizeMultiplier 乘以所有与大小和位置相关的组件变量，包括字体大小。注意，在这种情况下，我们应该使用 text 的 pixelSize 属性而不是 pointSize，这样在乘以 sizeMultiplier 时会得到正确的显示。图 9.31 显示了在应用/未应用 sizeMultiplier 的情况下，应用在移动设备上的外观。

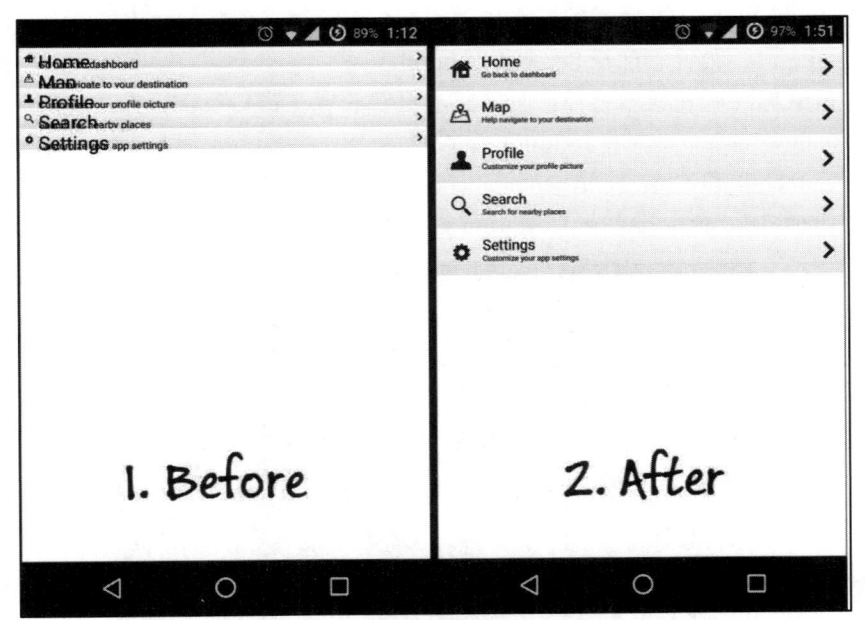

图 9.31　使用尺寸倍增因子校正尺寸

注意，一旦通过 sizeMultiplier 变量将所有内容乘以相应的值，编辑器中的用户界面可能会变得混乱。这是因为在编辑器中，宽度变量可能返回为 0。因此，将 0 乘以 480 可能会得到结果 0，这使得整个用户界面看起来很奇怪。然而，在实际运行程序时，它将看起来正常。如果想在编辑器中预览用户界面，可暂时将尺寸倍增因子设置为 1。

9.7 集成 QML 和 C++

Qt 支持通过 QML 引擎在 C++ 类之间进行桥接。这种组合允许开发者同时利用 QML 的简单性和 C++ 的灵活性。我们甚至可以将不支持的 Qt 特性通过外部组件集成，然后将结果数据传递给 Qt Quick，并在用户界面中显示。在这个示例中，我们将学习如何将用户界面组件从 QML 导出到 C++ 框架，并在屏幕上显示之前操纵它们的属性。

9.7.1 实现方式

让我们按照以下步骤进行。

（1）在 Qt Creator 中创建一个新的 Qt Quick Application 项目，并用 Qt Design Studio 打开 Screen01.ui.qml。然后，打开 Screen01.ui.qml。

（2）保留鼠标区域和文本组件，但将文本组件放置在窗口底部。将文本组件的 Text 属性更改为 Change this text，并将其 font size 设置为 18。之后，转到 Layout 选项卡，并启用 Vertical center anchor 和 Horizontal center anchor，以确保无论窗口如何缩放，它始终位于窗口中间。将 Vertical center anchor 的 Margin 设置为 120，如图 9.32 所示。

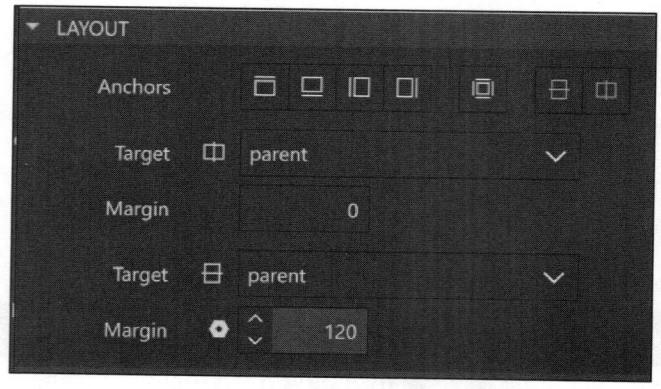

图 9.32 置于布局中心

（3）从 Components 窗口拖曳一个矩形组件到画布上，将其颜色设置为 #ff0d0d。将其 Width 和 Height 设置为 200，并启用垂直和水平居中锚点。之后，将水平居中锚点的 Margin 设置为 -14。现在，用户界面应如图 9.33 所示。

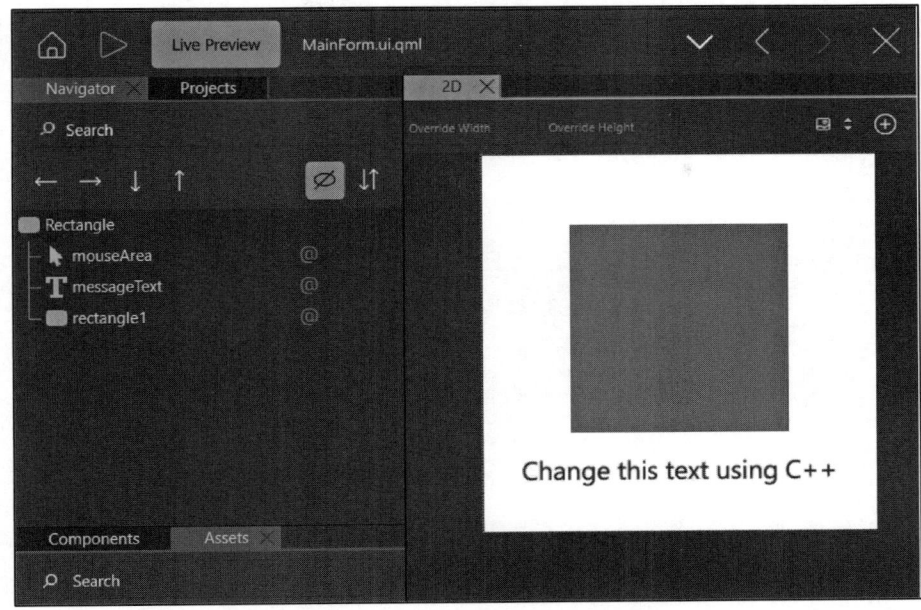

第 9 章 使用 Qt 6 构建触摸屏应用程序

图 9.33 按照图片中的位置放置正方形和文字

（4）完成上述步骤后，在 Qt Creator 中右键单击项目目录，选择 File | New File...。随后会弹出一个窗口，让我们选择一个文件模板。选择 C++ Class，并单击 Choose...。之后，它将要求通过填写类的相关信息定义 C++类。在这种情况下，在 Class Name 字段中输入 MyClass，并选择 QObject 作为 Base class。然后，确保选中 Include QObject 选项，现在可以单击 Next 按钮，然后是 Finish 按钮，如图 9.34 所示。两个文件（myclass.h 和 myclass.cpp）现在将被创建并添加到项目中。

（5）打开 myclass.h 并在类构造函数下添加一个变量和函数，如下所示。

```
#ifndef MYCLASS_H
#define MYCLASS_H
#include <QObject>
class MyClass : public QObject
{
    Q_OBJECT
public:
    explicit MyClass(QObject *parent = 0);
    // Object pointer
    QObject* my Object;
    // Must call Q_INVOKABLE so that this function can be used in QML
```

```
        Q_INVOKABLE void setMyObject(QObject* obj);
};
#endif // MYCLASS_H
```

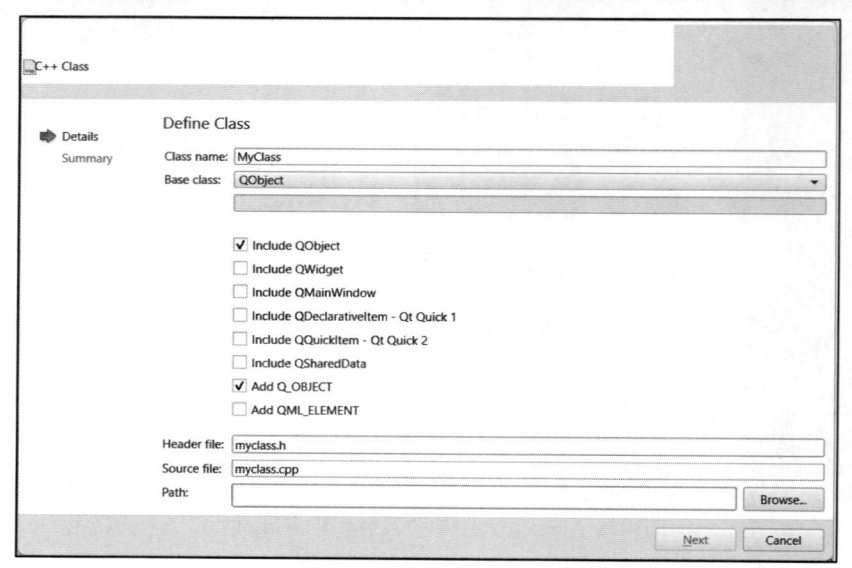

图9.34 创建新的自定义类

（6）打开 myclass.cpp 并定义 setMyObject()函数，如下所示。

```
#include "myclass.h"
MyClass::MyClass(QObject *parent) : Qobject(parent)
{
}
void MyClass::setMyObject(Qobject* obj)
{
    // Set the object pointer
    my Object = obj;
}
```

（7）关闭 myclass.cpp 并打开 App.qml。在文件顶部，导入刚刚在 C++中创建的 MyClassLib 组件。

```
import QtQuick
import QtQuick.Window
import MyClassLib
```

（8）在 Window 对象中定义 MyClass，并在 MainForm 对象内调用其 setMyObject()函数，如下所示。

```
Window {
    visible: true
    width: 480
    height: 320
    MyClass {
        id: myclass
    }
    Screen01 {
        anchors.fill: parent
        mouseArea.onClicked: {
            Qt.quit();
        }
        Component.onCompleted:
        myclass.setMyObject(messageText);
    }
}
```

（9）打开 main.cpp 并将自定义类注册到 QML 引擎。此外，还将使用 C++代码更改文本组件和矩形的属性，如下所示。

```
#include <QGuiApplication>
#include <QQmlApplicationEngine>
#include <QtQml>
#include <QQuickView>
#include <QQuickItem>
#include <QQuickView>
#include "myclass.h"
int main(int argc, char *argv[])
{
    // Register your class to QML
    qmlRegisterType<MyClass>("MyClassLib", 1, 0, "MyClass");
```

（10）继续创建对象，如下所示。

```
    QGuiApplication app(argc, argv);
    QQmlApplicationEngine engine;
    engine.load(QUrl(QStringLiteral("qrc:/content/App.qml")));
    QObject* root = engine.rootObjects().value(0);
    QObject* messageText =
    root->findChild<QObject*>("messageText");
    messageText->setProperty("text", QVariant("C++ is now in control!"));
```

```
    messageText->setProperty("color", QVariant("green"));
    QObject* square = root->findChild<QObject*>("square");
    square->setProperty("color", QVariant("blue"));
    return app.exec();
}
```

（11）构建并运行程序，我们应该看到矩形和文本的颜色与之前在 Qt Quick 中定义的颜色完全不同，如图 9.35 所示。这是因为它们的属性已经被 C++代码更改。

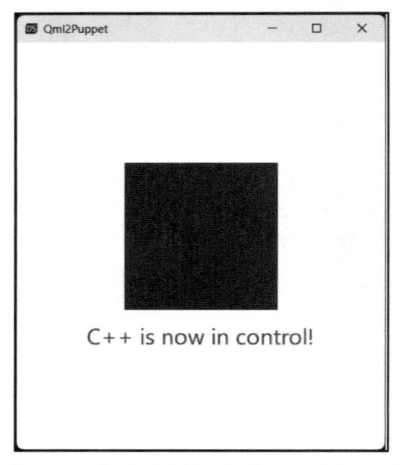

图 9.35　文本和颜色通过 C++进行更改

9.7.2　工作方式

QML 旨在通过 C++代码轻松扩展。Qt QML 模块中的类使得 QML 对象可以从 C++加载和操作。

只有继承自 QObject 基类的类才能与 QML 集成，因为它是 Qt 生态系统的一部分。一旦类在 QML 引擎中注册，我们可从 QML 引擎获取根项目，并使用它来查找想要操作的对象。

之后，使用 setProperty()函数更改属于组件的任何属性。除了 setProperty()，还可以在继承自 QObject 的类中使用 Q_PROPERTY()宏声明一个属性，如下所示。

```
Q_PROPERTY(QString text MEMBER m_text NOTIFY textChanged)
```

注意，Q_INVOKABLE 宏需要放置在打算在 QML 中调用的函数前面。否则，Qt 不会将函数暴露给 Qt Quick，我们将无法调用它。

第 10 章 简化 JSON 解析

JSON 是一种名为 JavaScript Object Notation 的数据格式的文件扩展名，它用于以结构化格式存储和传输信息。JSON 格式在网络中得到了广泛的应用。大多数现代网络应用程序编程接口（API）使用 JSON 格式将数据传输给它们的网络客户端。

本章主要涉及下列主题。
- JSON 格式概览。
- 从文本文件处理 JSON 数据。
- 使用谷歌地理编码 API。

10.1 技术要求

本章需要使用 Qt 6.6.1 MinGW 64-bit 和 Qt Creator 12.0.2。本章使用的所有代码都可以从以下 GitHub 仓库下载：https://github.com/PacktPublishing/QT6-C-GUI-Programming-Cookbook---Third-Edition-/tree/main/Chapter10。

10.2 JSON 格式概览

JSON 是一种人类可读的文本格式，通常用于网络应用程序中的数据传输，尤其是 JavaScript 应用程序。然而，它也用于许多其他目的，因此它独立于 JavaScript，并且可以用于任何编程语言或平台。

在下面的示例中，我们将学习 JSON 格式以及如何验证 JSON 数据是否为有效格式。

10.2.1 实现方式

下面开始学习如何编写自己的 JSON 数据并验证其格式。

（1）打开网络浏览器，访问 JSONLint 在线验证器和格式化工具网站 https://jsonlint.com。

（2）在网站上的文本编辑器中编写以下 JSON 数据。

```
{
    "members": [
        {
            "name": "John",
            "age": 29,
            "gender": "male"
        },
        {
            "name": "Alice",
            "age": 24,
            "gender": "female"
        },
        {
            "name": "",
            "age": 26,
            "gender": "male"
        }
    ]
}
```

(3)单击 Validate JSON 按钮，对应结果如下所示。

```
JSON is valid!
```

(4)尝试从 members 变量中移除双引号符号。

```
{
    members: [
        {
            "name": "John",
            "age": 29,
            "gender": "male"
        },
```

(5)再次单击 Validate JSON 按钮，我们应该会收到下列错误信息。

```
Invalid JSON!
Error: Parse error on line 1:
{ members: [ {
-----^
Expecting 'STRING', '}', got 'undefined'
```

(6)通过将双引号符号重新添加到 members 变量中，恢复到有效的 JSON 格式。然后，单击 Compress 按钮。我们应该能得到以下结果，其中没有空格和换行。

```
{"members":[{"name":"John","age":29,"gender":"male"},
{"name":"Alice","age":24,"gender":"female"},
{"name":"","age":26,"gender":"male"}]}
```

（7）单击 Prettify 按钮将其还原为之前的结构。

10.2.2 工作方式

花括号 { 和 } 包含一组数据，并构成一个对象。对象是一个单独的数据结构，它包含自己的属性或变量，以键值对的形式存在。键是唯一的字符串，充当人类可读的变量名，而值则可以是字符串、整数、浮点数、布尔值，甚至是整个对象或数组。JSON 支持递归对象，这对于许多不同的用例非常方便。

方括号 [和] 表示数据包含在数组中。数组简单地存储同类型值的列表，可以通过在项目中使用的任何编程语言的标准迭代器模式迭代其内容，从而对这些值进行操作、排序或从数组中移除。

在前述示例中，我们首先创建了一个无名对象作为数据的主对象。我们必须创建一个主对象或主数组作为起点。然后，我们添加了一个名为 members 的数组，它包含具有 name、age 和 gender 等变量的单个对象。注意，如果在一个整数或浮点数周围添加双引号（"），则该变量将被视为字符串而不是数字。

前述示例展示了可以通过网络发送并由任何现代编程语言处理的最简单的 JSON 数据形式。

10.3 从文本文件处理 JSON 数据

本节将学习如何处理从文本文件中获取的 JSON 数据，并使用流读取器提取数据。

10.3.1 实现方式

通过以下步骤创建一个简单的程序来读取和处理 JSON 文件。
（1）在选择的位置创建一个新的 Qt Widgets 应用程序项目。
（2）打开文本编辑器，创建一个 JSON 文件，然后将其保存为 scene.json，如下所示。

```
[
    {
        "name": "Library",
        "tag": "building",
        "position": [120.0, 0.0, 50.68],
        "rotation": [0.0, 0.0, 0.0],
        "scale": [1.0, 1.0, 1.0]
    }
]
```

(3)继续编写 JSON 代码,在 Library 对象之后添加更多对象,如下所示。

```
{
    "name": "Town Hall",
    "tag": "building",
    "position": [80.2, 0.0, 20.5],
    "rotation": [0.0, 0.0, 0.0],
    "scale": [1.0, 1.0, 1.0]
},
{
    "name": "Tree",
    "tag": "prop",
    "position": [10.46, -0.2, 80.2],
    "rotation": [0.0, 0.0, 0.0],
    "scale": [1.0, 1.0, 1.0]
}
```

(4)返回 Qt Creator 并打开 mainwindow.h。在脚本顶部,紧接 #include <QMainWindow> 之后,添加以下头文件。

```
#include <QJsonDocument>
#include <QJsonArray>
#include <QJsonObject>
#include <QDebug>
#include <QFile>
#include <QFileDialog>
```

(5)打开 mainwindow.ui,并从左侧的 Widget Box 中拖曳一个按钮到 UI 编辑器中。将按钮的对象名称更改为 loadJsonButton,其显示文本更改为 Load JSON,如图 10.1 所示。

第 10 章 简化 JSON 解析

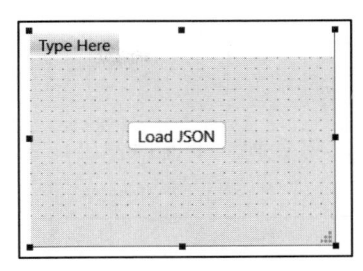

图 10.1 添加 Load JSON 按钮

（6）右键单击按钮，选择 Go to slot...。随后将弹出一个窗口，显示可供选择的信号列表。

（7）选择默认的 clicked() 选项，然后单击 OK 按钮。Qt 现在将在头文件和源文件中插入一个名为 on_loadJsonButton_clicked() 的槽函数。

（8）在 on_loadJsonButton_clicked() 函数中添加以下代码。

```
void MainWindow::on_loadJsonButton_clicked()
{
    QString filename = QFileDialog::getOpenFileName(this, "Open
    JSON", ".", "JSON files (*.json)");
    QFile file(filename);
    if (!file.open(QFile::ReadOnly | QFile::Text))
        qDebug() << "Error loading JSON file.";
    QByteArray data = file.readAll();
    file.close();
    QJsonDocument json = QJsonDocument::fromJson(data);
```

（9）以下代码循环遍历 JSON 文件，并打印出每个属性的名称和值。

```
if (json.isArray())
{
    QJsonArray array = json.array();
    if (array.size() > 0)
    {
        for (int i = 0; i < array.size(); ++i)
        {
            qDebug() << "[Object]=============================== ===";
            QJsonObject object = json[i].toObject();
            QStringList keys = object.keys();
            for (int j = 0; j < keys.size(); ++j)
            {
                qDebug() << keys.at(j) << object.value(keys.at(j));
            }
            qDebug() << "=================================== ===";
```

```
        }
    }
}
```

（10）构建并运行项目。随后将看到一个窗口弹出，它看起来就像在步骤（5）中制作的那样，如图 10.2 所示。

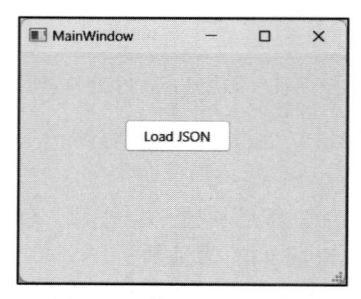

图 10.2　构建并运行程序

（11）单击 Load JSON 按钮，我们应该会看到文件选择器窗口在屏幕上弹出。选择在步骤（2）中创建的 JSON 文件，然单击 Select 按钮。我们应该会在 Qt Creator 中的 Application Output 窗口看到图 10.3 所示的调试文本出现，这表明程序已成功加载刚刚选择的 JSON 文件中的数据。

```
[Object]===============================
"name" QJsonValue(string, "Library")
"position" QJsonValue(array, QJsonArray([120,0,50.68]))
"rotation" QJsonValue(array, QJsonArray([0,0,0]))
"scale" QJsonValue(array, QJsonArray([1,1,1]))
"tag" QJsonValue(string, "building")
======================================
[Object]===============================
"name" QJsonValue(string, "Town Hall")
"position" QJsonValue(array, QJsonArray([80.2,0,20.5]))
"rotation" QJsonValue(array, QJsonArray([0,0,0]))
"scale" QJsonValue(array, QJsonArray([1,1,1]))
"tag" QJsonValue(string, "building")
======================================
[Object]===============================
"name" QJsonValue(string, "Tree")
"position" QJsonValue(array, QJsonArray([10.46,-0.2,80.2]))
"rotation" QJsonValue(array, QJsonArray([0,0,0]))
"scale" QJsonValue(array, QJsonArray([1,1,1]))
"tag" QJsonValue(string, "prop")
======================================
```

图 10.3　在 Application Output 窗口中打印的结果

10.3.2 工作方式

在这个示例中，我们尝试使用 QJsonDocument 类从 JSON 文件中提取和处理数据。想象一下，我们正在制作一款计算机游戏，并使用 JSON 文件存储游戏场景中所有对象的属性。在这种情况下，JSON 格式在以结构化方式存储数据方面发挥着重要作用，这便于进行简单的提取。

我们需要将与 JSON 相关的类头文件添加到源文件中，在这个例子中，就是 QJsonDocument 类。QJsonDocument 类是内置于 Qt 核心库中的，因此不需要包含任何额外的模块，这也意味着它是在 Qt 中处理 JSON 数据的推荐类。一旦我们单击 Load JSON 按钮，就会调用 on_loadJsonButton_clicked()槽函数，这就是编写处理 JSON 数据代码的地方。

我们使用文件对话框来选择想要处理的 JSON 文件。然后，将选定文件的文件名及其路径发送到 QFile 类以打开并读取 JSON 文件的文本数据。之后，文件的数据被发送到 QJsonDocument 类进行处理。

首先检查主 JSON 结构是否为数组。如果是数组，则接着检查该数组中是否有数据。之后，使用 for 循环遍历整个数组并提取存储在数组中的各个对象。

然后从对象中提取键值对数据，并打印出键和值。

10.3.3 附加内容

除了网络应用程序，许多商业游戏引擎和交互式应用程序也使用 JSON 格式存储游戏场景、网格和其他形式的数据资源信息。这是因为与其他文件格式相比，JSON 格式提供了许多优势，例如文件尺寸紧凑、高度的灵活性和可扩展性、易于文件恢复，以及关系树结构，使其能够用于搜索引擎、智能数据挖掘服务器和科学模拟等高效能和性能关键型应用程序。

> **注意：**
> 要了解更多关于 JSON 格式的信息，请访问 https://www.w3schools.com/js/js_json_intro.asp。

10.4 将 JSON 数据写入文本文件

通过前述内容已经学习了如何处理从 JSON 文件中获取数据，接下来将学习如何将数据保存到 JSON 文件中。我们将继续使用前面的例子并对其进行扩展。

10.4.1 实现方式

通过以下步骤学习如何将数据保存到 JSON 文件中。

（1）在 mainwindow.ui 中添加另一个按钮，然后将其对象名称设置为 saveJsonButton，其标签设置为 Save JSON，如图 10.4 所示。

（2）右键单击按钮，选择 Go to slot...。随后将弹出一个窗口，显示可供选择的信号列表。选择 clicked()选项并单击 OK 按钮。Qt 现在会自动将一个名为 on_saveJsonButton_clicked()的信号函数添加到 mainwindow.h 和 mainwindow.cpp 文件中，如图 10.5 所示。

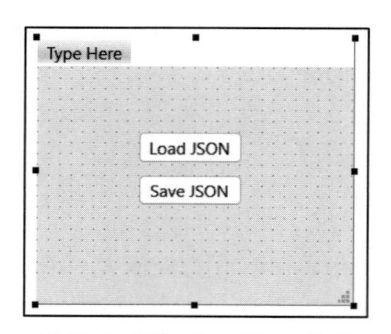

图 10.4　添加 Save JSON 按钮 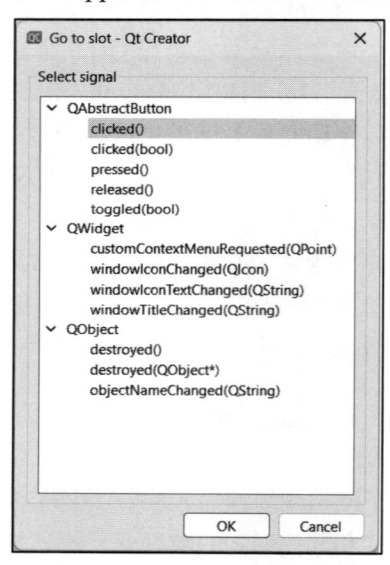　　　　图 10.5　选择 clicked()信号并单击 OK 按钮

（3）在 on_saveJsonButton_clicked()函数中添加以下代码。

```
QQString filename = QFileDialog::getSaveFileName(this, "Save JSON", ".", "JSON files (*.json)");
QFile file(filename);
if (!file.open(QFile::WriteOnly | QFile::Text))
    qDebug() << "Error saving JSON file.";
QJsonDocument json;
QJsonArray array;
```

（4）编写第一个 contact 元素。

```
QJsonObject contact1;
```

```
contact1["category"] = "Friend";
contact1["name"] = "John Doe";
contact1["age"] = 32;
contact1["address"] = "114B, 2nd Floor, Sterling Apartment, Morrison Town";
contact1["phone"] = "0221743566";
array.append(contact1);
```

（5）编写第二个 contact 元素。

```
QJsonObject contact2;
contact2["category"] = "Family";
contact2["name"] = "Jane Smith";
contact2["age"] = 24;
contact2["address"] = "13, Ave Park, Alexandria";
contact2["phone"] = "0025728396";
array.append(contact2);
```

（6）将数据保存在文本文件中。

```
json.setArray(array);
    file.write(json.toJson());
    file.close();
}
```

（7）构建并运行程序，我们应该能在程序用户界面上看到一个额外的按钮，如图10.6所示。

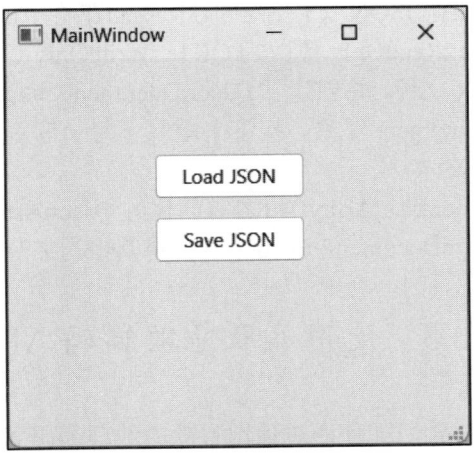

图 10.6　应用程序外观

（8）单击 Save JSON 按钮，屏幕上将出现保存文件对话框。输入所需的文件名并单击 Save 按钮。

（9）使用文本编辑器打开刚刚保存的 JSON 文件。文件的第一部分应如下所示。

```
[
    {
        "address": "114B, 2nd Floor, Sterling Apartment, Morrison Town",
        "age": 32,
        "category": "Friend",
        "name": "John Doe",
        "phone": "0221743566"
    },
    {
        "address": "13, Ave Park, Alexandria",
        "age": 24,
        "category": "Family",
        "name": "Jane Smith",
        "phone": "0025728396"
    }
]
```

10.4.2 工作方式

保存过程与前面示例中加载 JSON 文件的过程类似。唯一的区别是没有使用 QJsonDocument::fromJson()函数，而是使用了 QJsonDocument::toJson()函数。我们仍然使用了文件对话框和 QFile 类保存 JSON 文件。这一次，我们在将字节数组数据传递给 QFile 类之前，将打开模式从 QFile::ReadOnly 更改为 QFile::WriteOnly。

接下来开始编写 JSON 文件，并创建了 QJsonDocument 和 QJsonArray 变量，然后为每个联系人创建了一个 QJsonObject 对象。接下来填写了每个联系人的信息，并将它们追加到 QJsonArray 数组中。

最后使用 QJsonDocument::setArray()将之前创建的 QJsonArray 数组作为 JSON 数据的主数组应用，然后使用 QJsonDocument::toJson()函数将其作为字节数组数据传递给 QFile 类。

10.5 使用谷歌地理编码 API

在这个示例中，我们将学习如何通过使用谷歌的地理编码 API（Geocoding API）获取特定位置的完整地址。

10.5.1 实现方式

通过以下步骤创建一个利用地理编码 API 的程序。

（1）创建一个新的 Qt Widgets Application 项目。

（2）打开 mainwindow.ui，并添加几个文本标签、输入框和一个按钮，对应用户界面如图 10.7 所示。

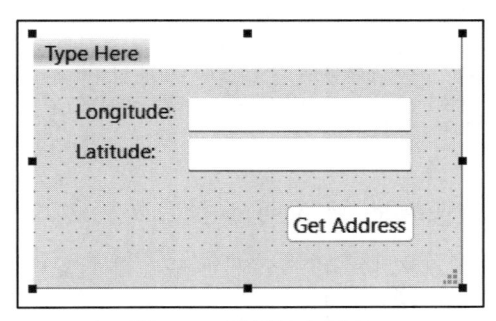

图 10.7 设置用户界面

（3）打开项目(.pro)文件，并将网络模块添加到项目中。我们可以通过在 core 和 gui 后面简单地添加 network 实现这一点，如下所示。

```
QT += core gui network
```

（4）打开 mainwindow.h 并在源代码中添加以下头文件。

```
#include <QMainWindow>
#include <QDebug>
#include <QtNetwork/QNetworkAccessManager>
#include <QtNetwork/QNetworkReply>
#include <QJsonDocument>
#include <QJsonArray>
#include <QJsonObject>
```

（5）手动声明一个槽函数，并将其命名为 getAddressFinished()。

```
private slots:
    void getAddressFinished(QNetworkReply* reply);
```

（6）声明一个名为 addressRequest 的私有变量。

```
private:
    QNetworkAccessManager* addressRequest;
```

（7）再次打开 mainwindow.ui，右键单击 Get Address 按钮，选择 Go to slot…。然后，选择 clicked()选项并单击 OK 按钮。现在将在 mainwindow.h 和 mainwindow.cpp 源文件中添加槽函数。

（8）打开 mainwindow.cpp 并在类构造函数中添加以下代码。

```
MainWindow::MainWindow(QWidget *parent) :
QMainWindow(parent),
ui(new Ui::MainWindow) {
ui->setupUi(this);
addressRequest = new QNetworkAccessManager();
connect(addressRequest, &QNetworkAccessManager::finished, this,
&MainWindow::getAddressFinished);
}
```

（9）在刚刚手动声明的 getAddressFinished()槽函数中添加以下代码。

```
void MainWindow::getAddressFinished(QNetworkReply* reply) {
QByteArray bytes = reply->readAll();
//qDebug() << QString::fromUtf8(bytes.data(), bytes.size());
QJsonDocument json = QJsonDocument::fromJson(bytes);
```

（10）继续从 JSON 数组中获取第一组结果，以获得格式化的地址。

```
QJsonObject object = json.object();
QJsonArray results = object["results"].toArray();
QJsonObject first = results.at(0).toObject();
QString address = first["formatted_address"].toString();
qDebug() << "Address:" << address;
}
```

（11）在 Qt 创建的 clicked()槽函数中添加以下代码。

```
void MainWindow::on_getAddressButton_clicked() {
QString latitude = ui->latitude->text();
QString longitude = ui->longitude->text();
QNetworkRequest request;
request.setUrl(QUrl("https://maps.googleapis.com/maps/api/
geocode/json?latlng=" + latitude + "," + longitude + "&key=YOUR_
KEY"));
addressRequest->get(request);
}
```

（12）构建并运行程序，我们应该能够通过输入 Longitude 和 Latitude 值，并单击

Get Address 按钮获取地址，如图 10.8 所示。

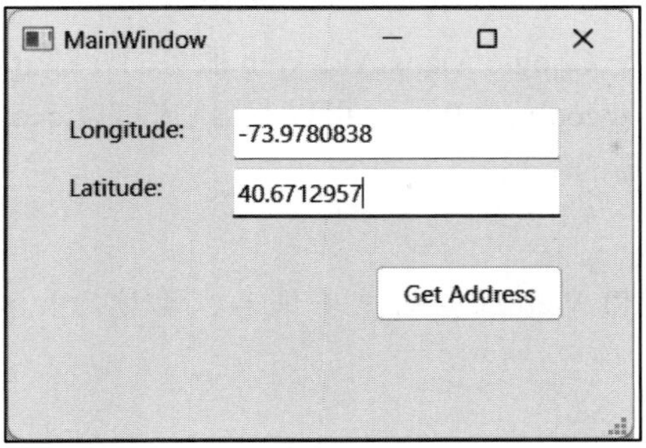

图 10.8　输入坐标并单击 Get Address 按钮

（13）尝试使用经度 -73.9780838 和纬度 40.6712957。单击 Get Address 按钮，我们将看到以下结果出现在应用程序输出窗口中。

```
Address: "185 7th Ave, Brooklyn, NY 11215, USA"
```

10.5.2　工作方式

虽然无法确切地告诉您谷歌如何从其后端系统获取地址，但是我们可以学习如何使用 QNetworkRequest 从谷歌请求数据。您所需要做的就是将网络请求的 URL 设置为先前源代码中使用的 URL，并将纬度和经度信息附加到 URL 上。

之后等待谷歌 API 服务器的响应。在向谷歌发送请求时，需要指定 JSON 作为期望的格式；否则，它可能会以 JSON 格式返回结果。这可以通过在网络请求 URL 中添加 json 关键词来实现，如下所示。

```
request.setUrl(QUrl("https://maps.googleapis.com/maps/api/geocode/json?latlng=" + latitude + "," + longitude + "&key=YOUR_CODE"));
```

当程序收到谷歌的响应时，getAddressFinished() 槽函数将被调用，我们将能够通过 QNetworkReply 获取谷歌发送的数据。

谷歌通常以包含大量数据的长文本 JSON 格式回复。我们所需要的只是 JSON 数据中 formatted_address 元素中存储的文本。由于名为 formatted_address 的元素不止一个，我们只需要找到第一个元素并忽略其余元素。此外，也可以通过向谷歌提供地址并从其网络响应中获取位置的坐标实现反向操作。

10.5.3　附加内容

谷歌 Geocoding API 是 Google Maps API Web 服务的一部分，这些服务为地图应用程序提供地理数据。除了 Geocoding API，还可以使用它们的 Location API、Geolocation API 和 Time Zone API 实现所需的结果。

注意：

有关 Google Maps API Web 服务的更多信息，请访问 https://developers.google.com/maps/web-services。

第 11 章 转换库

计算机环境中的数据以多种方式编码。有时，它可以直接用于特定目的；其他时候，则需要转换成另一种格式以适应任务的上下文。将数据从一种格式转换为另一种格式的过程也根据源格式和目标格式的不同而不同。

有时，这个过程可能非常复杂，尤其是处理功能丰富且敏感的数据时，如图像或视频转换。转换过程中的一个小错误都可能使文件无法使用。

本章主要涉及下列主题。
- 数据转换。
- 图像转换。
- 视频转换。
- 货币转换。

11.1 技术要求

本章需要使用 Qt 6.6.1 MinGW-64-bit 和 Qt Creator 12.0.2。本章使用的所有代码都可以从以下 GitHub 仓库下载：https://github.com/PacktPublishing/QT6-C-GUI-Programming-Cookbook---Third-Edition-/tree/main/Chapter11。

11.2 数据转换

Qt 提供了一组类和函数，用于轻松地在不同类型的数据之间进行转换。这使得 Qt 不仅只是一个 GUI 库，它还是一个完整的软件开发平台。我们将在以下示例中使用的 QVariant 类，使 Qt 在数据转换功能方面比 C++标准库提供的类似功能更加灵活和强大。

11.2.1 实现方式

通过以下步骤学习如何在 Qt 中转换各种数据类型。

（1）打开 Qt Creator 并通过依次选择 File | New Project...创建一个新的 Qt Console Application 项目，如图 11.1 所示。

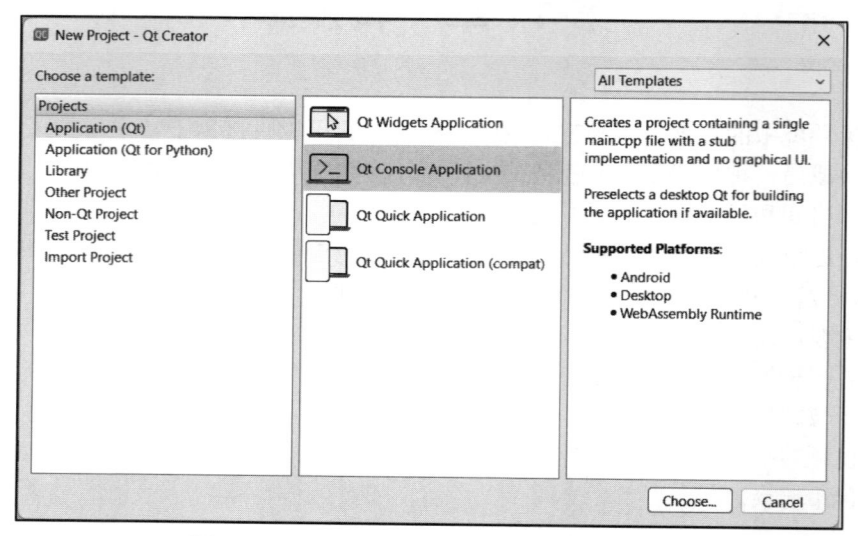

图 11.1　创建一个 Qt Console Application 项目

（2）打开 main.cpp 并向其中添加以下头文件。

```cpp
#include <QCoreApplication>
#include <QDebug>
#include <QtMath>
#include <QDateTime>
#include <QTextCodec>
#include <iostream>
```

（3）在 main()函数中，添加以下代码以将字符串转换为数字。

```cpp
int numberA = 2;
QString numberB = "5";
qDebug() << "1) " << "2 + 5 =" << numberA + numberB.toInt();
```

（4）将数字转换回字符串。

```cpp
float numberC = 10.25;
float numberD = 2;
QString result = QString::number(numberC * numberD);
qDebug() << "2) " << "10.25 * 2 =" << result;
```

(5)使用 qFloor()向下取整一个值。

```
float numberE = 10.3;
float numberF = qFloor(numberE);
qDebug() << "3) " << "Floor of 10.3 is" << numberF;
```

(6)使用 qCeil()将一个数四舍五入到不小于其初始值的最小整数值。

```
float numberG = 10.3;
float numberH = qCeil(numberG);
qDebug() << "4) " << "Ceil of 10.3 is" << numberH;
```

(7)通过转换以字符串格式编写的日期时间数据,创建日期时间变量。

```
QString dateTimeAString = "2016-05-04 12:24:00";
QDateTime dateTimeA = QDateTime::fromString(dateTimeAString, "yyyy-MM-dd hh:mm:ss");
qDebug() << "5) " << dateTimeA;
```

(8)将日期时间变量转换回具有自定义格式的字符串。

```
QDateTime dateTimeB = QDateTime::currentDateTime();
QString dateTimeBString = dateTimeB.toString("dd/MM/yy hh:mm");
qDebug() << "6) " << dateTimeBString;
```

(9)调用 QString::toUpper()将字符串完全转换为大写。

```
QString hello1 = "hello world!";
qDebug() << "7) " << hello1.toUpper();
```

(10)调用 QString::toLower()将字符串完全转换为小写。

```
QString hello2 = "HELLO WORLD!";
qDebug() << "8) " << hello2.toLower();
```

(11)Qt 提供的 QVariant 类是一个非常强大的数据类型,它可以轻松地转换为其他类型,而无须程序员进行任何额外努力。

```
QVariant aNumber = QVariant(3.14159);
double aResult = 12.5 * aNumber.toDouble();
qDebug() << "9) 12.5 * 3.14159 =" << aResult;
```

(12)这里展示了一个 QVariant 变量如何在不增加程序员负担的情况下同时转换为多种数据类型。

```
qDebug() << "10) ";
QVariant myData = QVariant(10);
qDebug() << myData;
myData = myData.toFloat() / 2.135;
qDebug() << myData;
myData = true;
qDebug() << myData;
myData = QDateTime::currentDateTime();
qDebug() << myData;
myData = "Good bye!";
qDebug() << myData;
```

(13) main.cpp 中的完整源代码如下所示。

```
#include <QCoreApplication>
#include <QDebug>
#include <QtMath>
#include <QDateTime>
#include <QStringConverter>
#include <iostream>
int main(int argc, char *argv[]) {
QCoreApplication a(argc, argv);
```

(14) 将字符串转换为数字,反之亦然。

```
// String to number
    int numberA = 2;
    QString numberB = "5";
    qDebug() << "1) " << "2 + 5 =" << numberA + numberB.toInt();
// Number to string
    float numberC = 10.25;
    float numberD = 2;
    QString result = QString::number(numberC * numberD);
    qDebug() << "2) " << "10.25 * 2 =" << result;
```

(15) 编写代码,分别将浮点数转换为最接近的后续或前置整数。

```
// Floor
    float numberE = 10.3;
    float numberF = qFloor(numberE);
    qDebug() << "3) " << "Floor of 10.3 is" << numberF;
// Ceil
    float numberG = 10.3;
    float numberH = qCeil(numberG);
```

```
    qDebug() << "4) " << "Ceil of 10.3 is" << numberH;
```

(16) 将字符串转换为日期时间格式，反之亦然。

```
// Date time from string
    QString dateTimeAString = "2016-05-04 12:24:00";
    QDateTime dateTimeA = QDateTime::fromString(dateTimeAString, "yyyy-MM-dd hh:mm:ss");
    qDebug() << "5) " << dateTimeA;
// Date time to string
    QDateTime dateTimeB = QDateTime::currentDateTime();
    QString dateTimeBString = dateTimeB.toString("dd/MM/yy hh:mm");
    qDebug() << "6) " << dateTimeBString;
```

(17) 继续添加代码，将字符串转换为大写或小写字符。

```
// String to all uppercase
    QString hello1 = "hello world!";
    qDebug() << "7) " << hello1.toUpper();
// String to all lowercase
    QString hello2 = "HELLO WORLD!";
    qDebug() << "8) " << hello2.toLower();
```

(18) 将 QVariant 数据类型转换为其他类型。

```
// QVariant to double
    QVariant aNumber = QVariant(3.14159);
    double aResult = 12.5 * aNumber.toDouble();
    qDebug() << "9) 12.5 * 3.14159 =" << aResult;
// QVariant different types
    qDebug() << "10) ";
    QVariant myData = QVariant(10);
    qDebug() << myData;
    myData = myData.toFloat() / 2.135;
    qDebug() << myData;
    myData = true;
    qDebug() << myData;
```

(19) 将 QVariant 数据类型转换为 QDateTime 和 QString。

```
    myData = QDateTime::currentDateTime();
    qDebug() << myData;
    myData = "Good bye!";
    qDebug() << myData;
```

```
    return a.exec();
}
```

（20）编译并运行项目，结果如图 11.2 所示。

```
1) 2 + 5 = 7
2) 10.25 * 2 = "20.5"
3) Floor of 10.3 is 10
4) Ceil of 10.3 is 11
5) QDateTime(2016-05-04 12:24:00.000 Malay Peninsula Standard Time Qt::LocalTime)
6) "07/01/24 14:56"
7) "HELLO WORLD!"
8) "hello world!"
9) 12.5 * 3.14159 = 39.2699
10)
QVariant(int, 10)
QVariant(double, 4.68384)
QVariant(bool, true)
QVariant(QDateTime, QDateTime(2024-01-07 14:56:06.813 Malay Peninsula Standard Time Qt::LocalTime))
QVariant(QString, "Good bye!")
```

图 11.2　在应用程序输出窗口打印转换结果

11.2.2　工作方式

　　Qt 提供的所有数据类型（如 QString、QDateTime 和 QVariant）都包含使转换为其他类型变得简单直接的函数。Qt 还提供了自己的对象转换函数 qobject_cast()，它不依赖于标准库。它也更与 Qt 兼容，并且能够很好地在 Qt 的组件类型和数据类型之间进行转换。

　　Qt 还提供了 QtMath 类，它帮助我们操控数字变量，如将浮点数四舍五入或将角度从度转换为弧度。QVariant 是一个特殊类，可以用来存储各种类型的数据，如 int、float、char 和 string。它可以通过检查变量中存储的值自动确定数据类型。我们也可以通过调用一个单一的函数，如 toFloat()、toInt()、toBool()、toChar() 或 toString()，轻松地将数据转换为 QVariant 类支持的任何类型。

11.2.3　附加内容

　　注意，这些转换都会消耗计算能力。尽管现代计算机在处理这些操作时非常快速，但不要一次性处理大量数据。如果正在为复杂计算转换大量变量，它可能会显著减慢计算机速度，因此尽量只在必要时转换变量。

11.3 图像转换

本节将学习如何构建一个简单的图像转换器，将图像从一种格式转换为另一种格式。Qt 支持读取和写入不同类型的图像格式，由于许可问题，这种支持以外部 DLL 文件的形式提供。

然而，您不必为此担心，因为只要在项目中包含这些 DLL 文件，它就会在不同格式之间无缝工作。有些格式只支持读取而不支持写入，有些格式两者都支持。

注意：

读者可以在 http://doc.qt.io/qt-6/qtimageformats-index.html 中查看关于图像转换的完整详细信息。

11.3.2 实现方式

Qt 内置的图像库使得图像转换变得非常简单。

（1）打开 Qt Creator 并创建一个新的 Qt Widgets Application 项目。

（2）打开 mainwindow.ui，并在画布上添加一个文本编辑框和按钮以选择图像文件、一个组合框以选择所需的文件格式，以及另一个按钮以开始转换过程，如图 11.3 所示。

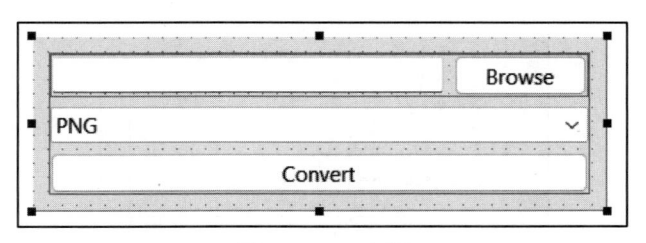

图 11.3 UI 布局

（3）双击组合框，然后会出现一个窗口，我们可以在其中编辑组合框。我们将单击+按钮 3 次并向列表中添加 3 项，将这些项重命名为 PNG、JPEG 和 BMP，如图 11.4 所示。

（4）右键单击其中一个按钮，选择 Go to slot…，然后单击 OK 按钮。一个槽函数将自动添加到源文件中，如图 11.5 所示。对其他按钮也重复此步骤。

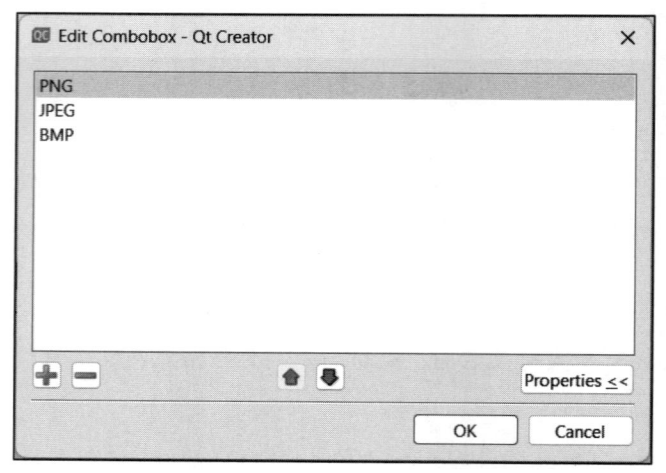

图 11.4 向组合框添加 3 个选项

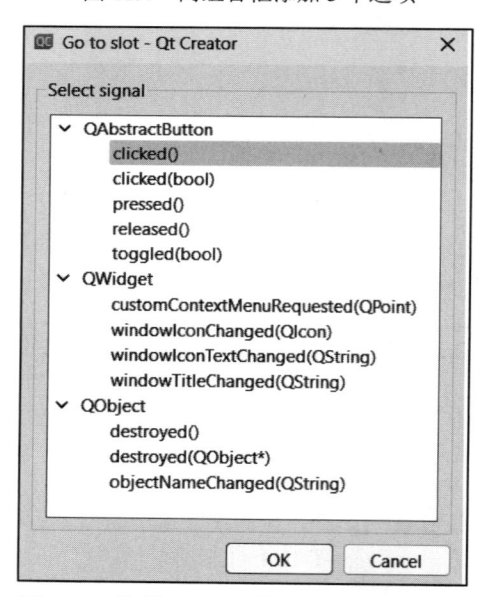

图 11.5 选择 clicked()信号并单击 OK 按钮

(5) 返回至源代码。打开 mainwindow.h 并添加以下头文件。

```
#include <QMainWindow>
#include <QFileDialog>
#include <QMessageBox>
#include <QDebug>
```

（6）打开 mainwindow.cpp 并定义当单击 Browse 按钮时将会发生什么，在这种情况下是打开文件对话框以选择图像文件。

```
void MainWindow::on_browseButton_clicked() {
    QString fileName = QFileDialog::getOpenFileName(this, "Open Image", "",
    "Image Files (*.png *.jpg *.bmp)");
    ui->filePath->setText(fileName);
}
```

（7）定义当单击 Convert 按钮时将会发生什么。

```
void MainWindow::on_convertButton_clicked() {
    QString fileName = ui->filePath->text();
    if (fileName != "") {
        QFileInfo fileInfo = QFileInfo(fileName);
        QString newFileName = fileInfo.path() + "/" + fileInfo.
        completeBaseName();
        QImage image = QImage(ui->filePath->text());
        if (!image.isNull()) {
```

（8）检查使用哪种格式。

```
// 0 = PNG, 1 = JPG, 2 = BMP
    int format = ui->fileFormat->currentIndex();
    if (format == 0) {
        newFileName += ".png";
    }
    else if (format == 1) {
        newFileName += ".jpg";
    }
    else if (format == 2) {
        newFileName += ".bmp";
    }
```

（9）检查图像是否已被转换。

```
    qDebug() << newFileName << format;
    if (image.save(newFileName, 0, -1)) {
        QMessageBox::information(this, "Success", "Image successfully
        converted.");
    }
    else {
        QMessageBox::warning(this, "Failed", "Failed to convert image.");
    }
}
```

（10）显示消息框。

```
        else {
            QMessageBox::warning(this, "Failed", "Failed to open image file.");
        }
    }
    else {
        QMessageBox::warning(this, "Failed", "No file is selected.");
    }
```

（11）构建并运行程序，我们应该得到一个图 11.6 所示的简单图像转换器。

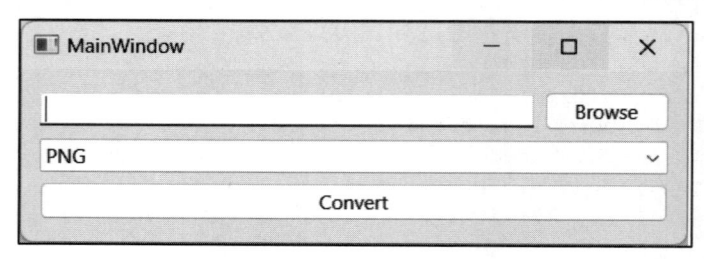

图 11.6　浏览一张图片，选择一个格式，然后单击 Convert 按钮

11.3.2　工作方式

前述示例使用了 Qt 的原生 QImage 类，它包含可以访问像素数据并对其进行操作的函数。它也用于加载图像文件并通过不同的解压缩方法提取其数据，这取决于图像的格式。

一旦提取了数据，即可随意处理它，如在屏幕上显示图像、操作其颜色信息、调整图像大小，或者用另一种格式压缩它并将其保存为文件。

我们使用 QFileInfo 将文件名与扩展名分离，以便可以根据用户从组合框中选择的新格式修改扩展名。这样，我们就可以在同一文件夹中保存新转换的图像，并自动赋予它与原始图像相同的文件名，只是格式不同。

要尝试将图像转换为 Qt 支持的格式，只需调用 QImage::save() 函数即可。在内部，Qt 会处理其余的事情，并将图像输出为选择的格式。在 QImage::save() 函数中，有一个参数用于设置图像质量，另一个参数用于设置格式。在这个例子中，我们将两者都设置为默认值，这将以最高质量保存图像，并让 Qt 通过检查输出文件名中指定的扩展名确定格式。

11.3.3 附加内容

此外，还可以使用 Qt 提供的 QPdfWriter 类将图像转换为 PDF。本质上，我们将选定的图像绘制到一个新创建的 PDF 文档的布局中，并相应地设置其分辨率。

> **注意：**
> 有关 QPdfWriter 类的更多信息，请访问 http://doc.qt.io/qt-6/qpdfwriter.html。

11.4 视频转换

本例将使用 Qt 和 FFmpeg 创建一个简单的视频转换器。FFmpeg 是一个领先的多媒体框架，它是免费且开源的。尽管 Qt 通过其组件支持播放视频文件，但目前尚不支持视频转换。别担心！我们仍然可以通过程序合作实现相同的目标，这是通过 Qt 提供的 QProcess 类实现的。

11.4.1 实现方式

按照以下步骤制作一个简单的视频转换器。

（1）从 http://ffmpeg.zeranoe.com/builds 下载 FFmpeg（静态包），并将内容解压到首选的位置，如 C:/FFmpeg/。

（2）打开 Qt Creator 并通过 File | New Project...创建一个新的 Qt Widgets Application 项目。

（3）打开 mainwindow.ui，这是将要处理程序的用户界面。该用户界面与前一个示例非常相似，只是在组合框下方的画布上添加了一个额外的文本编辑组件，如图 11.7 所示。

（4）双击组合框，然后会出现一个窗口以编辑该组合框。单击+按钮 3 次向组合框列表中添加 3 个项目，然后将这些项目重命名为 AVI、MP4 和 MOV，如图 11.8 所示。

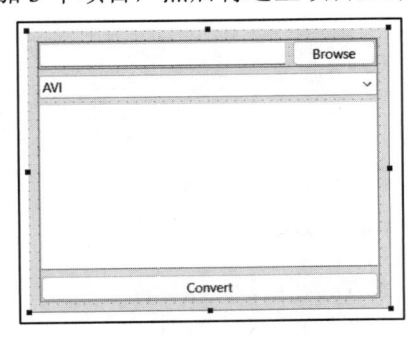

图 11.7　设计视频转换器的 UI

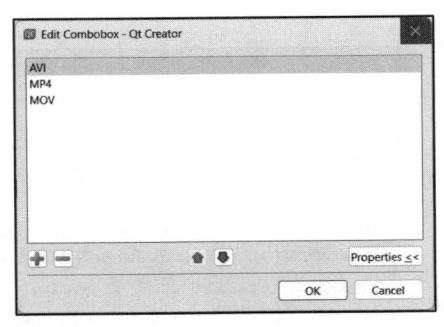

图 11.8　向组合框添加 3 种视频格式

（5）右键单击其中一个按钮，选择 Go to slot…，然后单击 OK 按钮。随后，一个槽函数将自动添加到源文件中。对另一个按钮也重复此步骤。

（6）打开 mainwindow.h 并在顶部添加以下头文件。

```
#include <QMainWindow>
#include <QFileDialog>
#include <QProcess>
#include <QMessageBox>
#include <QScrollBar>
#include <QDebug>
```

（7）在 public 关键词下添加以下指针。

```
public:
    explicit MainWindow(QWidget *parent = 0);
    ~MainWindow();
QProcess* process;
QString outputText;
QString fileName;
QString outputFileName;
```

（8）添加 3 个额外的槽函数。

```
private slots:
    void on_browseButton_clicked();
    void on_convertButton_clicked();
    void processStarted();
    void readyReadStandardOutput();
    void processFinished();
```

（9）打开 mainwindow.cpp 并在类构造函数中添加以下代码。

```
MainWindow::MainWindow(QWidget *parent) :
    QMainWindow(parent), ui(new Ui::MainWindow) {
    ui->setupUi(this);
    process = new QProcess(this);
    connect(process, QProcess::started, this,
    MainWindow::processStarted);
    connect(process, QProcess::readyReadStandardOutput, this,
    MainWindow::readyReadStandardOutput);
    connect(process, QProcess::finished, this,
    MainWindow::processFinished);
}
```

（10）定义当单击 Browse 按钮时将会发生什么，在这种情况下是打开文件对话框以允许选择视频文件。

```
void MainWindow::on_browseButton_clicked() {
    QString fileName = QFileDialog::getOpenFileName(this, "Open Video", "",
    "Video Files (*.avi *.mp4 *.mov)");
    ui->filePath->setText(fileName);
}
```

（11）定义当单击 Convert 按钮时将会发生什么。这里，我们将文件名和参数传递给 FFmpeg，然后它将在外部处理转换过程。

```
void MainWindow::on_convertButton_clicked() {
    QString ffmpeg = "C:/FFmpeg/bin/ffmpeg";
    QStringList arguments;
    fileName = ui->filePath->text();
    if (fileName != "") {
        QFileInfo fileInfo = QFileInfo(fileName);
        outputFileName = fileInfo.path() + "/" +
        fileInfo.completeBaseName();
```

（12）检查文件的格式。具体来说，文件格式是否为 .avi、.mp4 或 .mov。

```
if (QFile::exists(fileName)) {
    int format = ui->fileFormat->currentIndex();
    if (format == 0) {
        outputFileName += ".avi"; // AVI
    }
    else if (format == 1) {
        outputFileName += ".mp4"; // MP4
    }
    else if (format == 2) {
        outputFileName += ".mov"; // MOV
    }
}
```

（13）使用以下代码开始转换。

```
    qDebug() << outputFileName << format;
    arguments << "-i" << fileName << outputFileName;
    qDebug() << arguments;
    process->setProcessChannelMode(QProcess::MergedChannels);
    process->start(ffmpeg, arguments);
}
```

（14）显示消息框。

```
        else {
            QMessageBox::warning(this, "Failed", "Failed to open video file.");
        }
    }
    else {
        QMessageBox::warning(this, "Failed", "No file is selected.");
    }
}
```

（15）告知程序在转换过程开始时应该执行什么操作。

```
void MainWindow::processStarted() {
    qDebug() << "Process started.";
    ui->browseButton->setEnabled(false);
    ui->fileFormat->setEditable(false);
    ui->convertButton->setEnabled(false);
}
```

（16）编写在转换过程中每当FFmpeg向程序返回输出时被调用的槽函数。

```
void MainWindow::readyReadStandardOutput() {
    outputText += process->readAllStandardOutput();
    ui->outputDisplay->setText(outputText);
    ui->outputDisplay->verticalScrollBar()->setSliderPosition(ui->outputDisplay->verticalScrollBar()->maximum());
}
```

（17）定义在整个转换过程完成后被调用的槽函数。

```
void MainWindow::processFinished() {
    qDebug() << "Process finished.";
    if (QFile::exists(outputFileName)) {
        QMessageBox::information(this, "Success", "Video successfully converted.");
    }
    else {
        QMessageBox::information(this, "Failed", "Failed to convert video.");
    }
    ui->browseButton->setEnabled(true);
    ui->fileFormat->setEditable(true);
    ui->convertButton->setEnabled(true);
}
```

（18）构建并运行项目，我们应该得到一个简单但可用的视频转换器，如图 11.9 所示。

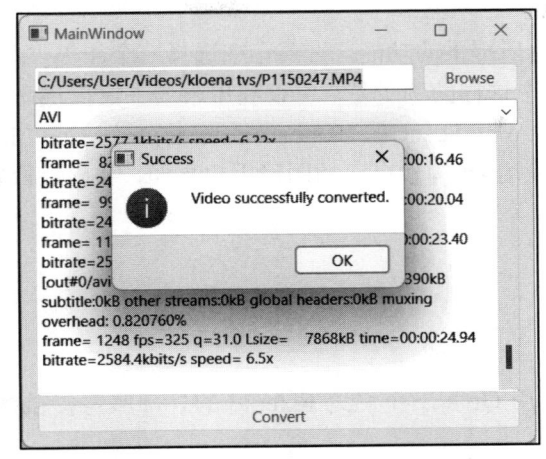

图 11.9　FFmpeg 和 Qt 支持的视频转换器

11.4.2　工作方式

Qt 提供的 QProcess 类用于启动外部程序并与它们通信。在这种情况下，我们启动了位于 C:/FFmpeg/bin/ 的 ffmpeg.exe 作为一个进程，并开始与它通信。此外，还向它发送了一组参数，以告诉它启动时应该执行什么操作。本例中使用的参数相对基础，我们只告诉 FFmpeg 源图像的路径和输出文件名。

☑ **注意**：

有关 FFmpeg 中可用的参数设置的更多信息，请访问 www.ffmpeg.org/ffmpeg.html。

FFmpeg 不仅仅可以转换视频文件，还可以使用它来转换音频文件和图像。

☑ **注意**：

有关 FFmpeg 支持的所有格式的更多信息，请访问 https://www.ffmpeg.org/general.html#File-Formats。

除此之外，还可以通过运行位于 C:/FFmpeg/bin 的 ffplay.exe 播放视频或音频文件，或者通过运行 ffprobe.exe 以人类可读的方式打印视频或音频文件的信息。

☑ **注意**：

读者可访问 https://www.ffmpeg.org/about.html 查看 FFmpeg 完整文档。

11.4.3 附加内容

我们不必局限于 Qt 所提供的功能，只要仔细选择一个能提供所需功能的第三方程序，就能突破这些限制。一个这样的例子是，可以利用市场上仅提供命令行的杀毒软件制作自己的杀毒软件 GUI，如 Avira ScanCL、Panda Antivirus Command Line Scanner、SAV32CLI 和 ClamAV。我们可以使用 Qt 构建自己的图形用户界面，并向杀毒软件进程发送命令，告诉它应该执行什么操作。

11.5 货币转换

本节将学习如何使用 Qt 和一个名为 Fixer.io 的外部服务提供商创建一个简单的货币转换器。

11.5.1 实现方式

按照下列简单的步骤制作自己的货币转换器。

（1）打开 Qt Creator，并从 File | New Project...创建一个新的 Qt Widgets Application 项目。

（2）打开项目文件（.pro）并将网络模块添加到项目中。

```
QT += core gui network
```

（3）打开 mainwindow.ui 并从用户界面中移除菜单栏、工具栏和状态栏。

（4）在画布上添加 3 个水平布局、一条水平线和一个按钮。单击画布，然后继续单击画布顶部的 Lay Out Vertically 按钮。将按钮的标签更改为 Convert。用户界面应如图 11.10 所示。

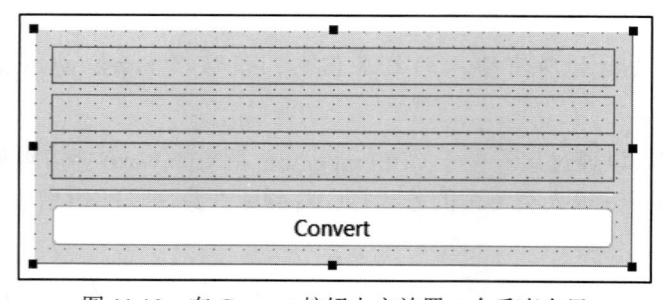

图 11.10 在 Convert 按钮上方放置 3 个垂直布局

（5）在顶部布局中添加两个标签，将左侧的文本设置为 From:，右侧的文本设置为 To:。在第二个布局中添加两个行编辑组件，并将它们的默认值都设置为 1，如图 11.11 所示。

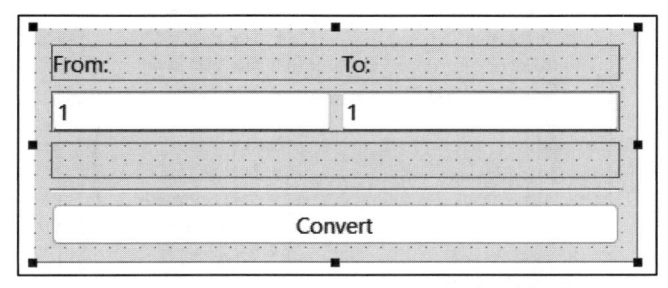

图 11.11　在布局中添加标签和行编辑组件

（6）选择右侧的行编辑组件，并在 Property 面板中勾选 readOnly 复选框，如图 11.12 所示。

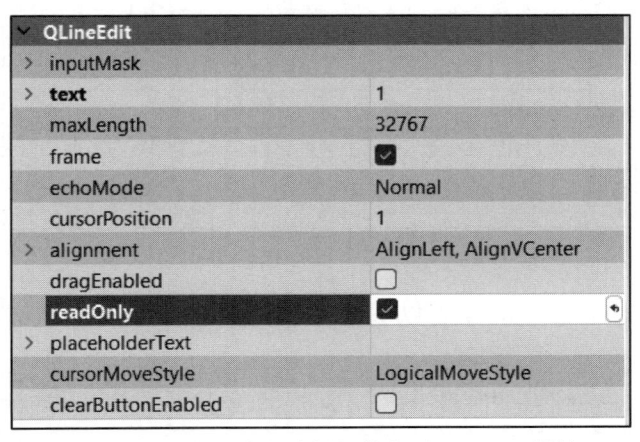

图 11.12　为第二个行编辑组件启用 readOnly 属性

（7）将 cursor 属性设置为 Forbidden，以便用户在鼠标悬停在组件上时知道它不可编辑，如图 11.13 所示。

（8）在底部的第三个布局中添加两个组合框，并暂时将它们留空，如图 11.14 所示。

（9）右键单击 Convert 按钮，选择 Go to slot…。随后将弹出一个窗口，要求选择一个适当的信号。此处保持默认的 clicked()信号作为选择并单击 OK 按钮。Qt Creator 将自动将槽函数添加到 mainwindow.h 和 mainwindow.cpp 中。

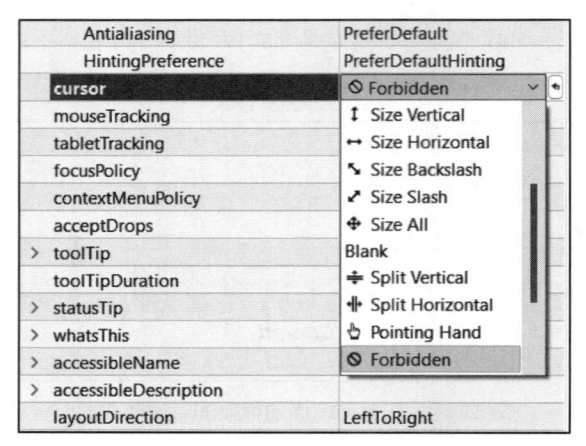

图 11.13　显示 Forbidden 光标，让用户知道它已被禁用

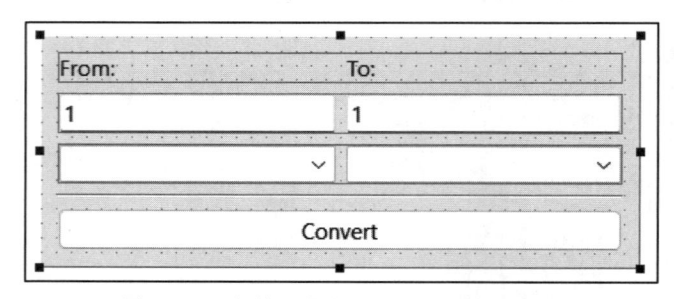

图 11.14　在第三个布局中添加两个组合框

（10）打开 mainwindow.h，确保以下头文件已添加到源文件的顶部。

```cpp
#include <QMainWindow>
#include <QDoubleValidator>
#include <QNetworkAccessManager>
#include <QNetworkRequest>
#include <QNetworkReply>
#include <QJsonDocument>
#include <QJsonObject>
#include <QDebug>
#include <QMessageBox>
```

（11）添加另一个名为 finished() 的槽函数。

```cpp
private slots:
    void on_convertButton_clicked();
    void finished(QNetworkReply* reply);
```

第 11 章 转换库

（12）在 private 标签下添加两个变量。

```
private:
    Ui::MainWindow *ui;
    QNetworkAccessManager* manager;
    QString targetCurrency;
```

（13）打开 mainwindow.cpp 文件。在类构造函数中向两个组合框添加几种货币代码。为左侧的行编辑组件设置一个验证器，以便它只能接收数字输入。初始化网络访问管理器，并将它的 finished() 信号连接到 finished() 槽函数。

```
MainWindow::MainWindow(QWidget *parent) :
    QMainWindow(parent), ui(new Ui::MainWindow) {
    ui->setupUi(this);
    QStringList currencies;
    currencies.push_back("EUR");
    currencies.push_back("USD");
    currencies.push_back("CAD");
    currencies.push_back("MYR");
    currencies.push_back("GBP");
```

（14）在组合框中插入货币简称。然后声明一个新的网络访问管理器，并将它的 finished 信号连接到自定义槽函数。

```
    ui->currencyFrom->insertItems(0, currencies);
    ui->currencyTo->insertItems(0, currencies);
    QValidator *inputRange = new QDoubleValidator(this);
    ui->amountFrom->setValidator(inputRange);
    manager = new QNetworkAccessManager(this);
    connect(manager, &QNetworkAccessManager::finished, this,
        &MainWindow::finished);
}
```

（15）定义如果用户单击 Convert 按钮将会发生什么。

```
void MainWindow::on_convertButton_clicked() {
    if (ui->amountFrom->text() != "") {
        ui->convertButton->setEnabled(false);
        QString from = ui->currencyFrom->currentText();
        QString to = ui->currencyTo->currentText();
        targetCurrency = to;
        QString url = "http://data.fixer.io/api/latest?base="
            + from + "&symbols=" + to + "&access_key=YOUR_KEY";
```

（16）调用 get() 启动请求。

```
    QNetworkRequest request = QNetworkRequest(QUrl(url));
    manager->get(request);
}
else {
    QMessageBox::warning(this, "Error", "Please insert a
    value.");
}
}
```

（17）定义当 finished() 信号被触发时将会发生什么。

```
void MainWindow::finished(QNetworkReply* reply) {
    QByteArray response = reply->readAll();
    qDebug() << response;
    QJsonDocument jsonResponse =
    QJsonDocument::fromJson(response);
    QJsonObject jsonObj = jsonResponse.object();
    QJsonObject jsonObj2 = jsonObj.value("rates").toObject();
    double rate = jsonObj2.value(targetCurrency).toDouble();
```

（18）继续编写上述代码，如下所示。

```
if (rate == 0)
    rate = 1;
double amount = ui->amountFrom->text().toDouble();
double result = amount * rate;
ui->amountTo->setText(QString::number(result));
ui->convertButton->setEnabled(true);
}
```

（19）编译并运行项目，我们应该会得到一个图 11.15 所示的简单的货币转换器。

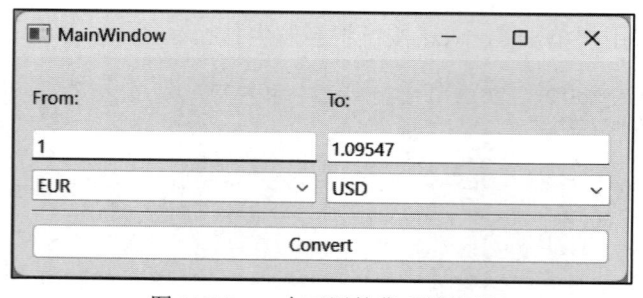

图 11.15 一个可用的货币转换器

11.5.2 工作方式

类似于我们之前看到的例子,该例子使用外部程序来完成特定任务,这次我们使用了提供开放应用程序编程接口(API)的外部服务提供商,这个 API 对所有人免费且易于使用。这样,我们就不必考虑用于检索最新汇率的方法。相反,服务提供商已经为我们完成了这项工作;我们只需发送一个礼貌的请求即可。然后等待他们的服务器响应,并根据预期目的处理数据。

除了 Fixer.io (http://fixer.io),还可以选择许多不同的服务提供商。有些是免费的,但不包含任何高级功能;有些则提供给高级服务,但需要支付费用。这些替代方案包括 Open Exchange Rates (https://openexchangerates.org)、currencylayer API (https://currencylayer.com)、Currency API (https://currency-api.appspot.com)、XE Currency Data API (http://www.xe.com/Xecurrencydata)和 jsonrates (http://jsonrates.com)。

在之前的代码中,我们应该注意到向 Fixer.io API 传递了一个访问密钥,这是作者为本示例注册的免费访问密钥。如果我们将其用于自己的项目,则应该在 Fixer.io 创建一个账户。

11.5.3 附加内容

除了转换货币汇率之外,还可以使用这种方法执行更高级的任务,这些任务可能比较复杂而无法自己完成,或者除非使用专家提供的服务,否则根本无法访问,如可编程的短消息服务(SMS)和语音服务、网站分析和统计生成,以及在线支付网关。这些服务大多数不是免费的,但我们可以在几分钟内轻松实现这些功能,甚至不需要设置服务器基础设施和后端系统。这绝对是以最低成本和最快速度让产品运行起来的较好方式。

第 12 章　使用 SQL 驱动和 Qt 访问数据库

结构化查询语言（SQL）是一种特殊的编程语言，用于管理关系数据库管理系统中保存的数据。SQL 服务器是一种数据库系统，旨在使用多种 SQL 编程语言中的一种来管理其数据。

本章主要涉及下列主题。
- 设置数据库。
- 连接到数据库。
- 编写基本 SQL 查询。
- 使用 Qt 创建登录界面。
- 在模型视图中显示数据库中的信息。
- 高级 SQL 查询。

12.1　技术要求

本章需要使用 Qt 6.6.1 MinGW 64-bit 和 Qt Creator 12.0.2。本章使用的所有代码都可以从以下 GitHub 仓库下载：https://github.com/PacktPublishing/QT6-C-GUI-Programming-Cookbook---Third-Edition-/tree/main/Chapter12。

12.2　设置数据库

Qt 支持以插件/附加组件形式存在的几种不同类型的 SQL 驱动程序，如 SQLite、ODBC、PostgreSQL、MySQL 等。然而，将这些驱动程序集成到 Qt 项目中非常容易。我们将在以下示例中学习如何做到这一点。

12.2.1　实现方式

本节将学习如何将 Qt 与 SQLite 一起使用。在深入探讨 Qt 之前，首先设置 SQLite 编辑器。

（1）从 https://sqlitestudio.pl 下载 SQLiteStudio 并安装它以管理 SQLite 数据库，如图 12.1 所示。

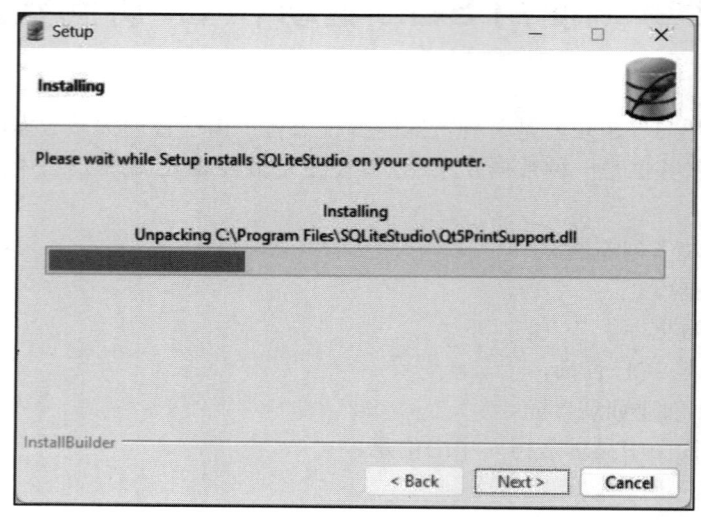

图 12.1　将 SQLiteStudio 安装到计算机上

（2）打开 SQLiteStudio，我们应该会看到图 12.2 所示的界面。

图 12.2　SQLiteStudio 是一个方便的程序，用于管理 SQLite 数据库

第 12 章　使用 SQL 驱动和 Qt 访问数据库　•275•

（3）在开始之前需要创建一个新的数据库。选择 Database | Add a database，选择数据库类型为 SQLite 3，然后选择文件名并设置数据库名称。接下来，单击 Test connection 按钮。我们应该会看到一个绿色的勾号出现在按钮旁边。之后，单击 OK 按钮，如图 12.3 所示。

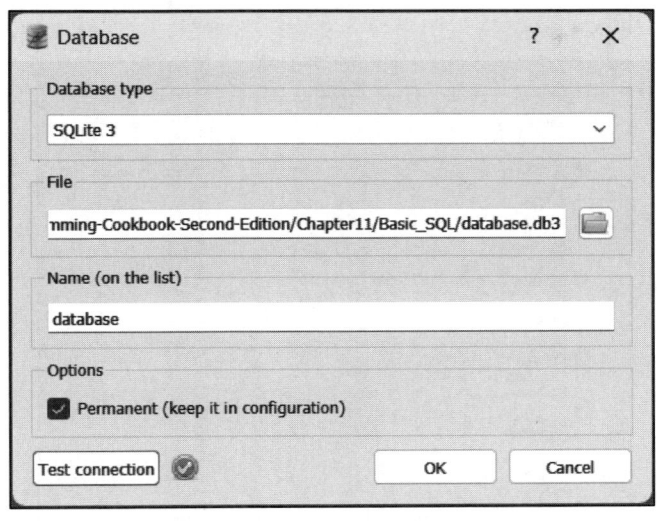

图 12.3　创建一个新的 SQLite 3 数据库

（4）一旦数据库被创建，我们应该能在 Databases 窗口看到数据库出现。然后，右键单击 Tables 并从弹出的菜单中选择 Create a table 选项，如图 12.4 所示。

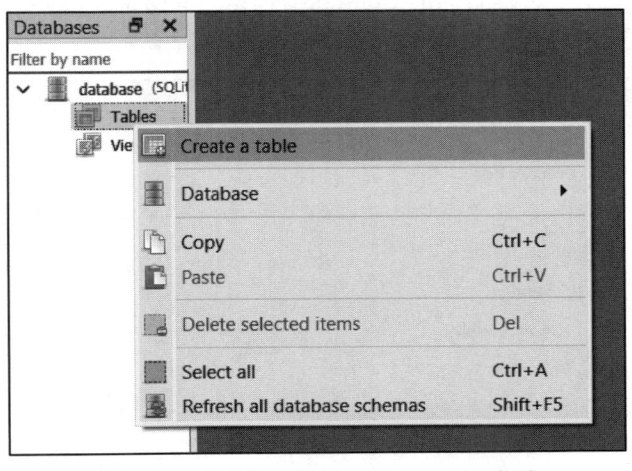

图 12.4　从菜单中选择 Create a table 选项

（5）将表名称设置为 employee。然后，单击位于表名称输入框上方的 Add column (lns) 按钮。将弹出 Column 窗口，如图 12.5 所示。

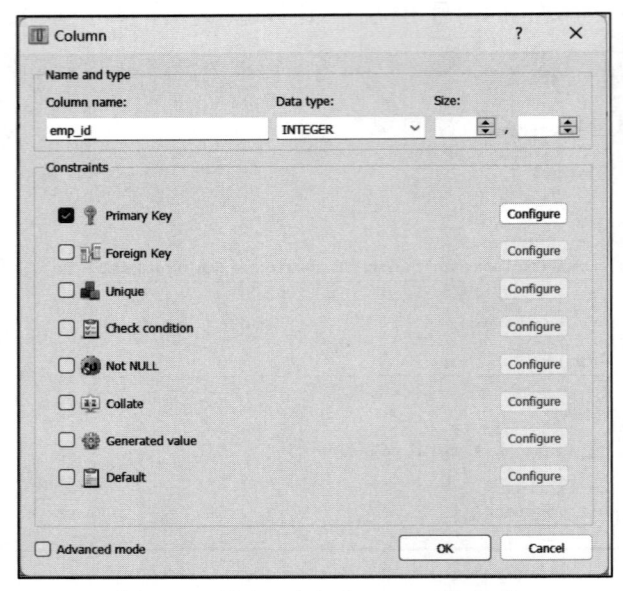

图 12.5　创建一个名为 emp_id 的新列

（6）将列名称设置为 emp_id，数据类型设置为 INTEGER，并勾选 Primary key 复选框。然后，单击 Primary key 复选框右侧的 Configure 按钮。现在将弹出 Edit constraint 窗口。勾选 Autoincrement 复选框，然后单击 Apply 按钮，如图 12.6 所示。

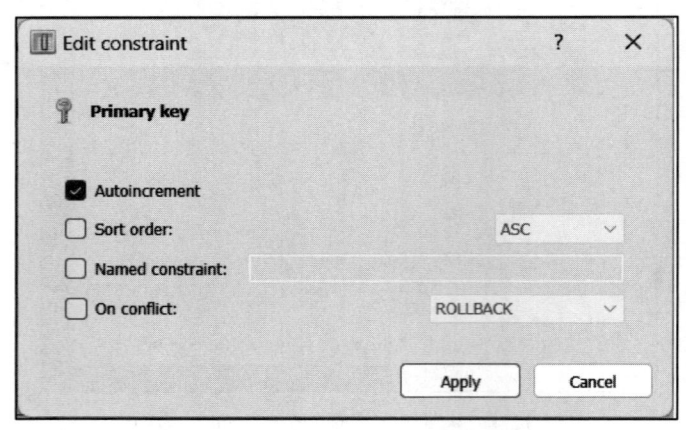

图 12.6　勾选 Autoincrement 复选框

（7）在 Column 窗口下方单击 OK 按钮。现在已经成功创建了一个名为 emp_id 的新列。接下来重复上述步骤（不勾选主键）创建其他列。我们可以按照这里看到的设置进行操作，如图 12.7 所示。

图 12.7　创建所有 5 个列

（8）到目前为止，这些列实际上尚未被创建。单击位于表名上方带有绿色勾号图标的按钮，将会弹出一个窗口确认列的创建。单击 OK 按钮以确认，如图 12.8 所示。

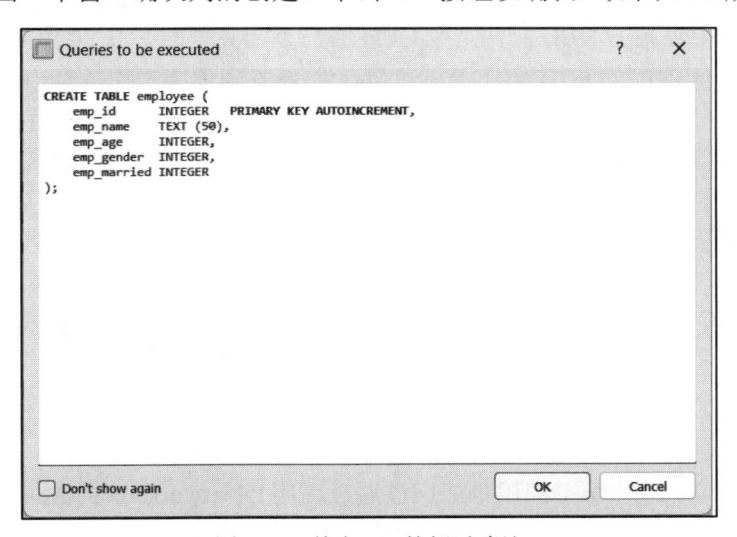

图 12.8　单击 OK 按钮以确认

（9）现在，我们已经创建了 employee 表。让我们从 Structure 标签页切换到 Data 标签页。我们可以使用 Data 标签页查看属于员工表的所有数据，目前它是空的。通过单击带有绿色加号图标的 Insert row (Ins) 按钮，向员工表中插入一些虚拟数据。然后，简单地插入一些虚拟数据，如图 12.9 所示。

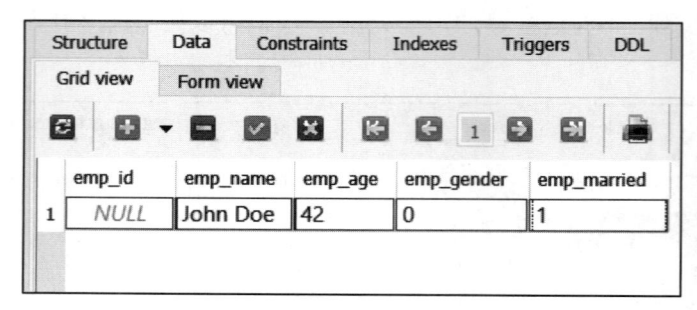

图 12.9　向 employee 表中插入虚拟数据

（10）为 Qt 项目设置 SQL 驱动程序。对此，只需访问 Qt 安装文件夹并寻找 sqldrivers 文件夹。例如，C:\Qt\6.4.2\mingw_64\plugins\sqldrivers。

（11）将整个 sqldrivers 文件夹复制到项目的构建目录中。我们可以删除与运行的 SQL 服务器无关的 DLL 文件。在当前示例中，由于我们使用的是 SQLite，因而可以删除除了 qsqlite.dll 以外的所有内容。

（12）上一步中提到的 DLL 文件是使 Qt 能够与不同类型的 SQL 架构通信的驱动程序。此外，可能还需要 SQL 客户端库的 DLL 文件才能使驱动程序工作。以当前情况为例，我们需要 sqlite3.dll 位于与程序可执行文件相同的目录中。我们可以从 SQLiteStudio 的安装目录或 SQLite 官方网站获取它，对应网址为 https://www.sqlite.org/download.html。

12.2.2　工作方式

Qt 提供了 SQL 驱动程序，以便可以轻松连接到不同类型的 SQL 服务器，而无须自行实现它们。

目前，Qt 官方支持 SQLite、ODBC 和 PostgreSQL。如果需要直接连接到 MySQL，我们需要自己重新编译 Qt 驱动程序，这超出了本书的范围。出于安全原因，不建议从应用程序直接连接到 MySQL。相反，应用程序应该通过使用 QNetworkAccessManager 发送 HTTP 请求，并与后端脚本（如 PHP、ASP 和 JSP）间接互动，然后这些脚本可以与数据库通信。如果只需要一个基于文件的数据库且不计划使用基于服务器的数据库，SQLite 可视为不错的选择，这也是我们为本章选择的方案。

在 12.3 节中，我们将学习如何使用 Qt 的 SQL 模块连接到 SQL 数据库。

12.3 连接到数据库

本节将学习如何将 Qt 6 应用程序连接到 SQL 服务器。

12.3.1 实现方式

在 Qt 中连接到 SQL 服务器十分简单。

（1）打开 Qt Creator 并创建一个新的 Qt Widgets Application 项目。

（2）打开项目文件（.pro），为项目添加 sql 模块，然后像这样运行 qmake：

```
QT += core gui sql
```

（3）打开 mainwindow.ui 并向画布上拖曳 7 个标签组件、一个组合框和一个复选框。将其中 4 个标签的文本属性设置为 Name:、Age:、Gender:和 Married:。然后，将其余的 objectName 属性设置为 name、age、gender 和 married，如图 12.10 所示。前 4 个标签不需要设置对象名称，因为它们仅用于显示目的。

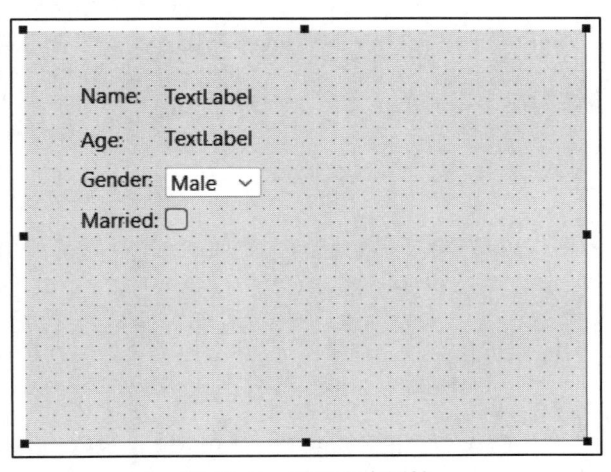

图 12.10 设置文本属性

（4）打开 mainwindow.h 并在 QMainWindow 头文件下方添加以下头文件。

```
#include <QMainWindow>
#include <QtSql>
```

```
#include <QSqlDatabase>
#include <QSqlQuery>
#include <QDebug>
```

(5）打开 mainwindow.cpp 并将以下代码插入类构造函数中。

```
MainWindow::MainWindow(QWidget *parent) :
    QMainWindow(parent), ui(new Ui::MainWindow) {
    ui->setupUi(this);
    QSqlDatabase db = QSqlDatabase::addDatabase("QSQLITE");
    db.setDatabaseName("database.db3");
```

(6）数据库连接打开后，启动 SQL 查询。

```
if (db.open()) {
    QSqlQuery query;
    if (query.exec("SELECT emp_name, emp_age, emp_gender, emp_married
     FROM employee")) {
        while (query.next()) {
            qDebug() << query.value(0) << query.value(1) <<
            query.value(2) << query.value(3);
            ui->name->setText(query.value(0).toString());
            ui->age->setText(query.value(1).toString());
            ui->gender->setCurrentIndex(query.value(2).toInt());
            ui->married->setChecked(query.value(3).toBool());
        }
    }
```

(7）打印错误文本。

```
    else {
        qDebug() << query.lastError().text();
    }
    db.close();
}
else {
    qDebug() << "Failed to connect to database.";
}
}
```

(8）编译并运行，我们应该会得到图 12.11 所示的结果。

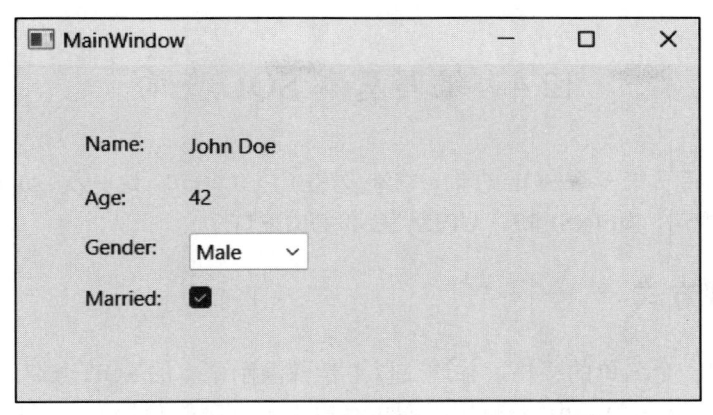

图 12.11　数据库中的数据现在显示在 Qt 程序中

12.3.2　工作方式

前述示例展示了如何使用从 SQL 模块派生的 QSqlDatabase 类连接到 SQL 数据库。如果未将该模块添加到 Qt 项目中，我们将无法访问与 SQL 相关的任何类。

我们必须在调用 addDatabase() 函数时指出正在运行的 SQL 架构。Qt 支持的选项有 QSQLITE、QODBC、QODBC3、QPSQL 和 QPSQL7。如果您遇到错误消息 QSqlDatabase: QMYSQL driver not loaded，那么应该检查 DLL 文件是否放置在正确的目录中。

我们可以通过 QSqlQuery 类将 SQL 语句发送到数据库，并等待它返回结果，这些结果通常是请求的数据，或者是由于无效语句导致的错误消息。如果有任何来自数据库服务器的数据，它们都将存储在 QSqlQuery 类中。我们需要做的只是对 QSqlQuery 类执行一个 while 循环，以检查所有现有记录，并通过调用 value() 函数检索它们。

由于前述例子中使用了 SQLite，因此在连接到数据库时，不需要设置服务器主机、用户名和密码。SQLite 是一个基于文件的 SQL 数据库，因此，我们只需要在调用 QSqlDatabase::setDatabaseName() 时设置文件名即可。

💡 **重要提示：**

Qt 6 官方不再支持 QMYSQL 或 QMYSQL3。您可以自行从源代码重新编译 Qt 添加 MySQL 支持。然而，这种方法不适合初学者。读者可访问 https://doc.qt.io/qt-6/sql-driver.html#compile-qt-with-a-specific-driver 以了解更多信息。

12.4 编写基本 SQL 查询

前述示例编写了第一个 SQL 查询,它涉及 SELECT 语句。这一次,我们将学习如何使用其他的 SQL 语句,如 INSERT、UPDATE 和 DELETE。

12.4.1 实现方式

让我们创建一个简单的程序,并通过以下步骤演示基本的 SQL 查询命令。

(1) 打开 mainwindow.ui,并将用于 Name 和 Age 的标签替换为行编辑组件。然后,在画布上添加 3 个按钮,并将它们命名为 Update、Insert 和 Delete,如图 12.12 所示。

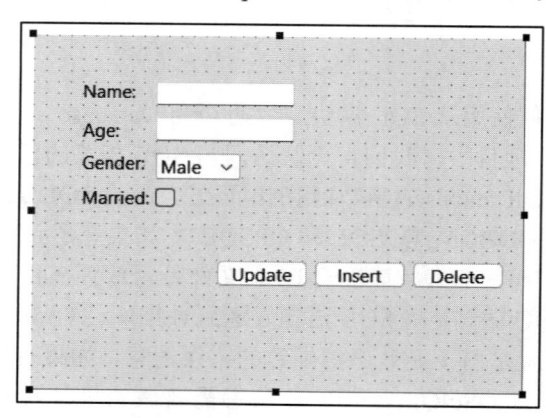

图 12.12 修改 UI

(2) 打开 mainwindow.h 文件,并在私有继承部分添加以下变量。

```
private:
    Ui::MainWindow *ui;
    QSqlDatabase db;
    bool connected;
    int currentID;
```

(3) 打开 mainwindow.cpp 文件并定位到类构造函数。它与前一个示例大致相同,不同之处在于使用一个名为 connected 的布尔变量存储数据库连接状态,此外,还从数据库获取数据的 ID 并将其存储在一个名为 currentID 的整型变量中。

```
MainWindow::MainWindow(QWidget *parent) :
```

```
    QMainWindow(parent), ui(new Ui::MainWindow) {
    ui->setupUi(this);
    db = QSqlDatabase::addDatabase("QSQLITE");
    db.setDatabaseName("database.db3");
    connected = db.open();
```

(4)在连接到数据库之后执行一个查询。

```
if (connected) {
    QSqlQuery query;
    if (query.exec("SELECT emp_id, emp_name, emp_age,
        emp_gender, emp_married FROM employee")) {
        while (query.next()) {
            currentID = query.value(0).toInt();
            ui->name->setText(query.value(1).toString());
            ui->age->setText(query.value(2).toString());
            ui->gender->setCurrentIndex(query.value(3).toInt());
            ui->married->setChecked(query.value(4).toBool());
        }
    }
```

(5)输出错误消息。

```
        else {
            qDebug() << query.lastError().text();
        }
    }
    else {
        qDebug() << "Failed to connect to database.";
    }
}
```

(6)前往 mainwindow.ui 并右键单击在第一步中添加到画布的一个按钮。选择 Go to slot...然后单击 OK 按钮。对另一个按钮重复这些步骤,现在我们应该看到在 mainwindow.h 和 mainwindow.cpp 中都添加了 3 个槽函数。

```
private slots:
    void on_updateButton_clicked();
    void on_insertButton_clicked();
    void on_deleteButton_clicked();
```

(7)打开 mainwindow.cpp 文件,声明单击 Update 按钮时程序将执行的操作。

```
void MainWindow::on_updateButton_clicked() {
```

```
    if (connected) {
        if (currentID == 0) {
            qDebug() << "Nothing to update.";
        }
        else {
            QString id = QString::number(currentID);
            QString name = ui->name->text();
            QString age = ui->age->text();
            QString gender =
            QString::number(ui->gender->currentIndex());
            QString married =
            QString::number(ui->married->isChecked());
```

(8) 执行 UPDATE 查询。

```
qDebug() << "UPDATE employee SET emp_name = '"
+ name + "', emp_age = '" + age + "', emp_gender = " + gender +
", emp_married = " + married + " WHERE emp_id = " + id;
QSqlQuery query;
if (query.exec("UPDATE employee SET emp_name =
    '" + name + "', emp_age = '" + age + "', emp_gender = " + gender
    + ", emp_married = " + married + " WHERE emp_id = " + id)) {
    qDebug() << "Update success.";
}
```

(9) 如有错误，打印出最后一个错误信息。

```
            else {
                qDebug() << query.lastError().text();
            }
        }
    }
    else {
        qDebug() << "Failed to connect to database.";
    }
}
```

(10) 声明当单击 Insert 按钮时将会发生什么操作。

```
void MainWindow::on_insertButton_clicked() {
    if (connected) {
        QString name = ui->name->text();
        QString age = ui->age->text();
        QString gender =
```

```
            QString::number(ui->gender->currentIndex());
        QString married =
        QString::number(ui->married->isChecked());
        qDebug() << "INSERT INTO employee (emp_name, emp_age,
        emp_gender, emp_married) VALUES ('" + name + "','" + age + "', "
        + gender + "," + married + ")";
```

（11）执行 INSERT 查询。

```
        QSqlQuery query;
        if (query.exec("INSERT INTO employee (emp_name, emp_ age, emp_gender,
            emp_married) VALUES ('" + name + "','" + age +
            "', " + gender + "," + married + ")")) {
            currentID = query.lastInsertId().toInt();
            qDebug() << "Insert success.";
        } else {
         qDebug() << query.lastError().text();
        }
    }
    else {
        qDebug() << "Failed to connect to database.";
    }
}
```

（12）声明当单击 Delete 按钮时将会发生什么操作。

```
void MainWindow::on_deleteButton_clicked() {
    if (connected) {
        if (currentID == 0) {
            qDebug() << "Nothing to delete.";
        } else {
            QString id = QString::number(currentID);
            qDebug() << "DELETE FROM employee WHERE emp_id = " + id;
            QSqlQuery query;
            if (query.exec("DELETE FROM employee WHERE emp_ id = " + id)) {
                currentID = 0;
                qDebug() << "Delete success.";
            } else {
                qDebug() << query.lastError().text();
            }
        }
    }
    else {
```

```
        qDebug() << "Failed to connect to database.";
    }
}
```

（13）在类析构函数中调用 QSqlDatabase::close()以在程序退出前正确终止 SQL 连接。

```
MainWindow::~MainWindow() {
    db.close();
    delete ui;
}
```

（14）编译并运行程序，我们应该能够从数据库中选择默认数据。然后可以选择更新它或从数据库中删除它。此外，也可以通过单击插入按钮将新数据插入数据库。我们可以使用 SQLiteStudio 检查数据是否被正确修改，如图 12.13 所示。

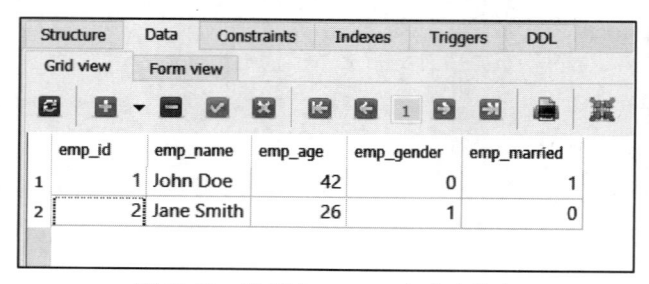

图 12.13　数据在 SQLite 中成功修改

12.4.2　工作方式

在向数据库发送 SQL 查询之前，检查数据库是否已连接非常重要。因此，我们将这种状态保存在一个变量中，并在发送任何查询之前使用它进行检查。然而，对于长时间保持打开状态的复杂程序，并不推荐这种做法，因为在这期间数据库可能会断开连接，而一个固定的变量可能不准确。在这种情况下，最好通过调用 QSqlDatabase::isOpen()检查实际状态。

currentID 变量用于保存从数据库获取的当前数据的 ID。当想要更新数据库中的数据或将其删除时，该变量对于让数据库知道尝试更新或删除哪些数据至关重要。如果正确设置了数据库表，SQLite 将把每条数据项视为一个独特的条目，因此可以确信在保存新数据时数据库中不会产生重复的 ID。

在将新数据插入数据库后，我们调用 QSqlQuery::lastInsertId()获取新数据的 ID 并将其保存为 currentID 变量，这样它就成为可以更新或从数据库中删除的当前数据。在 Qt 中使用 SQL 查询之前，在 SQLiteStudio 上测试它们是一个好习惯。我们可以立即发现 SQL 语句是否正确，而不必等待项目构建、尝试运行后再重新构建。作为程序员，我们必须以最高效的方式工作。

努力工作，更要聪明地工作。

12.5 使用 Qt 创建登录界面

本节将学习如何使用 Qt 和 SQLite 创建一个功能性的登录界面。

12.5.1 实现方式

按照以下步骤创建第一个功能性登录界面。

（1）打开网络浏览器，访问 SQLiteStudio。我们将创建一个名为 user 的新数据表，其结构如图 12.14 所示。

图 12.14　创建新的 user 表

（2）将第一条数据项插入新创建的表中，并将 user_employeeID 设置为现有员工的 ID。通过这种方式，我们创建的用户账户将与某位员工的数据相关联，如图 12.15 所示。

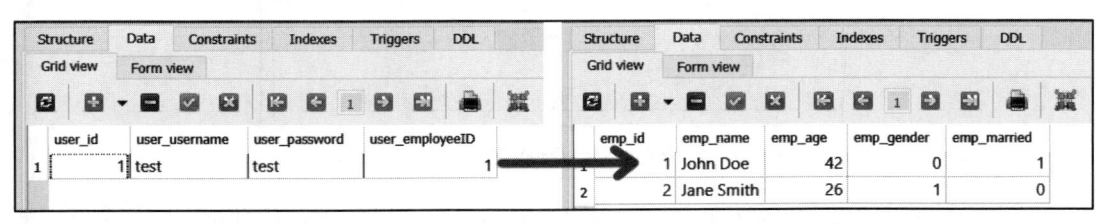

图 12.15　user_employeeID 列与员工的 emp_id 列相关联

（3）打开 Qt Creator 并创建一个新的 Qt Widgets Application 项目。我们将从 mainwindow.ui 开始。在画布上放置一个堆叠式组件，并确保它包含两个页面。然后，按照图 12.16 所示的方式配置堆叠式组件中的两个页面。

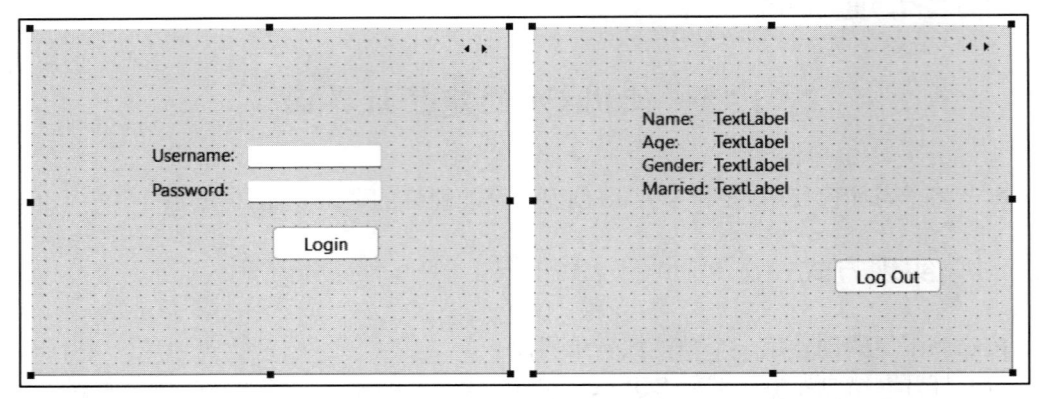

图 12.16　在堆叠式组件内创建一个包含两个页面的用户界面

（4）在堆叠式组件的第一页上，单击组件顶部的 Edit Tab Order 图标，以便可以调整程序中组件的顺序，如图 12.17 所示。

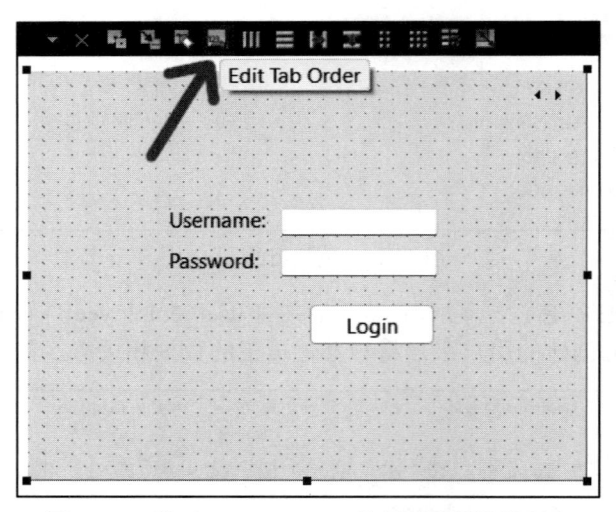

图 12.17　按下 Edit Tab Order 按钮更改组件的顺序

（5）一旦单击 Edit Tab Order 图标，我们将看到画布上每个组件顶部出现一些数字，如图 12.18 所示。请确保这些数字与随后截图中的数字相同。否则，单击数字以更改它们的顺序。我们只需对堆叠式组件的第一页执行此操作；第二页保持原样即可。

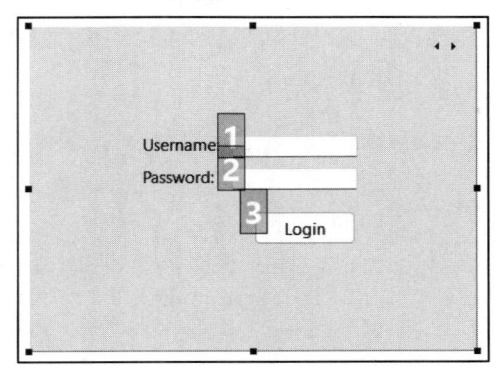

图 12.18　每个组件的顺序

（6）右键单击 Login 按钮，选择 Go to slot…。然后，确保选中了 clicked()选项并单击 OK 按钮。Qt 随后将在项目源文件中创建一个槽函数。对 Log Out 按钮也重复此步骤。

（7）打开 mainwindow.h，并在 #include <QMainWindow> 行后添加以下头文件。

```
#include <QMainWindow>
#include <QtSql>
#include <QSqlDatabase>
#include <QSqlQuery>
#include <QMessageBox>
#include <QDebug>
```

（8）在 mainwindow.h 中添加以下变量。

```
private:
    Ui::MainWindow *ui;
    QSqlDatabase db;
```

（9）打开 mainwindow.cpp 文件并将以下代码放入类构造函数中。

```
MainWindow::MainWindow(QWidget *parent) :
    QMainWindow(parent),
    ui(new Ui::MainWindow) {
    ui->setupUi(this);
    ui->stackedWidget->setCurrentIndex(0);
    db = QSqlDatabase::addDatabase("QSQLITE");
    db.setDatabaseName("database.db3");
    if (!db.open()) {
```

```
        qDebug() << "Failed to connect to database.";
    }
}
```

（10）定义如果单击 Login 按钮将会发生什么。

```
void MainWindow::on_loginButton_clicked() {
    QString username = ui->username->text();
    QString password = ui->password->text();
    QSqlQuery query;
    if (query.exec("SELECT user_employeeID from user WHERE user_username
 = '" + username + "' AND user_password = '" + password + "'")) {
        int resultSize = 0;
        while (query.next()) {
            QString employeeID = query.value(0).toString();
            QSqlQuery query2;
```

（11）执行 SQL 查询。

```
if (query2.exec("SELECT emp_name, emp_age,
emp_gender, emp_married FROM employee WHERE emp_id = " +
employeeID)) {
    while (query2.next()) {
        QString name = query2.value(0).
        toString();
        QString age = query2.value(1).
        toString();
        int gender = query2.value(2).
        toInt();
        bool married = query2.value(3).
        toBool();
        ui->name->setText(name);
        ui->age->setText(age);
```

（12）在切换到堆叠式组件的第二页之前设置性别和婚姻状况的文本。

```
            if (gender == 0)
                ui->gender->setText("Male");
            else
                ui->gender- >setText("Female");
            if (married)
                ui->married->setText("Yes");
            else
                ui->married->setText("No");
```

第 12 章　使用 SQL 驱动和 Qt 访问数据库

```
                    ui->stackedWidget- >setCurrentIndex(1);
        }
    }
    resultSize++;
}
```

（13）如果登录失败，则打印错误信息。

```
    if (resultSize == 0)
    {
        QMessageBox::warning(this, "Login failed", "Invalid username or
        password.");
    }
    else
    {
        qDebug() << query.lastError().text();
    }
}
```

（14）定义如果单击 Log Out 按钮将会发生什么。

```
void MainWindow::on_logoutButton_clicked() {
    ui->stackedWidget->setCurrentIndex(0);
}
```

（15）当主窗口关闭时关闭数据库。

```
MainWindow::~MainWindow() {
    db.close();
    delete ui;
}
```

（16）编译并运行程序，我们应该能够使用虚拟账户登录。登录后，应该能够看到与用户账户关联的虚拟员工信息。此外，也可以通过单击 Log Out 按钮注销，如图 12.19 所示。

12.5.2　工作方式

在这个示例中，我们从用户表中选择与输入文本框中的用户名和密码相匹配的数据。如果找不到任何内容，这意味着提供了无效的用户名或密码。否则，从用户账户中获取 user_employeeID 数据，并执行另一个 SQL 查询，以查找与 user_employeeID 变量匹配的员工表中的信息。然后，根据程序的用户界面显示数据。

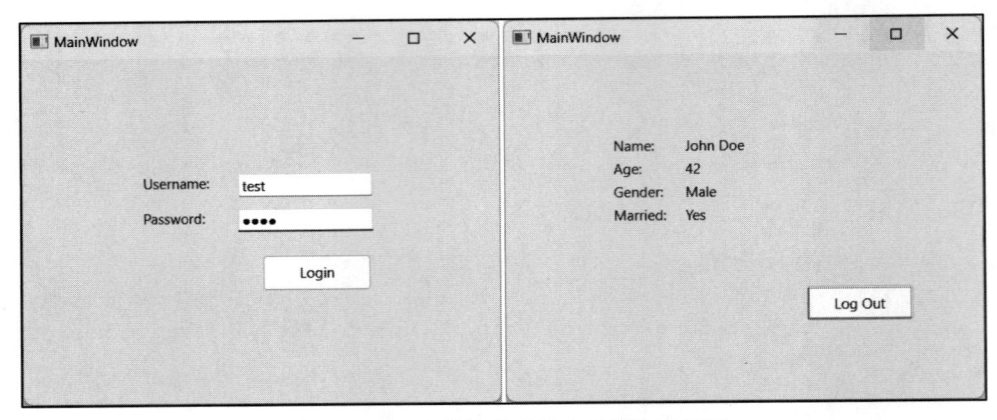

图 12.19　一个简单且功能完备的登录界面

我们必须在 Edit Tab Order 模式下设置组件顺序，以便当程序启动时，首先获得焦点的第一个组件是用户名行编辑组件。如果用户在键盘上按下 Tab 键，焦点应该切换到第二个组件，即密码行编辑。错误的组件顺序会破坏用户体验并赶走任何潜在用户。确保密码行编辑的 echoMode 选项设置为 Password。该设置将隐藏实际输入行编辑中的密码，并出于安全目的将其替换为点符号。

由于 SQLite 不支持返回查询大小，因而不能使用 QSqlQuery::size()函数确定返回了多少结果，且对应结果将始终为 -1。因此，我们声明了一个 resultSize 变量，并在 while 循环操作中计数结果。

12.6　在模型视图中显示数据库中的信息

按照以下步骤在模型视图组件上显示数据库中的信息。

12.6.1　实现方式

在这个示例中，我们将学习如何在程序的模型视图中显示从 SQL 数据库获取的多组数据。

（1）使用名为 employee 的数据库表，这是之前创建 Qt 登录界面时使用过的数据库表。这一次，我们需要在 employee 表中包含更多的数据。打开 SQLiteStudio 控制面板，并为更多员工添加数据，以便稍后在程序中显示，如图 12.20 所示。

第 12 章 使用 SQL 驱动和 Qt 访问数据库 ·293·

	emp_id	emp_name	emp_age	emp_gender	emp_married
1	1	John Doe	42	0	1
2	2	Jane Smith	26	1	0
3	3	Larry King	32	0	1
4	4	Jason Freeman	28	0	0
5	5	Laura Jordan	38	1	1

图 12.20 向 employee 表中添加更多虚拟数据

（2）打开 Qt Creator，创建一个新的 Qt Widgets Application 项目，然后向项目中添加 SQL 模块。

（3）打开 mainwindow.ui，并在 Widget 面板下的 Item Widget（基于项）中添加一个表格组件（不是表格视图）。选择画布上的主窗口，然后单击 Lay Out Vertically 或 Lay Out Horizontally 按钮，使表格组件即使在调整大小时也能贴合主窗口的大小，如图 12.21 所示。

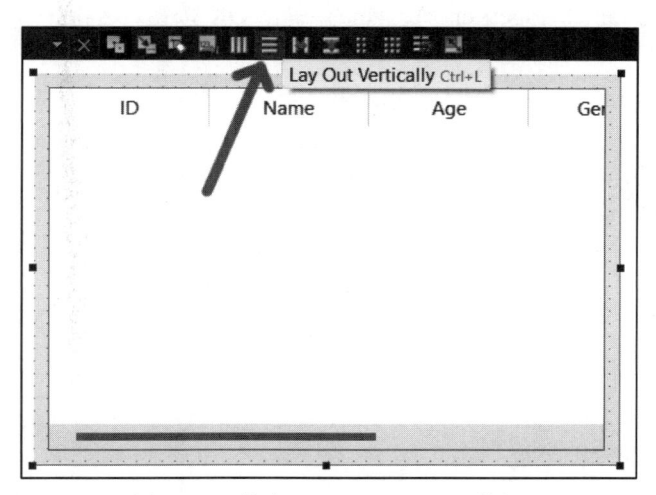

图 12.21 单击 Lay Out Vertically 按钮

（4）双击表格组件，随后将会出现一个窗口。在 Columns 标签下，单击左下角的 + 按钮添加 5 个项目。将这些项目命名为 ID、Name、Age、Gender 和 Married，如图 12.22 所示。完成后单击 OK 按钮。

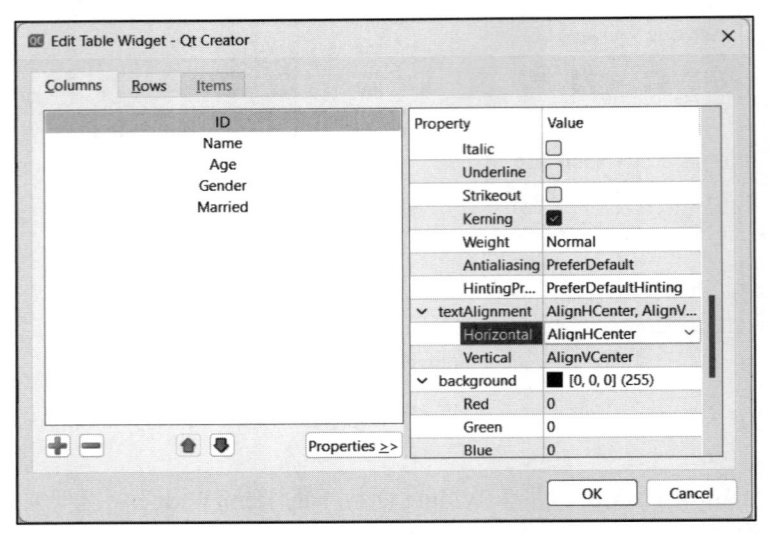

图 12.22 添加 5 个项目

（5）右键单击表格组件，并在弹出菜单中选择 Go to slot...。向下滚动，选择弹出窗口中的 itemChanged(QTableWidgetItem*) 选项，并单击 OK 按钮。这将在源文件中创建一个槽函数。

（6）打开 mainwindow.h 并向 MainWindow 类中添加私有变量。

```
private:
    Ui::MainWindow *ui;
    bool hasInit;
    QSqlDatabase db;
```

（7）向 mainwindow.h 添加以下类头文件。

```
#include <QtSql>
#include <QSqlDatabase>
#include <QSqlQuery>
#include <QMessageBox>
#include <QDebug>
#include <QTableWidgetItem>
```

（8）打开 mainwindow.cpp，我们需要声明程序启动时将会发生什么。将以下代码添加到 MainWindow 类的构造函数中。

```
MainWindow::MainWindow(QWidget *parent) :
    QMainWindow(parent),
```

```cpp
    ui(new Ui::MainWindow)
{
    hasInit = false;
    ui->setupUi(this);
    db = QSqlDatabase::addDatabase("QSQLITE");
    db.setDatabaseName("database.db3");
    ui->tableWidget->setColumnHidden(0, true);
```

(9) SQL 查询代码如下所示。

```cpp
if (db.open()) {
    QSqlQuery query;
    if (query.exec("SELECT emp_id, emp_name, emp_age, emp_gender, emp_married
    FROM employee")) {
        while (query.next()) {
            qDebug() << query.value(0) << query.value(1) << query.value(2) <<
            query.value(3) << query.value(4);
            QString id = query.value(0).toString();
            QString name = query.value(1).toString();
            QString age = query.value(2).toString();
            int gender = query.value(3).toInt();
            bool married = query.value(4).toBool();
```

(10) 创建几个 QTableWidgetItem 对象。

```cpp
ui->tableWidget->setRowCount(ui->tableWidget->rowCount() + 1);
QTableWidgetItem* idItem = new QTableWidgetItem(id);
QTableWidgetItem* nameItem = new QTableWidgetItem(name);
QTableWidgetItem* ageItem = new QTableWidgetItem(age);
QTableWidgetItem* genderItem = new QTableWidgetItem();
if (gender == 0)
    genderItem->setData(0, "Male");
else
    genderItem->setData(0, "Female");
    QTableWidgetItem* marriedItem = new QTableWidgetItem();
if (married)
    marriedItem->setData(0, "Yes");
else
    marriedItem->setData(0, "No");
```

(11) 将这些对象移动到表格组件中。

```cpp
            ui->tableWidget->setItem(ui->tableWidget->rowCount() - 1, 0,
        idItem);
```

```
                ui->tableWidget->setItem(ui->tableWidget->rowCount() - 1, 1,
                nameItem);
                ui->tableWidget->setItem(ui->tableWidget->rowCount() - 1, 2,
                ageItem);
                ui->tableWidget->setItem(ui->tableWidget->rowCount() - 1, 3,
                genderItem);
                ui->tableWidget->setItem(ui->tableWidget->rowCount() - 1, 4,
                marriedItem);
            }
            hasInit = true;
        }
        else {
            qDebug() << query.lastError().text();
        }
    }
    else {
        qDebug() << "Failed to connect to database.";
    }
}
```

（12）声明当表格组件中的某个项目被编辑时将会发生什么。将以下代码添加到 on_tableWidget_itemChanged()槽函数中。

```
void MainWindow::on_tableWidget_itemChanged(QTableWidgetItem *item) {
    if (hasInit) {
        QString id = ui->tableWidget->item(item->row(), 0)->data(0).toString();
        QString name = ui->tableWidget->item(item->row(),
        1)->data(0).toString();
        QString age = QString::number(ui->tableWidget->item(item->row(),
        2)->data(0).toInt());
        ui->tableWidget->item(item->row(), 2)->setData(0, age);
        QString gender;
        if (ui->tableWidget->item(item->row(), 3)->data(0).toString() ==
        "Male") {
            gender = "0";
        } else {
            ui->tableWidget->item(item->row(), 3)->setData(0,"Female");
            gender = "1";
        }
        QString married;
        if (ui->tableWidget->item(item->row(), 4)->data(0).toString() == "No")
        {
```

```
            married = "0";
        } else {
            ui->tableWidget->item(item->row(), 4)->setData(0, "Yes");
            married = "1";
        }
        qDebug() << id << name << age << gender << married;
        QSqlQuery query;
        if (query.exec("UPDATE employee SET emp_name = '" + name + "',
            emp_age = '" + age + "', emp_gender = '" + gender + "', emp_married
            = '" + married + "' WHERE emp_id = " + id)) {
            QMessageBox::information(this, "Update Success", "Data updated to
            database.");
        } else {
            qDebug() << query.lastError().text();
        }
    }
}
```

（13）在类析构函数中关闭数据库。

```
MainWindow::~MainWindow() {
    db.close();
    delete ui;
}
```

（14）编译并运行示例，我们应该能得到图 12.23 所示的结果。

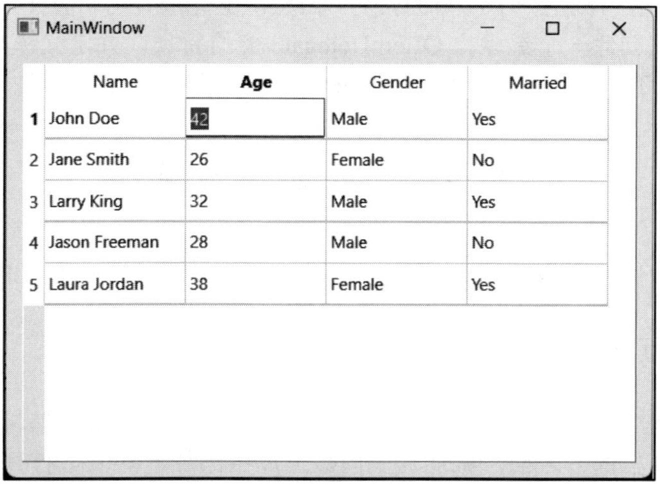

图 12.23　创建自己的 SQL 编辑器

12.6.2 工作方式

表格组件类似于在诸如 Microsoft Excel 和 OpenOffice Calc 等电子表格应用程序中看到的表格。与其他类型的模型查看器（如列表视图或树视图）不同，表格视图（或表格组件）是一种二维模型查看器，它以行和列的形式显示数据。

在 Qt 中，表格视图和表格组件之间的主要区别在于，表格组件是建立在表格视图类之上的，这意味着表格组件更易于使用，更适合初学者。然而，表格组件的灵活性较低，且往往不如表格视图那样可扩展，如果想要自定义表格，它并不是最佳选择。从 SQLite 获取数据后，我们为每个数据项创建了一个 QTableWidgetItem 项目，并设置了应该添加到表格组件的哪一列和行。在将项目添加到表格组件之前，必须通过调用 QTableWidget::setRowCount() 增加表格的行数。此外，也可以通过简单地调用 QTableWidget::rowCount() 获取表格组件当前的行数。

最左边的第一列是不可见的，因为我们只使用它来保存数据的 ID，以便在行中的某个数据项发生变化时，可以使用它来更新数据库。当单元格中的数据发生变化时，将调用 on_tableWidget_itemChanged() 槽函数。它不仅会在编辑单元格中的数据时被调用，而且在数据首次从数据库检索后添加到表格时也会被调用。为确保此函数仅在编辑数据时触发，我们使用一个名为 hasInit 的布尔变量检查是否已完成初始化过程（向表格添加第一批数据）。如果 hasInit 为 false，则忽略函数调用。

为了防止用户输入完全不相关的数据类型，如在仅限数字的数据单元格中插入字母，我们会在它们被编辑时手动检查数据是否接近预期的内容。如果它不符合有效内容，则将其还原为默认值。这当然是一个简单的技巧，虽然能够完成任务，但并不是最专业的方法。或者，也可以尝试创建一个继承自 QItemDelegate 类的新类，并定义模型视图应该如何表现。然后，调用 QTableWidget::setItemDelegate() 将该类应用到表格组件上。

12.7 高级 SQL 查询

本节将学习如何使用高级 SQL 语句，如 INNER JOIN、COUNT、LIKE 和 DISTINCT。

12.7.1 实现方式

SQL 数据库操作不仅限于执行简单查询。让我们遵循以下步骤学习如何做到这一点。

（1）在开始编程部分之前，我们需要向数据库中添加一些表。打开 SQLiteStudio，针对当前示例，我们需要几个表，如图 12.24 所示。

（2）我们将展示这个项目所需的每个表的结构，以及插入表中用于测试的虚拟数据。第一个表称为 branch，它用于存储虚拟公司不同分支机构的 ID 和名称，如图 12.25 所示。

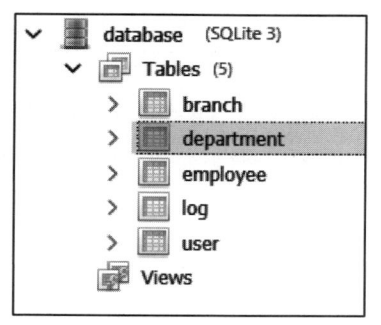

图 12.24　针对当前示例创建的额外表格

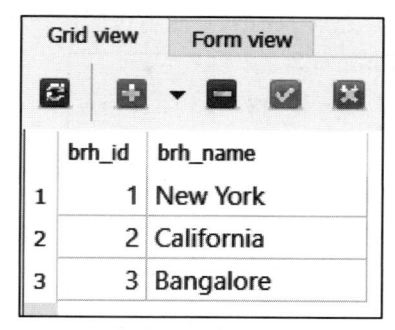

图 12.25　branch 表

（3）其次是 department 表，它存储了虚拟公司不同部门的 ID 和名称，该表也通过分支机构 ID 与分支机构数据相关联，如图 12.26 所示。

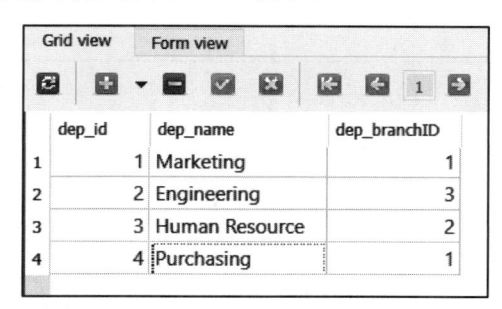

图 12.26　department 表，与 branch 表相关联

（4）此外，还有一个 employee 表，它存储了虚拟公司所有员工的信息。该表与前面示例中使用的表类似，只是它有两个额外的列：emp_birthday 和 emp_departmentID，如图 12.27 所示。

图 12.27　employee 表，与 department 表相关联

（5）log 表包含了每个员工登录时间的虚拟记录。log_loginTime 将被设置为日期-时间变量类型，如图 12.28 所示。

（6）之前的示例曾使用过的用户表，如图 12.29 所示。

图 12.28　log 表，与 user 表相关联

图 12.29　user 表

（7）打开 Qt Creator。这一次，我们不选择 Qt Widgets Application，而是选择 Qt Console Application，如图 12.30 所示。

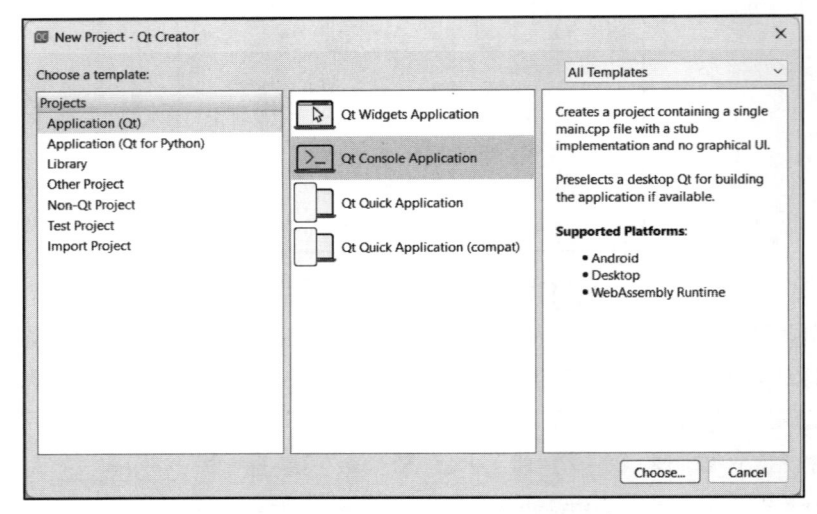

图 12.30　创建 Qt Console Application 项目

（8）打开项目文件（.pro），并将 sql 模块添加到项目中。

```
QT += core sql
QT -= gui
```

（9）打开 main.cpp，并在源文件顶部添加以下头文件。

```cpp
#include <QSqlDatabase>
#include <QSqlQuery>
#include <QSqlError>
#include <QDate>
#include <QDebug>
```

（10）添加以下函数以显示年龄超过 30 岁的员工。

```cpp
void filterAge() {
    qDebug() << "== Employees above 40 year old ==============";
    QSqlQuery query;
    if (query.exec("SELECT emp_name, emp_age FROM employee WHERE emp_age > 40")) {
        while (query.next()) {
            qDebug() << query.value(0).toString() << query.value(1).toString();
        }
    }
    else {
        qDebug() << query.lastError().text();
    }
}
```

（11）添加以下函数以显示每位员工的 department 和 branch 信息。

```cpp
void getDepartmentAndBranch() {
    qDebug() << "== Get employees' department and branch ============";
    QSqlQuery query;
    if (query.exec("SELECT emp_name, dep_name, brh_name FROM (SELECT emp_name, emp_departmentID FROM employee) AS myEmployee INNER JOIN department ON department.dep_id = myEmployee.emp_ departmentID INNER JOIN branch ON branch.brh_id = department. dep_branchID")) {
        while (query.next()) {
            qDebug() << query.value(0).toString() << query.value(1).toString() << query.value(2).toString();
        }
    }
    else {
        qDebug() << query.lastError().text();
    }
}
```

（12）添加以下函数，用于显示在纽约分支机构工作且年龄在 40 岁以下的员工。

```
void filterBranchAndAge() {
    qDebug() << "== Employees from New York and age below 40 ============";
    QSqlQuery query;
    if (query.exec("SELECT emp_name, emp_age, dep_name, brh_name FROM (SELECT emp_name, emp_age, emp_departmentID FROM employee) AS myEmployee INNER JOIN department ON department.dep_id = myEmployee.emp_departmentID INNER JOIN branch ON branch.brh_id = department.dep_branchID WHERE branch.brh_name = 'New York' AND myEmployee.emp_age < 40")) {
        while (query.next()) {
            qDebug() << query.value(0).toString() << query.value(1).toString() << query.value(2).toString() << query.value(3).toString();
        }
    }
    else {
        qDebug() << query.lastError().text();
    }
}
```

（13）添加以下函数，用于统计虚拟公司中女性员工的总数。

```
void countFemale() {
    qDebug() << "== Count female employees ============";
    QSqlQuery query;
    if (query.exec("SELECT COUNT(emp_gender) FROM employee WHERE emp_gender = 1")) {
        while (query.next()) {
            qDebug() << query.value(0).toString();
        }
    }
    else {
        qDebug() << query.lastError().text();
    }
}
```

（14）添加以下函数，该函数过滤员工名单，仅显示以 Ja 开头的那些姓名。

```
void filterName() {
    qDebug() << "== Employees name start with 'Ja' ============";
    QSqlQuery query;
    if (query.exec("SELECT emp_name FROM employee WHERE emp_name LIKE '%Ja%'")) {
        while (query.next()) {
```

第 12 章 使用 SQL 驱动和 Qt 访问数据库

```
            qDebug() << query.value(0).toString();
        }
    }
    else {
        qDebug() << query.lastError().text();
    }
}
```

（15）添加以下函数，用于显示在 8 月过生日的员工。

```
void filterBirthday() {
    qDebug() << "== Employees birthday in August =============";
    QSqlQuery query;
    if (query.exec("SELECT emp_name, emp_birthday FROM employee WHERE
        strftime('%m', emp_birthday) = '08'")) {
        while (query.next()) {
            qDebug() << query.value(0).toString() << query.
            value(1).toDate().toString("d-MMMM-yyyy");
        }
    }
    else {
        qDebug() << query.lastError().text();
    }
}
```

（16）添加以下函数，用于检查在 2024 年 4 月 27 日登录虚拟系统的人员，并在终端上显示他们的姓名。

```
void checkLog() {
    qDebug() << "== Employees who logged in on 27 April 2024 =============";
    QSqlQuery query;
    if (query.exec("SELECT DISTINCT emp_name FROM (SELECT emp_ id, emp_name
        FROM employee) AS myEmployee INNER JOIN user ON user.user_employeeID =
        myEmployee.emp_id INNER JOIN log ON log. log_userID = user.user_id WHERE
        DATE(log.log_loginTime) = '2024- 04-27'")) {
        while (query.next()) {
            qDebug() << query.value(0).toString();
        }
    }
    else {
        qDebug() << query.lastError().text();
    }
}
```

（17）在 main() 函数中，将程序连接到 SQLite 数据库，并调用前几步中定义的所有函数。随后关闭数据库连接。

```cpp
int main(int argc, char *argv[]) {
    QCoreApplication a(argc, argv);
    QSqlDatabase db = QSqlDatabase::addDatabase("QSQLITE");
    db.setDatabaseName("database.db3");
    if (db.open()) {
        filterAge();
        getDepartmentAndBranch();
        filterBranchAndAge();
        countFemale();
        filterName();
        filterBirthday();
        checkLog();
        db.close();
    }
    else {
        qDebug() << "Failed to connect to database.";
    }
    return a.exec();
}
```

（18）编译并运行项目，我们应该能够看到一个显示过滤结果的终端窗口，如图 12.31 所示。

```
== Employees above 40 year old =============
"John Doe" "50"
"Laura Jordan" "46"
== Get employees' department and branch =============
"John Doe" "Marketing" "New York"
"Jane Smith" "Marketing" "New York"
"Larry King" "Engineering" "Bangalore"
"Jason Freeman" "Purchasing" "New York"
"Laura Jordan" "Human Resource" "California"
== Employees from New York and age below 40 =============
"Jane Smith" "34" "Marketing" "New York"
"Jason Freeman" "36" "Purchasing" "New York"
== Count female employees =============
"2"
== Employees name start with 'Ja' =============
"Jane Smith"
"Jason Freeman"
== Employees birthday in August =============
"Jane Smith" "6-August-1990"
"Laura Jordan" "2-August-1978"
== Employees who logged in on 27 April 2024 =============
"John Doe"
"Larry King"
"Jane Smith"
```

图 12.31 在应用程序输出窗口打印结果

12.7.2 工作方式

控制台应用程序没有图形用户界面,只在终端窗口中显示文本。这通常用于后端系统,因为它相比组件应用程序使用更少的资源。我们在本例中使用它,是因为在不需要在程序中放置组件的情况下更快地显示结果。

我们将 SQL 查询分隔到不同的函数中,这样可以更容易地维护代码,避免代码变得过于混乱。注意,在 C++ 中,函数必须位于 main() 函数之前;否则,它们将无法被 main() 调用。

12.7.3 附加内容

在前述示例中使用的 INNER JOIN 语句将两个表连接在一起,并从两个表中选择所有行,只要两个表中的列存在匹配即可。在 SQLite(以及一些其他类型的 SQL 架构)中,还可以使用许多其他类型的 JOIN 语句,如 LEFT JOIN、RIGHT JOIN 和 FULL OUTER JOIN。

图 12.32 显示了不同类型的 JOIN 语句及其效果。

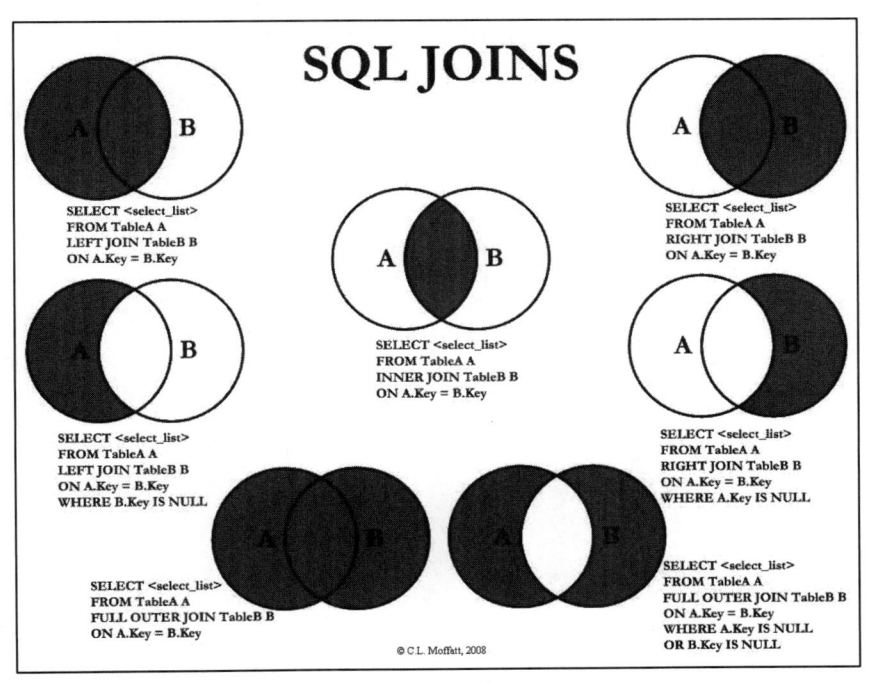

图 12.32 不同类型的 JOIN 语句

以下要点解释了本示例代码中使用的 LIKE 和 DISTINCT 语句。
- LIKE 语句通常用于在数据库中搜索不完整的字符串变量。注意搜索关键字前后各有两个 % 符号。
- 在前一个示例中使用的 DISTINCT 语句用于过滤掉完全相同的结果。例如，如果不使用 DISTINCT 语句，将在终端看到两个 Larry King 的版本，因为他在同一天有两次登录系统的记录。通过添加 DISTINCT 语句，SQLite 将消除其中一个结果，并确保每个结果都是唯一的。
- 您可能想知道 d-MMMM-yyyy 是什么以及为什么在前一个示例中使用它。这实际上是提供给 Qt 中 QDateTime 类的一个表达式，用于以给定格式显示日期-时间结果。在这种情况下，它将把从 SQLite 获取的日期-时间数据 2024-08-06 转换为我们指定的格式，结果为 6-August-2024。

有关更多信息，请查看 Qt 文档 http://doc.qt.io/qt-6/qdatetime.html#toString，其中列出了可以用来确定日期和时间字符串格式的所有表达式。

SQL 提供了一种简单高效的保存和加载用户数据的方法，且无须重新发明轮子。Qt 提供了一个现成的解决方案，用于将应用程序与 SQL 数据库连接。本章通过逐步的方法学会了如何做到这一点，并且能够将用户的数据加载和保存到 SQL 数据库中。

第 13 章　使用 Qt WebEngine 开发 Web 应用程序

Qt 包含一个名为 Qt WebEngine 的模块，它允许将一个 Web 浏览器组件嵌入程序中，并用它来显示网页或本地 HTML 内容。在 5.6 版本之前，Qt 使用了另一个类似的模块 Qt WebKit，该模块现已弃用，并已被基于 Chromium 的 WebEngine 模块取代。Qt 还允许通过 Qt WebChannel 在 JavaScript 和 C++代码之间进行通信，这使我们能够以更有效的方式使用这个模块。

本章主要涉及下列主题。
- 介绍 Qt WebEngine。
- 使用 webview 和 Web 设置。
- 在项目中嵌入 Google 地图。
- 从 JavaScript 调用 C++函数。
- 从 C++调用 JavaScript 函数。

13.1　技术要求

本章需要使用 Qt 6.6.1 MSVC 2019 64 bit，Qt Creator 12.0.2 和 Microsoft Visual Studio。本章使用的所有代码都可以从以下 GitHub 仓库下载：https://github.com/PacktPublishing/QT6-C-GUI-Programming-Cookbook---Third-Edition-/tree/main/Chapter13。

13.2　介绍 Qt WebEngine

在这个示例项目中，我们将探索 Qt 中 WebEngine 模块的基本特性，并尝试构建一个简单的工作网络浏览器。

13.2.1　实现方式

首先设置 WebEngine 项目。

（1）目前，Qt 的 WebEngine 模块仅与 Visual C++编译器一起工作，而不是其他编译器，如 MinGW 或 Cygwin。这种情况将来可能会改变，但这完全取决于 Qt 开发者是否想要将其移植到其他编译器上。确保安装在计算机上的 Qt 版本支持 Visual C++编译器。我们可以使用 Qt 的维护工具将 MSVC 2019 64-bit 组件添加到 Qt 安装中。同时，确保已经在 Qt 版本中安装了 Qt WebEngine 组件，如图 13.1 所示。

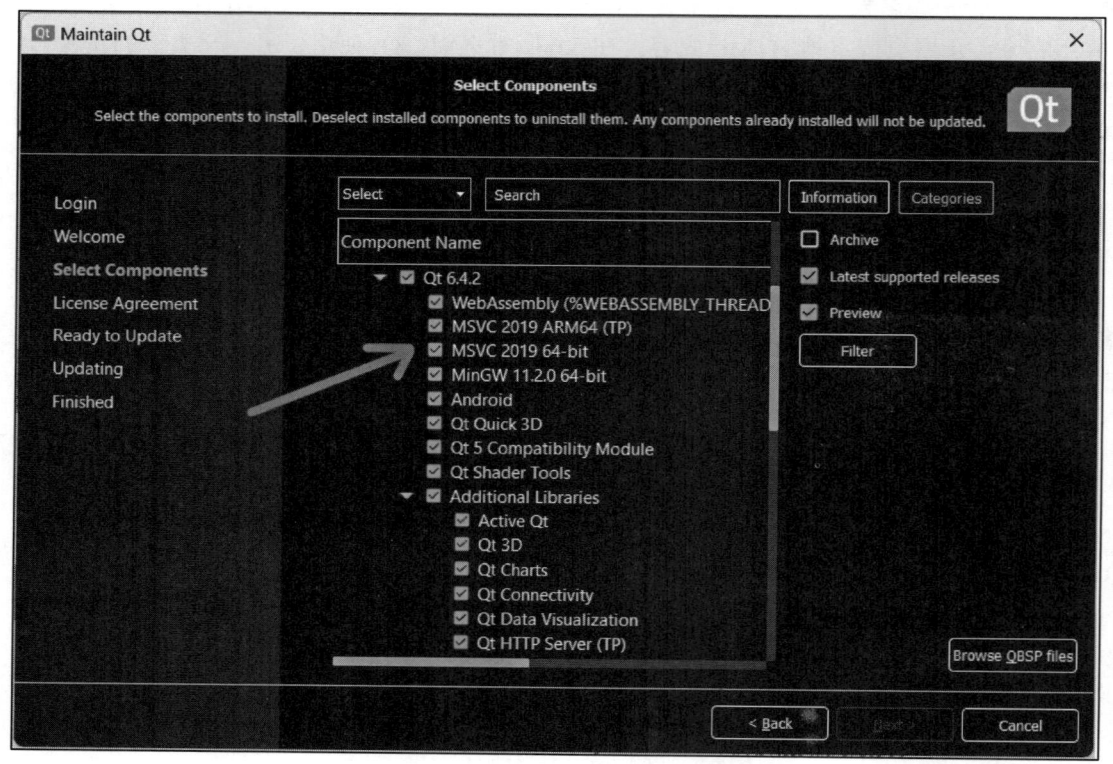

图 13.1　确保已安装 MSVC 2019 和 Qt WebEngine

（2）打开 Qt Creator 并创建一个新的 Qt Widgets Application 项目。选择一个使用 Visual C++编译器的工具包，如图 13.2 所示。

（3）打开项目文件（.pro）并添加以下模块。之后，我们需要运行 qmake 来用更改。

```
QT += core gui webenginewidgets
```

（4）打开 mainwindow.ui 并移除 menuBar、mainToolBar 和 statusBar 对象，如图 13.3 所示。

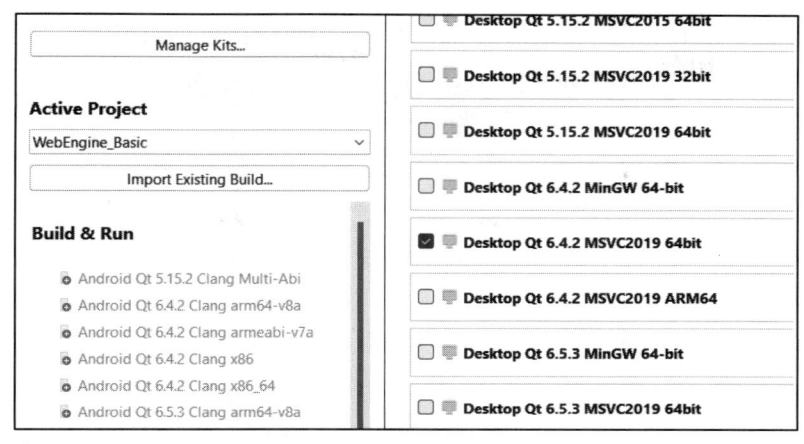

第 13 章　使用 Qt WebEngine 开发 Web 应用程序

图 13.2　只有 MSVC 被 Qt WebEngine 官方支持

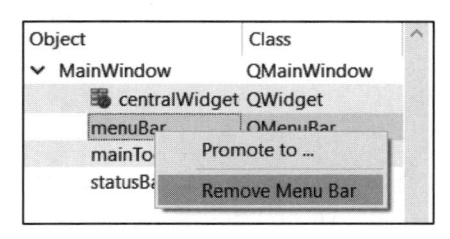

图 13.3　移除 menuBar、mainToolBar 和 statusBar

（5）在画布上放置两个水平布局，然后在顶部的布局中放置一个行编辑组件和一个按钮，如图 13.4 所示。

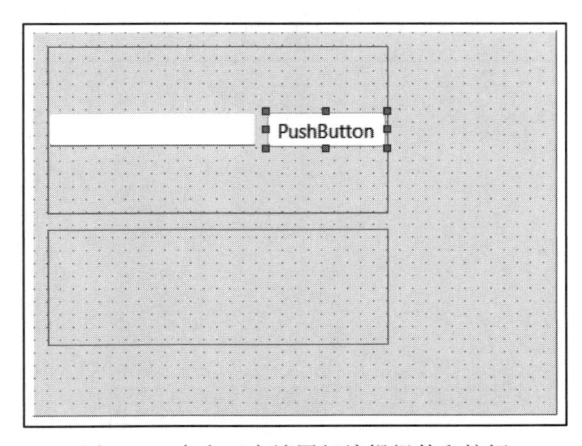

图 13.4　在布局中放置行编辑组件和按钮

（6）选择画布并单击编辑器顶部的 Lay Out Vertically 按钮，如图 13.5 所示。

图 13.5　单击 Lay Out Vertically 按钮

（7）布局将扩展并跟随主窗口的大小。行编辑组件也将根据水平布局的宽度水平扩展，如图 13.6 所示。

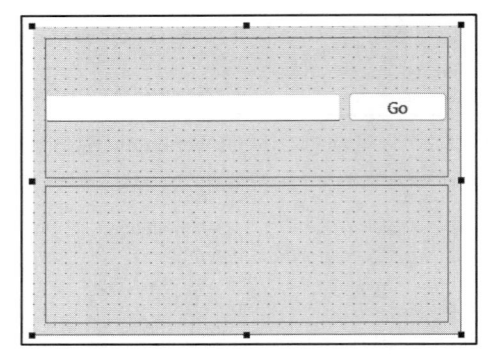

图 13.6　行编辑组件水平扩展

（8）在行编辑组件的左侧添加两个按钮。我们将使用这两个按钮在页面历史记录之间向后和向前移动。在主窗口的底部添加一个进度条组件，以便可以了解页面是否已经完成加载或仍在进行中，如图 13.7 所示。目前不必担心中间的水平布局，因为我们将在第（15）步使用 C++代码向其中添加 webview，届时空间将被占用。

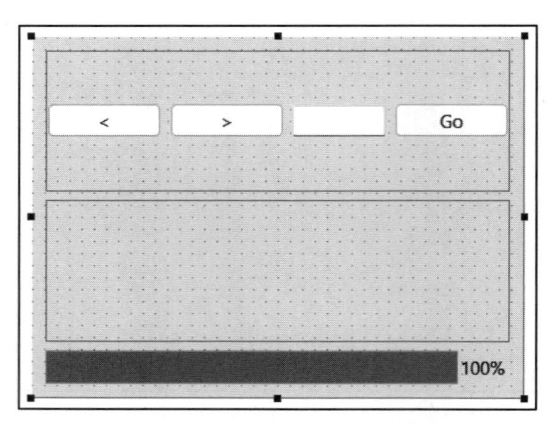

图 13.7　在用户界面中添加两个额外的按钮和一个进度条

（9）右键单击其中一个按钮，选择 Go to slot…，然后选择 clicked()并单击 OK 按钮。一个槽函数将自动在 mainwindow.h 和 mainwindow.cpp 中创建。对所有其他按钮也重复此步骤。

（10）右键单击行编辑组件，选择 Go to slot…，然后选择 returnPressed()并单击 OK 按钮。现在另一个槽函数将自动在 mainwindow.h 和 mainwindow.cpp 中创建。

（11）转至 mainwindow.h。我们需要做的第一件事是向 mainwindow.h 添加以下头文件。

```
#include <QtWebEngineWidgets/QtWebEngineWidgets>
```

（12）在类析构函数下声明一个 loadUrl()函数。

```
public:
    explicit MainWindow(QWidget *parent = 0);
    ~MainWindow();
    void loadUrl();
```

（13）在 mainwindow.h 中添加一个名为 loading()的自定义槽函数。

```
private slots:
    void on_goButton_clicked();
    void on_address_returnPressed();
    void on_backButton_clicked();
    void on_forwardButton_clicked();
    void loading(int progress);
```

（14）声明一个 QWebEngineView 对象，并将其命名为 webview。

```
private:
    Ui::MainWindow *ui;
    QWebEngineView* webview;
```

（15）打开 mainwindow.cpp 文件，初始化 WebEngine 视图。将其添加到第二个水平布局中，并将它的 loadProgress()信号连接到刚刚添加到 mainwindow.h 中的 loading()槽函数。

```
MainWindow::MainWindow(QWidget *parent) :
    QMainWindow(parent),
    ui(new Ui::MainWindow)
{
    ui->setupUi(this);
    webview = new QWebEngineView;
    ui->horizontalLayout_2->addWidget(webview);
    connect(webview, &QWebEngineView::loadProgress, this,
```

```
    &MainWindow::loading);
}
```

（16）声明当调用 loadUrl()函数时将会发生什么。

```
void MainWindow::loadUrl() {
    QUrl url = QUrl(ui->address->text());
    url.setScheme("http");
    webview->page()->load(url);
}
```

（17）当单击 Go 按钮或按下 Enter 键时，调用 loadUrl()函数。

```
void MainWindow::on_goButton_clicked() {
    loadUrl();
}
MainWindow::on_address_returnPressed() {
    loadUrl();
}
```

（18）对于另外两个按钮，如果历史堆栈中有可用的页面，我们将要求 webview 加载上一页或下一页。

```
void MainWindow::on_backButton_clicked() {
    webview->back();
}
void MainWindow::on_forwardButton_clicked() {
    webview->forward();
}
```

（19）当网页正在加载时，改变 progressBar 的值。

```
void MainWindow::loading(int progress) {
    ui->progressBar->setValue(progress);
}
```

（20）构建并运行程序，我们将得到一个非常基础但功能完备的网络浏览器，如图 13.8 所示。

13.2.2 工作方式

旧的 webview 系统基于苹果的 WebKit 引擎，仅在 Qt 5.5 及其前身中可用。自 5.6 版本以来，WebKit 已被 Qt 完全抛弃，并被谷歌的 Chromium 引擎取代。API 已经彻底改变，

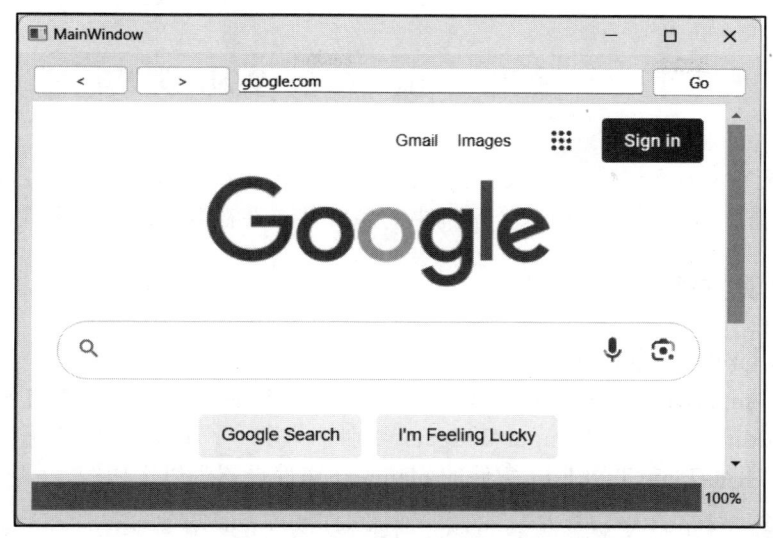

图 13.8　从头开始创建了一个简单的网络浏览器

因此所有与 Qt WebKit 相关的代码一旦迁移到 Qt 5.6 将无法正确工作。如果您是 Qt 的新手，建议跳过 WebKit，并学习 WebEngine API，因为它正成为 Qt 中的新标准。

> **注意：**
> 如果您过去使用过 Qt 的 WebKit，那么可以访问 https://wiki.qt.io/Porting_from_QtWebKit_to_QtWebEngine 以了解如何将旧代码移植到 WebEngine。

在上一节的步骤（15）中，我们将属于 webview 组件的 loadProgress()信号连接到了 loading()槽函数。当调用步骤（17）中的 QWebEnginePage::load()请求加载网页时，信号将被自动调用。如果需要，还可以连接 loadStarted()和 loadFinished()信号。

在步骤（17）中，我们使用了 QUrl 类将从行编辑获取的文本转换为 URL 格式。默认情况下，如果不指定 URL 模式（HTTP、HTTPS、FTP 等），插入的地址将指向本地路径。例如，如果给出了 google.com 而不是 http://google.com，我们可能无法加载页面。因此，我们通过调用 QUrl::setScheme()为它手动指定了一个 URL 模式。这确保了在将地址传递给 webview 之前，地址格式正确。

13.2.3　附加内容

如果由于某种原因，项目需要使用 WebKit 模块而不是 WebEngine，您可以从 GitHub 获取模块代码并自行构建，对应网址为 https://github.com/qt/qtwebkit。

13.3 使用 webview 和 Web 设置

本节将更深入地探讨 Qt 的 WebEngine 模块中可用的功能，并探索可以用来自定义 webview 的设置。我们将使用前一个示例中的源文件，并在其上添加更多代码。

13.3.1 实现方式

下面探索 Qt WebEngine 模块的一些基本特性。

（1）打开 mainwindow.ui，在进度条下方添加一个垂直布局。在垂直布局中添加一个 Plain Text Edit 组件（位于 Input Widgets 类别下）和一个按钮。将按钮的显示更改为 Load HTML，并将 Plain Text Edit 微件的 plaintext 属性设置为以下内容。

```
<Img src="https://www.google.com/images/branding/googlelogo/1x/
googlelogo_color_272x92dp.png"></img>
<h1>Hello World!</h1>
<h3>This is our custom HTML page.</h3>
<script>alert("Hello!");</script>
```

在将代码添加到 Plain Text Edit 组件上方之后，用户界面如图 13.9 所示。

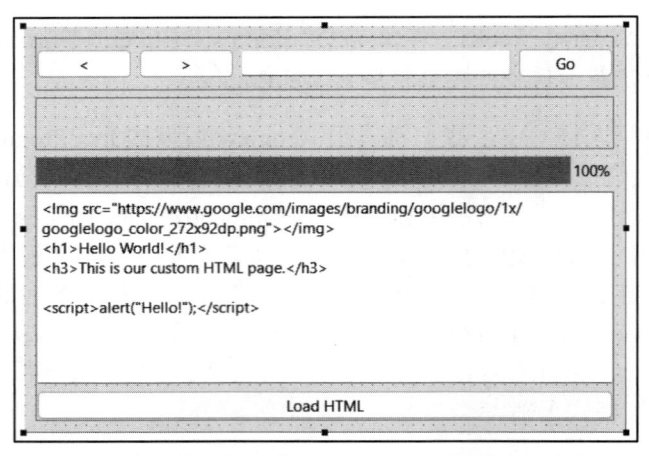

图 13.9 在底部添加一个 Plain Text Edit 组件和一个按钮

（2）选择 File | New File。随后将弹出一个窗口，要求选择一个文件模板。在 Qt 类别下选择 Qt Resource File，然后单击 Choose… 按钮，如图 13.10 所示。输入希望的文件名，单击 Next 按钮，然后单击 Finish 按钮。

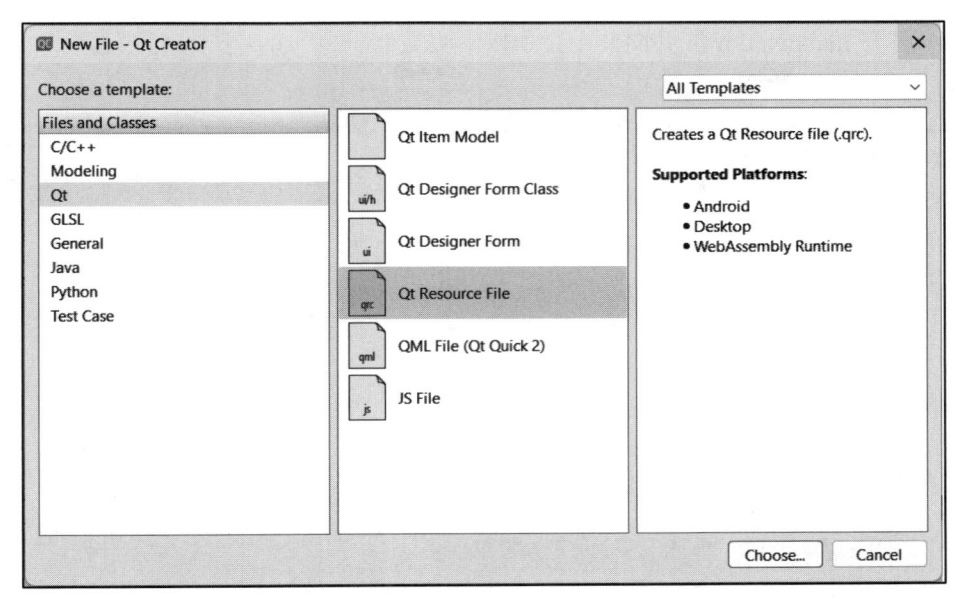

第 13 章 使用 Qt WebEngine 开发 Web 应用程序 · 315 ·

图 13.10 创建 Qt 资源文件

（3）在 Projects 面板中右键单击刚刚创建的资源文件，并选择 Open in Editor 选项，以打开该资源文件。一旦文件被编辑器打开，单击 Add 按钮，然后选择 Add Prefix。将前缀设置为 /，单击 Add 按钮，随后单击 Add Files。此时将出现一个文件浏览器窗口，我们将选择 tux.png 图像文件并单击 Open 按钮。图像文件现已添加到项目中，一旦被编译，它将被嵌入可执行文件（.exe）中，如图 13.11 所示。

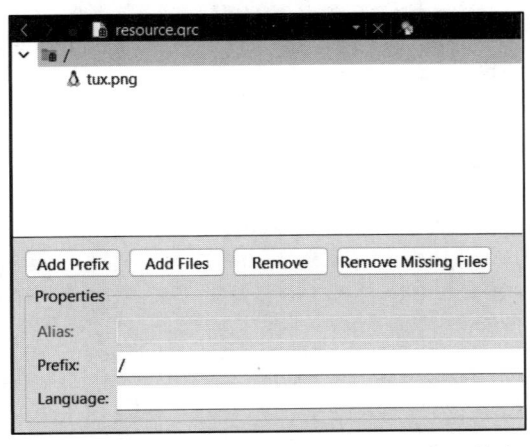

图 13.11 将 tux.png 图像文件添加到资源文件中

（4）打开 mainwindow.h 并向其中添加以下头文件。

```
#include <QMainWindow>
#include <QtWebEngineWidgets/QtWebEngineWidgets>
#include <QDebug>
#include <QFile>
```

（5）确保以下函数和指针已在 mainwindow.h 中声明。

```
public:
    explicit MainWindow(QWidget *parent = 0);
    ~MainWindow();
    void loadUrl();
private slots:
    void on_goButton_clicked();
    void on_address_returnPressed();
    void on_backButton_clicked();
    void on_forwardButton_clicked();
    void startLoading();
    void loading(int progress);
    void loaded(bool ok);
    void on_loadHtml_clicked();
private:
    Ui::MainWindow *ui;
    QWebEngineView* webview;
```

（6）打开 mainwindow.cpp 并在类构造函数中添加以下代码。

```
MainWindow::MainWindow(QWidget *parent) :
    QMainWindow(parent),
    ui(new Ui::MainWindow)
{
    ui->setupUi(this);
    webview = new QWebEngineView;
    ui->horizontalLayout_2->addWidget(webview);
    //webview->page()->settings()->setAttribute(QWebEngineSetting
    s::JavascriptEnabled, false);
    //webview->page()->settings()->setAttribute(QWebEngineSetting
    s::AutoLoadImages, false);
    //QString fontFamily = webview->page()->settings()->fontFamil
    y(QWebEngineSettings::SerifFont);
    QString fontFamily = webview->page()->settings()->fontFamily
    (QWebEngineSettings::SansSerifFont);
```

第 13 章 使用 Qt WebEngine 开发 Web 应用程序

```cpp
int fontSize = webview->page()->settings()->fontSize(QWebEng
ineSettings::MinimumFontSize);
QFont myFont = QFont(fontFamily, fontSize);
webview->page()->settings()->setFontFamily(QWebEngineSetting
s::StandardFont, myFont.family());
```

（7）加载图像文件并将其放置在 webview 上。

```cpp
QFile file(":://tux.png");
if (file.open(QFile::ReadOnly)) {
    QByteArray data = file.readAll();
    webview->page()->setContent(data, "image/png");
}
else {
    qDebug() << "File cannot be opened.";
}
connect(webview, &QWebEngineView::loadStarted, this,
&MainWindow::startLoading()));
connect(webview, &QWebEngineView::loadProgress, this,
&MainWindow::loading(int)));
connect(webview, &QWebEngineView::loadFinished, this,
&MainWindow::loaded(bool)));
}
```

（8）MainWindow::loadUrl() 函数与 13.2 节中的示例相同，它在加载页面之前将 URL 模式设置为 HTTP。

```cpp
void MainWindow::loadUrl() {
    QUrl url = QUrl(ui->address->text());
    url.setScheme("http");
    webview->page()->load(url);
}
```

（9）下列函数也与 13.2 节中的示例相同，且保持不变。

```cpp
void MainWindow::on_goButton_clicked() {
    loadUrl();
}
void MainWindow::on_address_returnPressed() {
    loadUrl();
}
void MainWindow::on_backButton_clicked() {
    webview->back();
```

```
}
void MainWindow::on_forwardButton_clicked() {
    webview->forward();
}
```

（10）添加 MainWindow::startLoading()和 MainWindow::loaded()槽函数，这些函数将由 loadStarted()和 loadFinished()信号调用。这两个函数基本上在页面开始加载时显示进度条，并在页面加载完成时隐藏进度条。

```
void MainWindow::startLoading() {
    ui->progressBar->show();
}
void MainWindow::loading(int progress) {
    ui->progressBar->setValue(progress);
}
void MainWindow::loaded(bool ok) {
    ui->progressBar->hide();
}
```

（11）在单击 Load HTML 按钮时，调用 webview->loadHtml()将纯文本转换为 HTML 内容。

```
void MainWindow::on_loadHtml_clicked() {
    webview->setHtml(ui->source->toPlainText());
}
```

（12）构建并运行程序，结果如图 13.12 所示。

图 13.12　webview 现在将显示由 HTML 代码生成的结果

13.3.2　工作方式

在这个示例中,我们使用 C++加载了一个图像文件,并将其设置为 webview 的默认内容(而不是空白页)。此外,也可以通过在启动时加载一个带有图像的默认 HTML 文件实现相同的结果。类构造函数中的一些代码已被注释掉。我们可以移除双斜线(//)以查看不同效果——JavaScript 警告将不再出现(因为 JavaScript 被禁用了),图像也将不再出现在 webview 中。

我们可以尝试的另一件事是将字体族从 QWebEngineSettings::SansSerifFont 更改为 QWebEngineSettings::SerifFont。您将注意到 webview 中字体的外观有轻微的差异,如图 13.13 所示。

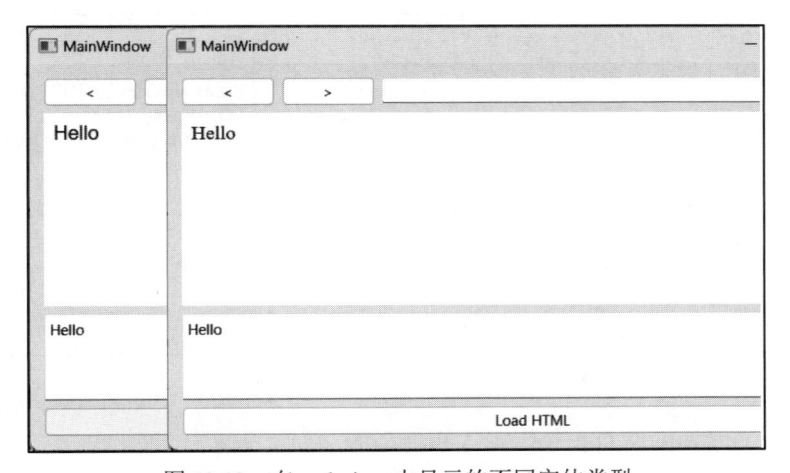

图 13.13　在 webview 中显示的不同字体类型

通过单击 Load HTML 按钮,我们要求 webview 将 Plain Text Edit 组件的内容视为 HTML 代码,并将其作为 HTML 页面加载。我们可以使用这个功能制作一个由 Qt 驱动的简单 HTML 编辑器。

13.4　在项目中嵌入 Google 地图

本节将学习如何通过 Qt 的 WebEngine 模块将 Google 地图嵌入项目中。这个示例并不专注于 Qt 和 C++,而是更多地关注 HTML 代码中的 Google Maps API。

13.4.1 实现方式

通过遵循以下步骤创建一个显示 Google 地图的程序。

（1）创建一个新的 Qt Widgets Application 项目，并移除 statusBar、menuBar 和 mainToolBar 对象。

（2）打开项目文件 (.pro) 并向项目中添加以下模块。

```
QT += core gui webenginewidgets
```

（3）打开 mainwindow.ui 并在画布上添加一个垂直布局。然后，选择画布并单击画布顶部的 Lay Out Vertically 按钮，结果如图 13.14 所示。

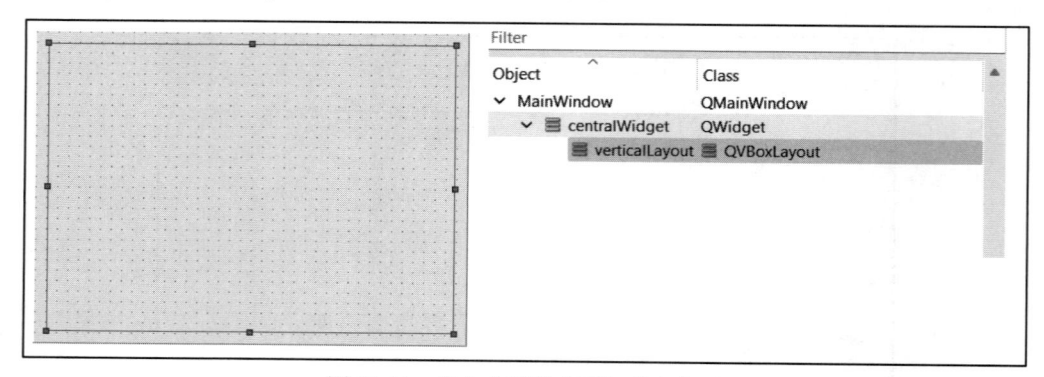

图 13.14 在中央组件中添加垂直布局

（4）打开 mainwindow.cpp 并在源代码顶部添加以下头文件。

```
#include <QtWebEngineWidgets/QWebEngineView>
```

（5）在 MainWindow 构造函数中添加以下代码。

```cpp
MainWindow::MainWindow(QWidget *parent) :
    QMainWindow(parent),
    ui(new Ui::MainWindow)
{
    ui->setupUi(this);
    QWebEngineView* webview = new QWebEngineView;
    QUrl url = QUrl("qrc:/map.html");
    webview->page()->load(url);
    ui->verticalLayout->addWidget(webview);
}
```

（6）选择 File | New File 并创建一个 Qt 资源文件 (.qrc)。我们将向项目中添加一个 HTML 文件，名为 map.html，如图 13.15 所示。

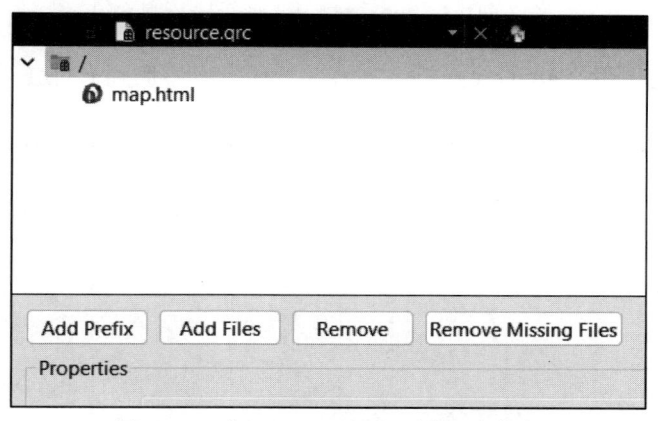

图 13.15　将 map.html 添加到资源文件中

（7）使用文本编辑器打开 map.html。这里不建议使用 Qt Creator 打开 HTML 文件，因为它不提供 HTML 语法的颜色编码。

（8）开始编写 HTML 代码，声明重要的标签，如 <html>、<head> 和 <body>。

```
<!DOCTYPE html>
  <html>
  <head>
  </head>
  <body ondragstart="return false">
  </body>
</html>
```

（9）在 body 中添加一个 <div> 标签，将其 ID 设置为 map-canvas。

```
<body ondragstart="return false">
  <div id="map-canvas" />
</body>
```

（10）将以下代码添加到 HTML 文档的头部。

```
<meta name="viewport" content="initial-scale=1.0,
userscalable=no" />
<style type="text/css">
html { height: 100% }
body { height: 100%; margin: 0; padding: 0 }
```

```
#map-canvas { height: 100% }
</style>
<script type="text/javascript" src="https://maps.googleapis.
com/maps/api/js?key=YOUR_KEY_HERE&libraries=drawing"></script>
```

（11）在上一步骤中插入的代码下方，将以下代码也添加到 HTML 文档的头部。

```
<script type="text/javascript">
    var map;
    function initialize() {
        // Add map
        var mapOptions =
        {
            center: new google.maps.LatLng(40.705311,
            -74.2581939), zoom: 6
        };
        map = new google.maps.Map(document.
        getElementById("mapcanvas"),mapOptions);
        // Add event listener
        google.maps.event.addListener(map, 'zoom_changed',
        function() {
            //alert(map.getZoom());
        });
```

（12）创建一个标记并将其放置在地图上。

```
// Add marker
var marker = new google.maps.Marker({
    position: new google.maps.LatLng(40.705311, -74.2581939),
    map: map,
    title: "Marker A",
});
google.maps.event.addListener (marker, 'click', function()
{
    map.panTo(marker.getPosition());
});
marker.setMap(map);
```

（13）在地图上添加一条折线。

```
// Add polyline
    var points = [ new google.maps.LatLng(39.8543, -73.2183), new
    google.maps.LatLng(41.705311, -75.2581939), new
    google.maps.LatLng(40.62388, -75.5483) ];
```

```
    var polyOptions = {
    path: points,
    strokeColor: '#FF0000',
    strokeOpacity: 1.0,
    strokeWeight: 2
    };
    historyPolyline = new google.maps. Polyline(polyOptions);
    historyPolyline.setMap(map);
```

（14）添加一个多边形。

```
// Add polygon
    var points = [ new google.maps.LatLng(37.314166, -75.432), new
    google.maps.LatLng(40.2653, -74.4325), new google. maps.LatLng(38.8288, -
    76.5483) ];
        var polygon = new google.maps.Polygon({
        paths: points,
        fillColor: '#000000',
        fillOpacity: 0.2,
        strokeWeight: 3,
        strokeColor: '#fff000',
    });
    polygon.setMap(map);
```

（15）创建一个绘图管理器并将其应用于地图。

```
// Setup drawing manager
    var drawingManager = new google.maps.drawing.
        DrawingManager();
        drawingManager.setMap(map);
}
    google.maps.event.addDomListener(window, 'load',
    initialize);
</script>
```

（16）编译并运行项目，我们可以在 Google 地图上看到一个标记、一条折线和一个三角形。

13.4.2 工作方式

谷歌允许使用其 JavaScript 库（称为 Google Maps API）在网页中嵌入 Google 地图。通过 Qt 的 WebEngine 模块，可以通过将 HTML 文件加载到 webview 组件中，并利用 Google Maps API 将 Google 地图嵌入 C++项目中。这种方法的唯一缺点是，在没有互联网连接的情况下无法加载地图。

只要 Google 允许，我们的网站就可以调用 Google Maps API。如果流量较大，可选择免费 API。

可访问 https://console.developers.google.com 获取一个免费密钥，并用从谷歌获得的 API 密钥替换 JavaScript 源路径中的 YOUR_KEY_HERE。

我们必须定义一个 <div> 对象，它充当地图的容器。然后，当初始化地图时，我们指定 <div> 对象的 ID，以便 Google Maps API 知道在嵌入地图时应该查找哪个 HTML 元素。默认情况下，我们将地图中心设置为纽约的坐标，并将默认缩放级别设置为 6。随后添加了一个事件侦听器，当地图的缩放级别改变时会触发它。

从代码中移除双斜线（//）以查看其效果。之后，我们通过 JavaScript 向地图添加了一个标记。该标记还附有一个事件侦听器，当单击标记时会触发 panTo()函数。基本上，它会将地图视图平移到被单击的标记处。虽然我们已将绘图管理器添加到地图中（位于 Map 和 Satellite 按钮旁边的图标按钮），它允许用户在地图顶部绘制任何类型的图形，但也可以手动使用 JavaScript 添加图形，类似于第（12）步中添加标记的方式。

最后，您可能已经注意到，头文件被添加到了 mainwindow.cpp 而不是 mainwindow.h 中。这完全没有问题，除非在 mainwindow.h 中声明了类指针——在这种情况下，我们必须在其中包含这些头文件。

13.5 从 JavaScript 调用 C++函数

本节将学习如何使用 Qt 和 SQLite 创建一个功能性的登录界面。

13.5.1 实现方式

通过以下步骤从 JavaScript 调用 C++函数。

（1）创建一个 Qt Widgets Application 项目。打开项目文件（.pro）并向项目中添加以下模块。

```
QT += core gui webenginewidgets
```

（2）打开 mainwindow.ui 并删除 mainToolBar、menuBar 和 statusBar 对象。

（3）在画布上添加一个垂直布局，然后选择画布并单击画布顶部的 Lay Out Vertically 按钮。在垂直布局的顶部添加一个文本标签，并将文本设置为 Hello!。通过以下方式设置

第 13 章 使用 Qt WebEngine 开发 Web 应用程序

其 styleSheet 属性，使其字体变大。

```
font: 75 26pt "MS Shell Dlg 2";
```

图 13.16 显示了在样式表中应用字体属性后的样子。

图 13.16 将字体属性应用到 Hello!文本上

（4）选择 File | New File…并创建一个资源文件。将属于 jQuery、Bootstrap 和 Font Awesome 的空 HTML 文件以及所有 JavaScript 文件、CSS 文件、字体文件等添加到项目资源中，如图 13.17 所示。

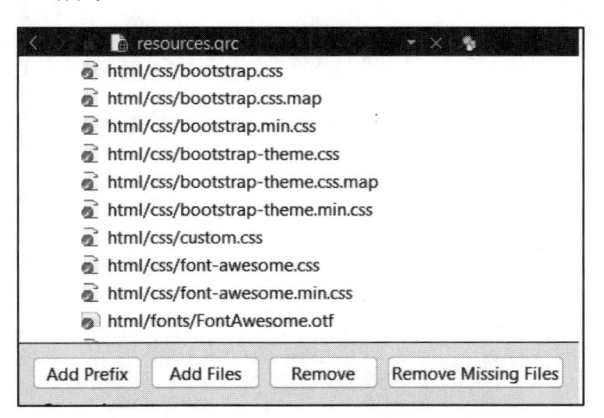

图 13.17 将所有文件添加到项目资源中

（5）打开 HTML 文件，本例中称为 test.html。在<head>标签之间将所有必要的 JavaScript 和 CSS 文件链接到 HTML 源代码。

```
<!DOCTYPE html>
```

```
<html>
<head>
    <script src="qrc:///qtwebchannel/qwebchannel.js"></script>
    <script src="js/jquery.min.js"></script>
    <script src="js/bootstrap.js"></script>
    <link rel="stylesheet" type="text/css" href="css/bootstrap.css">
    <link rel="stylesheet" type="text/css" href="css/fontawesome.css">
</head>
<body>
</body>
</html>
```

（6）在<head>元素中添加以下 JavaScript 代码，代码封装在<script>标签之间。

```
<script>
    $(document).ready(function()
    {
        new QWebChannel(qt.webChannelTransport,
        function(channel)
        {
            mainWindow = channel.objects.mainWindow;
        });
        $("#login").click(function(e) {
            e.preventDefault();
            var user = $("#username").val();
            var pass = $("#password").val();
            mainWindow.showLoginInfo(user, pass);
        });
```

（7）使用以下代码，在单击 changeText 按钮时打印 Good bye!。

```
        $("#changeText").click(function(e)
        {
            e.preventDefault();
            mainWindow.changeQtText("Good bye!");
        });
    });
</script>
```

（8）将以下代码添加到<body>元素中。

```
<div class="container-fluid">
    <form id="example-form" action="#" class="containerfluid">
```

```
            <div class="form-group">
                <div class="col-md-12"><h3>Call C++ Function
                from Javascript</h3></div>
                <div class="col-md-12">
                <div class="alert alert-info" role="alert"><i
                class="fa fa-info-circle"></i>
                <span id="infotext">Click "Login" to send username
                and password variables to C++. Click "Change Cpp Text" to change
                the text label on Qt GUI.</span>
                </div>
            </div>
```

（9）继续之前的代码，这次为用户名和密码创建输入框，在底部添加两个分别称为 Login 和 Change Cpp Text 的按钮。

```
                <div class="col-md-12"><label>Username:</ label><input
                id="username"
                type="text"><p />
                </div>
                <div class="col-md-12">
                <label>Password:</label> <input id="password" type="password"><p />
                </div>
                <div class="col-md-12">
                <button id="login" class="btn btn-success" type="button"><i
                class="fa fa-check"></i> Login</button>
                <button id="changeText" class="btn btn-primary" type="button">
                <i class="fa fa-pencil"></i> Change Cpp Text</ button>
                </div>
            </div>
        </form>
</div>
```

（10）打开 mainwindow.h 并向 MainWindow 类添加以下公共函数。

```
public:
    explicit MainWindow(QWidget *parent = 0);
    ~MainWindow();
    Q_INVOKABLE void changeQtText(QString newText);
    Q_INVOKABLE void showLoginInfo(QString user, QString pass);
```

（11）打开 mainwindow.cpp 并在源代码顶部添加以下头文件。

```
#include <QtWebEngineWidgets/QWebEngineView>
#include <QtWebChannel/QWebChannel>
#include <QMessageBox>
```

（12）在 MainWindow 构造函数中添加以下代码。

```
MainWindow::MainWindow(QWidget *parent) :
    QMainWindow(parent),
    ui(new Ui::MainWindow)
{
    qputenv("QTWEBENGINE_REMOTE_DEBUGGING", "1234");
    ui->setupUi(this);
    QWebEngineView* webview = new QWebEngineView();
    ui->verticalLayout->addWidget(webview);
    QWebChannel* webChannel = new QWebChannel();
    webChannel->registerObject("mainWindow", this);
    webview->page()->setWebChannel(webChannel);
    webview->page()->load(QUrl("qrc:///html/test.html"));
}
```

（13）声明调用 changeQtText()和 showLoginInfo()时会发生什么。

```
void MainWindow::changeQtText(QString newText) {
    ui->label->setText(newText);
}
void MainWindow::showLoginInfo(QString user, QString pass) {
    QMessageBox::information(this, "Login info", "Username is " + user + " and password is " + pass);
}
```

（14）编译并运行程序，我们应该看到图 13.18 所示的内容。如果单击 Change Cpp Text 按钮，顶部的 Hello!将变为 Goodbye!。如果单击 Login 按钮，将出现一个消息框，显示在 Username 和 Password 输入框中输入的内容。

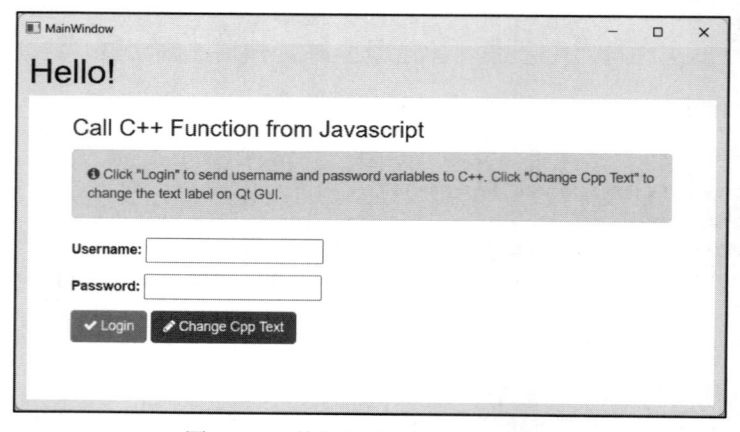

图 13.18　单击按钮以调用 C++函数

13.5.2 工作方式

在这个示例中，我们使用了两个 JavaScript 库：jQuery 和 Bootstrap。此外，还使用了一个名为 Font Awesome 的图标字体包。这些第三方插件使 HTML 用户界面更加有趣，并且能够响应不同的屏幕分辨率。

另外，我们还使用了 jQuery 检测文档的准备状态，以及获取输入框的值。

> **注意：**
> 读者可以从 https://jquery.com/download 下载 jQuery，从 http://getbootstrap.com/getting-started/#download 下载 Bootstrap，以及从 http://fontawesome.io 下载 Font Awesome。

Qt 的 WebEngine 模块使用一种称为 WebChannel 的机制，它实现了 C++程序与 HTML 页面之间的点对点（P2P）通信。WebEngine 模块提供了一个 JavaScript 库，使集成变得更加容易。该 JavaScript 默认嵌入在项目的资源中，因此不需要手动将其导入项目。我们只需通过调用以下内容将其包含在 HTML 页面中。

```
<script src="qrc:///qtwebchannel/qwebchannel.js"></script>
```

一旦包含了 qwebchannel.js，就可以初始化 QWebChannel 类，并将在 C++中先前注册的 Qt 对象分配给一个 JavaScript 变量。

在 C++中，这可以按如下方式完成。

```
QWebChannel* webChannel = new QWebChannel();
webChannel->registerObject("mainWindow", this);
webview->page()->setWebChannel(webChannel);
```

在 JavaScript 中，这可以按如下方式完成。

```
new QWebChannel(qt.webChannelTransport, function(channel) {
mainWindow = channel.objects.mainWindow;
});
```

您可能想知道以下代码的含义：

```
qputenv("QTWEBENGINE_REMOTE_DEBUGGING", "1234");
```

Qt 的 WebEngine 模块使用远程调试方法检查 JavaScript 错误和其他问题。数字 1234 定义了想要用于远程调试的端口号。

一旦启用了远程调试，我们可以打开基于 Chromium 的网络浏览器（如 Google Chrome，这在 Firefox 和其他浏览器中不起作用）并输入 http://127.0.0.1:1234 访问调试页面。然后，我们将看到一个图 13.19 所示的页面。

图 13.19　可检查的页面使我们能够更轻松地进行调试

第一页将显示当前在程序中运行的所有 HTML 页面，在这个例子中是 test.html。单击页面链接，它将带我们进入另一个检查页面。我们可以使用它来检查 CSS 错误、JavaScript 错误和缺失的文件。

注意，一旦程序无错误并准备部署，则应该禁用远程调试。这是因为远程调试需要时间初始化，并将增加程序的启动时间。

如果想从 JavaScript 调用 C++ 函数，则必须在函数声明前放置 Q_INVOKABLE 宏；否则，它将不起作用。

```
Q_INVOKABLE void changeQtText(QString newText);
```

13.6　从 C++ 调用 JavaScript 函数

在之前的示例中，我们学习了如何通过 Qt 的 WebChannel 系统从 JavaScript 调用 C++ 函数。在这个例子中，我们将尝试完成相反的事情：从 C++ 代码调用 JavaScript 函数。

13.6.1　实现方式

通过以下步骤从 C++ 调用 JavaScript 函数。

（1）创建一个新的 Qt Widgets Application 项目，并将 webenginewidgets 模块添加到项目中。

（2）打开 mainwindow.ui 并移除 mainToolBar、menuBar 和 statusBar 对象。

（3）在画布上添加一个垂直布局和一个水平布局。选择画布并单击 Lay Out Vertically。

确保水平布局位于垂直布局的底部。

（4）在水平布局中添加两个按钮，一个称为 Change HTML Text，另一个称为 Play UI Animation，如图 13.20 所示。右键单击其中一个按钮，然后单击 Go to slot…。随后将弹出一个窗口，要求选择一个信号。选择 clicked()选项并单击 OK 按钮。Qt 将自动向源代码中添加一个槽函数。对另一个按钮重复此步骤。

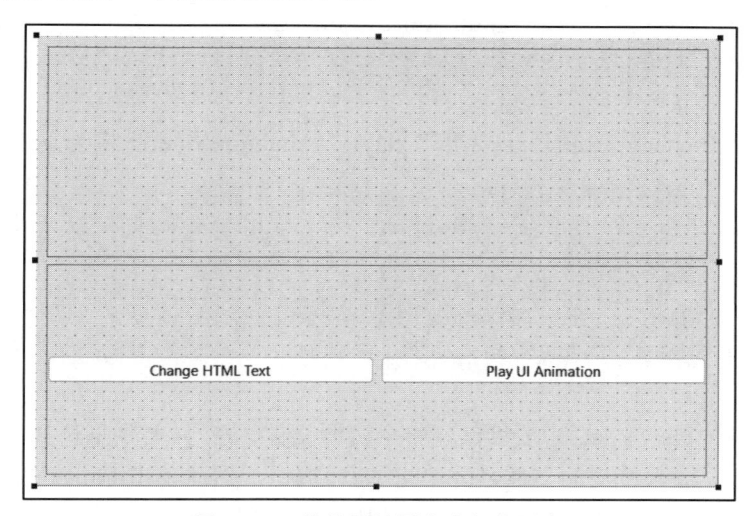

图 13.20　将按钮放置在底部布局中

（5）打开 mainwindow.h 并向其中添加以下头文件。

```
#include <QtWebEngineWidgets/QWebEngineView>
#include <QtWebChannel/QWebChannel>
#include <QMessageBox>
```

（6）声明一个名为 webview 的 QWebEngineView 对象的类指针。

```
public:
    explicit MainWindow(QWidget *parent = 0);
    ~MainWindow();
    QWebEngineView* webview;
```

（7）打开 mainwindow.cpp 并在 MainWindow 构造函数中添加以下代码。

```
MainWindow::MainWindow(QWidget *parent) :
    QMainWindow(parent),
    ui(new Ui::MainWindow)
```

```cpp
{
    //qputenv("QTWEBENGINE_REMOTE_DEBUGGING", "1234");
    ui->setupUi(this);
    webview = new QWebEngineView();
    ui->verticalLayout->addWidget(webview);
    QWebChannel* webChannel = new QWebChannel();
    webChannel->registerObject("mainWindow", this);
    webview->page()->setWebChannel(webChannel);
    webview->page()->load(QUrl("qrc:///html/test.html"));
}
```

(8)定义单击 changeHtmlText 按钮和 playUIAnimation 按钮时将会发生什么。

```cpp
void MainWindow::on_changeHtmlTextButton_clicked() {
    webview->page()->runJavaScript("changeHtmlText('Text has
    been replaced by C++!');");
}
void MainWindow::on_playUIAnimationButton_clicked() {
    webview->page()->runJavaScript("startAnim();");
}
```

(9)选择 File | New File...为项目创建一个资源文件。在 Qt 类别下选择 Qt Resource File 并单击 Choose...。输入希望的文件名并单击 Next 按钮,然后单击 Finish 按钮。

(10)将一个空的 HTML 文件以及所有必需的附加组件(jQuery、Bootstrap 和 Font Awesome)添加到项目资源中。同时也将 tux.png 图像文件添加到资源文件中,因为很快将在第(14)步中使用它。

(11)打开刚刚创建的 HTML 文件并将其添加到项目资源中。在当前示例中,它被称为 test.html。向该文件中添加以下 HTML 代码。

```html
<!DOCTYPE html>
<html>
  <head>
    <script src="qrc:///qtwebchannel/qwebchannel.js"></script>
    <script src="js/jquery.min.js"></script>
    <script src="js/bootstrap.js"></script>
    <link rel="stylesheet" type="text/css" href="css/bootstrap.css">
    <link rel="stylesheet" type="text/css" href="css/ fontawesome.css">
  </head>
<body>
</body>
</html>
```

（12）将以下 JavaScript 代码（封装在<script>标签内）添加到 HTML 文件的<head>元素中。

```
<script>
  $(document).ready(function()
  {
   $("#tux").css({ opacity:0, width:"0%", height:"0%" });
   $("#listgroup").hide();
   $("#listgroup2").hide();
   new QWebChannel(qt.webChannelTransport,
   function(channel)
   {
    mainWindow = channel.objects.mainWindow;
   });
  });
  function changeHtmlText(newText)
  {
   $("#infotext").html(newText);
  }
```

（13）定义一个 startAnim()函数。

```
      function startAnim() {
      // Reset
        $("#tux").css({ opacity:0, width:"0%", height:"0%" });
        $("#listgroup").hide();
        $("#listgroup2").hide();
        $("#tux").animate({ opacity:1.0, width:"100%",
        height:"100%" }, 1000, function()
        {
          // tux animation complete
          $("#listgroup").slideDown(1000, function() {
          // listgroup animation complete
            $("#listgroup2").fadeIn(1500);
          });
        });
      }
</script>
```

（14）将以下代码添加到 HTML 文件的<body>元素中。

```
<div class="container-fluid">
  <form id="example-form" action="#" class="container-fluid">
```

```
<div class="form-group">
  <div class="col-md-12"><h3>Call Javascript Function from C++</h3></div>
  <div class="col-md-12">
  <div class="alert alert-info" role="alert"><i class="fa fa-info-circle"></i> <span id="infotext"> Change this text using C++.</span></div>
  </div>
  <div class="col-md-2">
    <img id="tux" src="tux.png"></img>
  </div>
```

(15) 继续编写以下代码, 我们已向其中添加了一个列表。

```
<div class="col-md-5">
  <ul id="listgroup" class="list-group">
  <li class="list-group-item">Cras justoodio</li>
  <li class="list-group-item">Dapibus acfacilisis in</li>
  <li class="list-group-item">Morbi leorisus</li>
  <li class="list-group-item">Porta acconsectetur ac</li>
  <li class="list-group-item">Vestibulum ateros</li>
  </ul>
</div>
<div id="listgroup2" class="col-md-5">
  <a href="#" class="list-group-item active">
  <h4 class="list-group-item-heading">Item heading</h4>
  <p class="list-group-item-text">Cras justo odio</p>
  </a>
```

(16) 将剩余项添加到第二个列表中。

```
    <a href="#" class="list-group-item">
      <h4 class="list-group-item-heading">Item heading</h4>
      <p class="list-group-item-text">Dapibus ac facilisis in</p>
    </a>
    <a href="#" class="list-group-item">
      <h4 class="list-group-item-heading">Item heading</h4>
      <p class="list-group-item-text">Morbi leo risus</p>
    </a>
      </div>
    </div>
  </form>
</div>
```

（17）构建并运行程序，我们应该得到图 13.21 所示的结果。当我们单击 Change HTML Text 按钮时，信息文本位于顶部面板中。如果单击 Play UI Animation 按钮，企鹅图像以及两组组件将依次出现，并带有不同的动画效果。

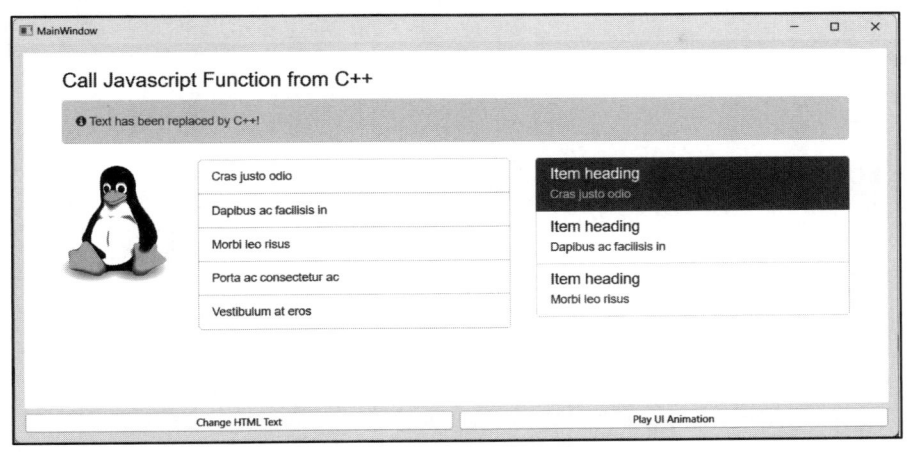

图 13.21　单击底部按钮查看结果

13.6.2　工作方式

这个示例与 13.5 节中的示例类似。一旦包含了 WebChannel JavaScript 库并初始化了 QWebChannel 类，我们就可以通过调用 webview->page()->runJavaScript("jsFunctionName Here();")从 C++中调用任何 JavaScript 函数。不要忘记将 C++中创建的 Web 通道应用到 webview 页面；否则，它将无法与 HTML 文件中的 QWebChannel 类通信。

默认情况下，我们更改了企鹅图像的 CSS 属性，将其透明度设置为 0，宽度设置为 0%，高度设置为 0%。此外，还通过调用 hide() jQuery 函数隐藏了两个列表组。当单击 Play UI Animation 按钮时，我们重复这些步骤，以防动画之前已经播放过（即，同一个按钮之前已经被单击过），然后再次隐藏列表组以便重新播放动画。

jQuery 的一个强大特性是可以定义动画完成后发生什么，这使我们能够顺序播放动画。在这个示例中，我们从企鹅图像开始，并在 1s（1000ms）内将其 CSS 属性插值到目标设置。完成该操作后，我们开始了另一个动画，使第一个列表组在 1s 内从顶部滑到底部。之后，我们运行了第三个动画，使第二个列表组在 1.5s 内从无到有逐渐显现。

为了替换位于顶部面板中的信息文本，我们创建了一个名为 changeHtmlText()的 JavaScript 函数，在该函数内部，我们通过引用其 ID 并调用 html()获取 HTML 元素并更改其内容。

第 14 章　性能优化

Qt 6 以其优化的性能而闻名。然而，如果代码编写不佳，Qt 6 仍可能出现性能问题。我们可以通过多种方式识别这些问题并在向用户发布软件之前修复它们。

本章主要涉及下列主题。
- 优化表单和 C++。
- 分析和优化 QML。
- 渲染和动画。

14.1　技术要求

本章将使用 Qt 6.6.1 MinGW 64 bit，Qt Creator 12.0.2 和 Windows 11。本章使用的所有代码都可以从以下 GitHub 仓库下载：https://github.com/PacktPublishing/QT6-C-GUI-Programming-Cookbook---Third-Edition-/tree/main/Chapter14。

14.2　优化表单和 C++

学习如何优化使用 C++构建的基于表单的 Qt 6 应用程序非常重要。针对于此，最佳方法是学习如何测量和比较使用的不同方法，并决定哪一种方法最有效。

14.2.1　实现方式

具体操作步骤如下所示。

（1）首先创建一个 Qt Widgets Application 项目，并打开 mainwindow.cpp。之后，在源代码顶部添加以下头文件。

```
#include <QPushButton>
#include <QGridLayout>
#include <QMessageBox>
#include <QElapsedTimer>
```

```cpp
#include <QDebug>
```

（2）创建一个 QGridLayout 对象，并将其父对象设置为 centralWidget。

```cpp
MainWindow::MainWindow(QWidget *parent) : QMainWindow(parent), ui(new
Ui::MainWindow)
{
    ui->setupUi(this);
    QGridLayout *layout = new QGridLayout(ui->centralWidget);
```

（3）创建一个 QElapsedTimer 对象，并以此测量下一个操作的性能。

```cpp
QElapsedTimer* time = new QElapsedTimer;
time->start();
```

（4）使用两个循环向网格布局添加 600 个按钮，并将它们全部连接到单击时的 lambda 函数。然后将测量经过的时间并打印出结果，如下所示。

```cpp
for (int i = 0; i < 40; ++i) {
    for (int j = 0; j < 15; ++j) {
        QPushButton* newWidget = new QPushButton();
        newWidget->setText("Button");
        layout->addWidget(newWidget, i, j);
        connect(newWidget, QPushButton::clicked, [this]() {
            QMessageBox::information(this, "Clicked", "Button has been clicked!");
        });
    }
}
qDebug() << "Test GUI:" << time->elapsed() << "msec";
```

（5）构建并运行项目，我们将看到一个充满了许多按钮的窗口，如图 14.1 所示。当单击其中一个按钮时，屏幕上将弹出一个消息框。在笔者的计算机上，创建并布局主窗口上的所有 600 个按钮大约只需要 9ms。当移动或调整窗口大小时，也不存在任何性能问题，这令人印象深刻，同时证明了 Qt 6 能够很好地处理这种情况。然而，您的用户可能正在使用较旧的机器，因而在设计用户界面时可能需要格外小心。

（6）为每个按钮添加一个样式表，如下所示。

```cpp
QPushButton* newWidget = new QPushButton();
newWidget->setText("Button");
newWidget->setStyleSheet("background-color: blue; color: white;");
layout->addWidget(newWidget, i, j);
```

第 14 章 性能优化

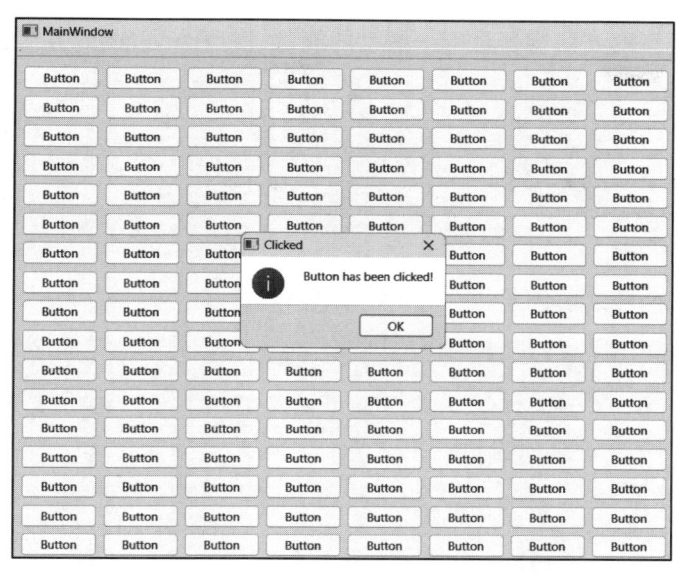

图 14.1 在 Qt 窗口上生成 600 个按钮

（7）再次构建并运行程序。这一次，设置 GUI 大约花费了 75 ms，如图 14.2 所示。这意味着样式表确实对程序的性能有一定的影响。

图 14.2 将样式表应用到所有 600 个按钮

（8）对不同类型的 C++容器进行一些性能测试。打开 main.cpp 并添加以下头文件。

```
#include "mainwindow.h"
#include <QApplication>
#include <QDebug>
#include <QElapsedTimer>
#include <vector>
#include <QVector>
```

（9）在 main()函数之前创建一个 testArray()函数。

```
int testArray(int count) {
    int sum = 0;
    int *myarray = new int[count];
    for (int i = 0; i < count; ++i)
        myarray[i] = i;
    for (int j = 0; j < count; ++j)
        sum += myarray[j];
    delete [] myarray;
    return sum;
}
```

（10）创建另一个名为 testVector()的函数，如下所示。

```
int testVector(int count) {
    int sum = 0;
    std::vector<int> myarray;
    for (int i = 0; i < count; ++i)
        myarray.push_back(i);
    for (int j = 0; j < count; ++j)
        sum += myarray.at(j);
    return sum;
}
```

（11）继续创建另一个名为 testQtVector()的函数。

```
int testQtVector(int count) {
    int sum = 0;
    QVector<int> myarray;
    for (int i = 0; i < count; ++i)
        myarray.push_back(i);
    for (int j = 0; j < count; ++j)
        sum += myarray.at(j);
    return sum;
}
```

（12）在 main() 函数内部，定义一个 QElapsedTimer 对象和一个名为 lastElapse 的整型变量。

```
int main(int argc, char *argv[]) {
    QApplication a(argc, argv);
    MainWindow w;
    w.show();
    QElapsedTimer* time = new QElapsedTimer;
    time->start();
    int lastElapse = 0;
```

（13）调用前几步中创建的 3 个函数，以测试它们的性能。

```
int result = testArray(100000000);
qDebug() << "Array:" << (time->elapsed() - lastElapse) << "msec";
lastElapse = time->elapsed();
int result2 = testVector(100000000);
qDebug() << "STL vector:" << (time->elapsed() - lastElapse) << "msec";
lastElapse = time->elapsed();
int result3 = testQtVector(100000000);
qDebug() << "Qt vector:" << (time->elapsed() - lastElapse) << "msec";
lastElapse = time->elapsed();
```

（14）构建并运行程序，我们将看到这些容器之间的性能差异。在笔者的计算机上，数组执行耗时 650 ms，而 STL 向量大约耗时 3830ms，Qt 向量执行大约耗时 5400ms。

> **注意：**
> 因此，数组仍然是提供最佳性能的容器，尽管与另外两个相比，它缺乏一些特性。令人惊讶的是，Qt 自己的向量类比 C++ 标准库提供的向量容器运行速度略慢。

14.2.2 工作方式

在创建 Qt Widgets 应用程序项目时，可尝试执行以下操作以提高性能。
- 避免向堆叠组件添加太多页面并用组件填充它们，因为在渲染过程和事件处理期间，Qt 需要递归地找到它们，这将严重影响程序的性能。
- 注意，QWidget 类使用光栅引擎（一种软件渲染器）渲染组件，而不是使用 GPU。然而，它足够轻量，大多数时候能够保持良好的性能。或者，也可以考虑使用 QML 构建程序的 GUI，因为它完全支持硬件加速。
- 如果组件不需要鼠标跟踪、平板跟踪和其他事件捕获功能，可关闭这些功能，如

图14.3所示。这些跟踪和捕获会增加程序的 CPU 使用成本。

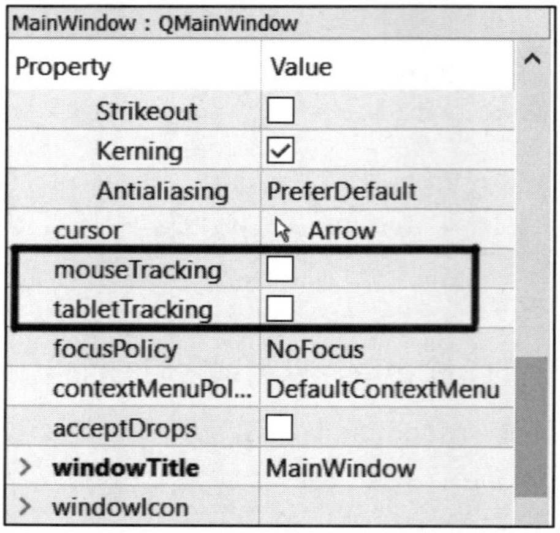

图14.3 为了优化性能，禁用鼠标跟踪和平板跟踪

- 尽可能简化样式表。一个庞大的样式表需要更长的时间让 Qt 解析信息到渲染系统中，这也将影响性能。
- 不同的 C++容器产生不同的速度，正如前述示例中展示的那样。令人惊讶的是，Qt 的向量容器比 STL（C++标准库）的向量容器略慢。总体而言，传统的 C++数组仍然是最快的，但它不提供排序功能。请根据具体需求选择最合适的容器。
- 对于大型操作，尽可能使用异步方法，因为这不会阻塞主进程，并能保持程序的流畅运行。
- 多线程在并行事件循环中运行不同操作方面确实非常有效。然而，如果处理不当，如频繁创建和销毁线程，或线程间通信规划不周，它也可能变得相当复杂。
- 除非绝对必要，否则尽量避免使用 Web 引擎。这是因为在程序中嵌入一个完整的 Web 浏览器对于小型应用程序来说实在是过于沉重。如果想创建以用户界面为中心的软件，可以考虑使用 QML 而不是制作混合应用程序。
- 通过执行前述示例中所做的性能测试，可以轻松确定哪种方法最适合项目，以及如何使程序性能更优。

☑ **注意：**

在 Qt 5 中，可以使用 QTime 类来进行测试。然而，start()和 elapsed()等函数已在 Qt 6 中从 QTime 类中弃用。自 Qt 6 起，开发者必须使用 QElapsedTimer 来处理此类操作。

14.3　分析和优化 QML

Qt 6 中的 QML 引擎利用硬件加速，使其渲染能力和性能优于旧的组件用户界面。然而，这并不意味着不需要担心优化问题，因为较小的性能问题可能会随着时间积累成更大的问题，从而损害产品的声誉。

14.3.1　实现方式

按照以下步骤开始分析和优化 QML 应用程序。
（1）创建一个 Qt Quick Application 项目，如图 14.4 所示。

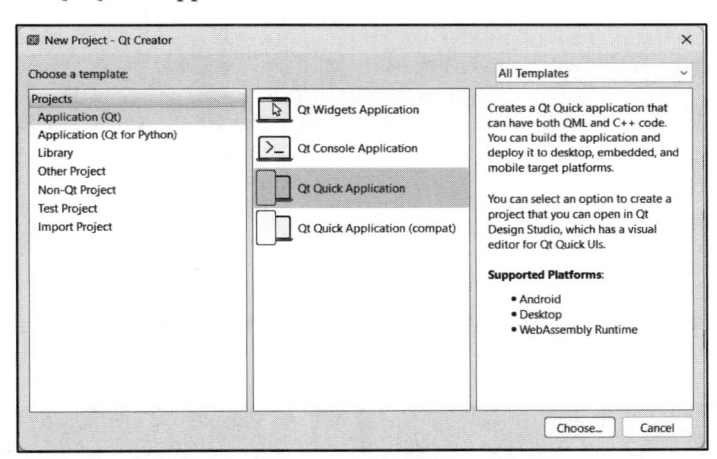

图 14.4　创建一个 Qt Quick Application 项目

（2）转至 Analyze | QML Profiler，并运行 QML Profiler（QML 分析器）工具，如图 14.5 所示。

（3）Qt Quick 项目将由 QML 分析器运行。QML 分析器窗口也将出现在代码编辑器下方。在程序通过测试点之后，单击位于 QML 分析器窗口顶部栏的 Stop 按钮，在这个例子中意味着成功创建了空窗口，如图 14.6 所示。

（4）在停止性能分析后，QML 分析器窗口下的 Timeline 标签页将显示一个时间线。在 QML 分析器窗口底部，我们可以在 4 个标签页之间切换，分别是 Timeline、Flame Graph、Quick3D Frame 和 Statistics，如图 14.7 所示。

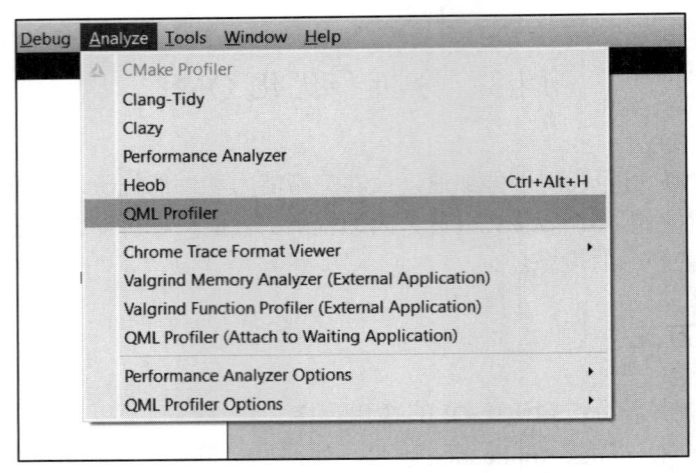

图 14.5 运行 QML Profiler 以检查 QML 性能

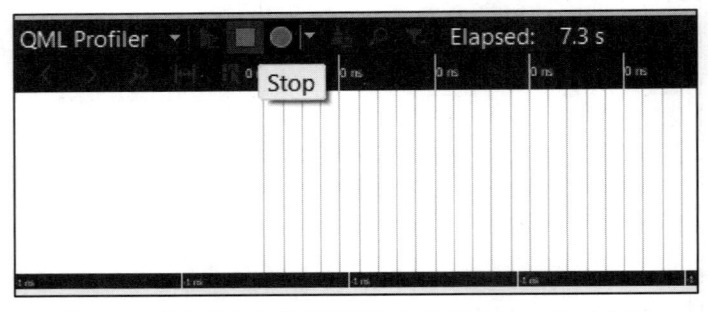

图 14.6 单击带有红色矩形图标的按钮停止 QML 分析器

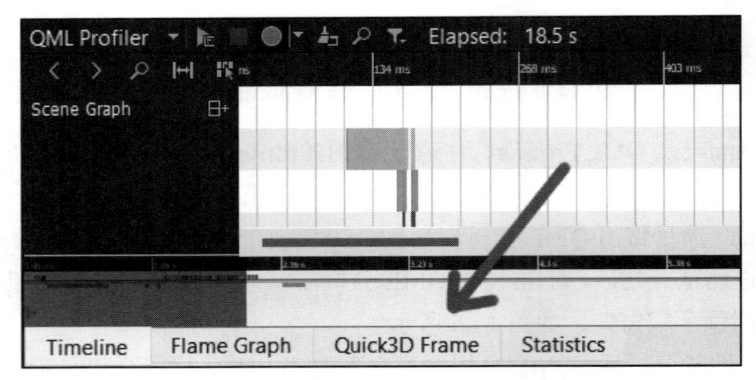

图 14.7 在不同的标签页查看不同的数据

（5）下面查看 Timeline 标签页。在时间线显示下，我们可以看到 6 个不同的类别，即

Scene Graph、Memory Usage、Input Events、Compiling、Creating 和 Binding。这些类别提供了程序在执行过程中不同阶段和过程的概览。此外,还可以看到时间线上显示了一些彩色条。单击 Creating 类别下标有 QtQuick/Window 的一条彩色条。随后将在 QML 分析器窗口顶部的一个矩形窗口中看到这项操作的总持续时间和代码位置,如图 14.8 所示。

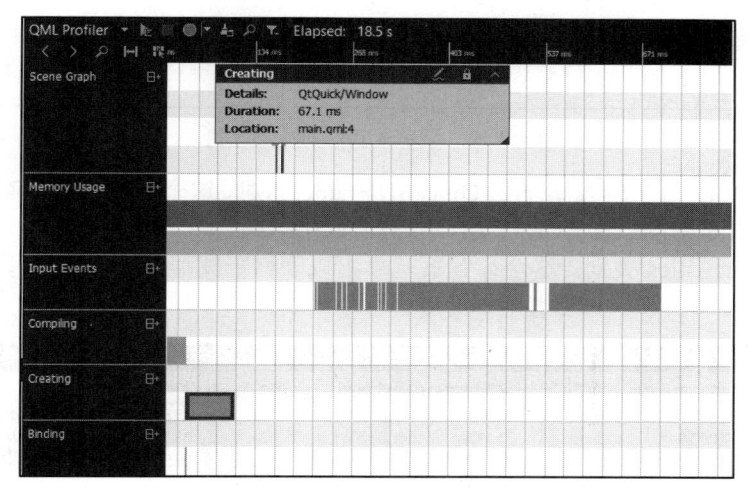

图 14.8 Timeline 标签页

(6)完成上述步骤后,继续并打开 Flame Graph 标签页。在 Flame Graph 标签页下,将看到应用程序的总时间、内存和分配情况以百分比形式的可视化展示,如图 14.9 所示。我们可以通过单击位于 QML 分析器窗口右上角的选择框,在总时间、内存和分配之间进行切换。

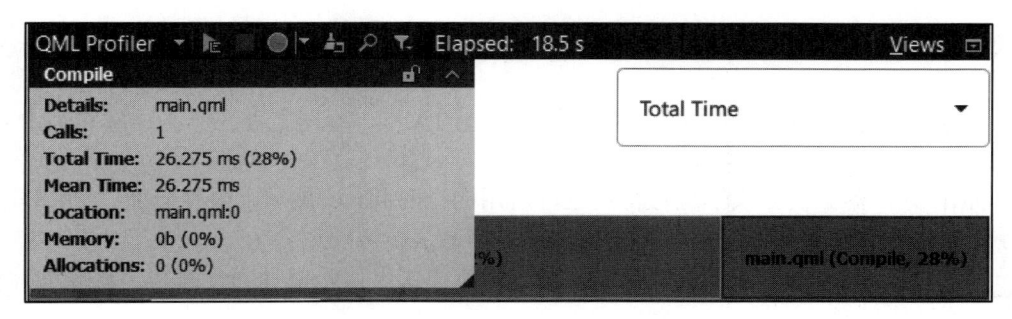

图 14.9 Flame Graph 标签页

(7)不仅如此,用户还会在 QML 代码编辑器上看到显示的百分比值,如图 14.10 所示。

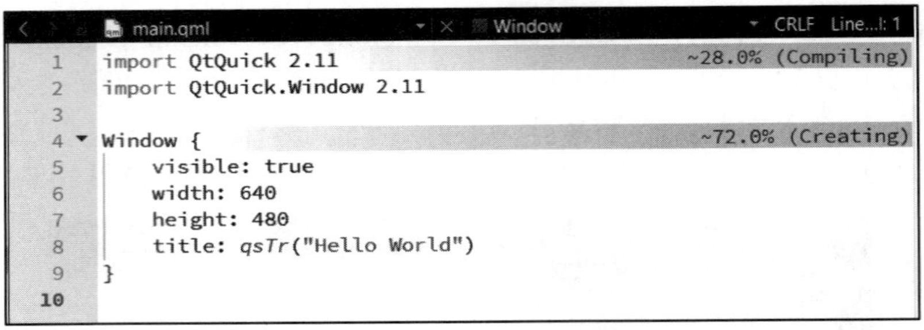

图 14.10　显示在右侧的百分比值

（8）打开 QML 分析器窗口下的 Quick3D Frame 类别。这个标签页是检查 3D 渲染性能的地方。目前它是空的，因为我们没有进行任何 3D 渲染。

（9）打开 Statistics 类别。这个标签页基本上以表格形式展示了有关进程的信息，如图 14.11 所示。

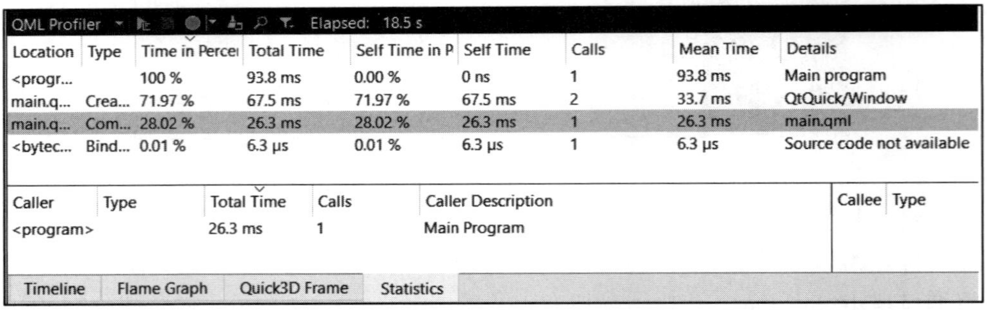

图 14.11　Statistics 标签页

14.3.2　工作方式

这与之前使用 C++和组件的示例项目中所做的类似，不同之处在于，这次它是由 Qt 6 提供的 QML 分析器工具自动分析的。

QML 分析器不仅生成了运行特定进程所用的总时间，还显示了内存分配、应用程序的执行时间线以及其他能够深入了解软件性能的信息。

通过查看 QML 分析器分析的数据，我们将能够找出代码中哪部分减缓了程序的速度，从而快速修复问题。

在编写 QML 时，有一些规则需要注意，以避免性能瓶颈。例如，类型转换有时可能代价高昂，尤其是在不匹配的类型之间（如字符串到数字）。随着项目随时间的增长，这样的小问题很可能会累积成瓶颈。

除此之外，尽量不要在频繁运行的代码块中多次使用 id 进行项目查找，如下所示。

```
Item {
    width: 400
    height: 400
    Rectangle {
        id: rect
        anchors.fill: parent
        color: "green"
    }
    Component.onCompleted: {
        for (var i = 0; i < 1000; ++i) {
            console.log("red", rect.color.r);
            console.log("green", rect.color.g);
            console.log("blue", rect.color.b);
            console.log("alpha", rect.color.a);
        }
    }
}
```

相反，可以使用一个变量来缓存数据，避免对同一项目进行重复的查找。

```
Component.onCompleted: {
    var rectColor = rect.color;
    for (var i = 0; i < 1000; ++i) {
        console.log("red", rectColor.r);
        console.log("green", rectColor.g);
        console.log("blue", rectColor.b);
        console.log("alpha", rectColor.a);
    }
}
```

此外，如果在循环中更改绑定表达式的属性，Qt 将被迫反复重新评估它。这将导致一些性能问题。用户应该遵循以下代码片段以避免这种情况。

```
Item {
    id: myItem
    width: 400
    height: 400
    property int myValue: 0
    Text {
        anchors.fill: parent
        text: myItem.myValue.toString()
    }
    Component.onCompleted: {
```

```
        for (var i = 0; i < 1000; ++i) {
            myValue += 1;
        }
    }
}
```

相反，可以使用一个临时变量存储 myValue 的数据，然后在循环完成后将最终结果应用回 myValue。

```
Component.onCompleted: {
    var temp = myValue;
    for (var i = 0; i < 1000; ++i) {
        temp += 1;
    }
    myValue = temp;
}
```

考虑使用锚点定位用户界面项，而不是使用绑定。尽管使用绑定可以提供最大的灵活性，但绑定进行项目定位非常慢且效率低下。

14.4 渲染和动画

当涉及渲染图形和动画的应用程序时，良好的性能至关重要。如果屏幕上的图形动画不流畅，用户很容易注意到性能问题。在以下示例中，我们将探讨如何进一步优化图形密集型的 Qt Quick 应用程序。

14.4.1 实现方式

要学习如何在 QML 中渲染动画，请按照以下示例操作。

（1）创建一个 Qt Quick Application 项目。然后，右键单击项目面板下的资源图标，并将 tux.png 添加到项目的资源中，如图 14.12 所示。

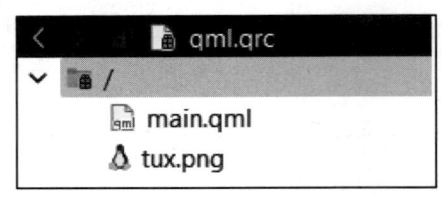

图 14.12 将 main.qml 和 tux.png 包含进项目资源中

（2）打开 main.qml 并将窗口大小更改为 650×650。此外，还将为窗口项添加 id 并将其命名为 window。

```
Window {
    id: window
    visible: true
    width: 650
    height: 650
```

（3）在 window 项内添加以下代码。

```
property int frame: 0;
onAfterRendering: { frame++; }
Timer {
    id: timer
    interval: 1000
    running: true
    repeat: true
    onTriggered: { frame = 0; }
}
```

（4）在 window 项内添加 Repeater 和 Image。

```
Repeater {
    model: 10
    delegate:
    Image {
        id: tux
        source: "tux.png"
        sourceSize.width: 50
        sourceSize.height: 60
        width: 50
        height: 60
        smooth: false
        antialiasing: false
        asynchronous: true
```

（5）继续添加以下代码。

```
property double startX: Math.random() * 600;
property double startY: Math.random() * 600;
property double endX: Math.random() * 600;
property double endY: Math.random() * 600;
```

```
    property double speed: Math.random() * 3000 + 1000;
    RotationAnimation on rotation{
    loops: Animation.Infinite
    from: 0
    to: 360
    duration: Math.random() * 3000 + 1000;
}
```

（6）完成上述步骤后，在上述代码下方添加以下代码。

```
SequentialAnimation {
    running: true
    loops: Animation.Infinite
    ParallelAnimation {
    NumberAnimation {
    target: tux
    property: "x"
    from: startX
    to: endX
    duration: speed
    easing.type: Easing.InOutQuad
}
```

（7）上述代码实现了图像 x 属性的动画效果。此外，还需要另一个 NumberAnimation 属性实现 y 属性的动画效果。

```
    NumberAnimation {
        target: tux
        property: "y"
        from: startY
        to: endY
        duration: speed
        easing.type: Easing.InOutQuad
    }
}
```

（8）重复整个 ParallelAnimation 代码，只是这一次，我们交换 from 和 to 的值，如下所示。

```
ParallelAnimation {
    NumberAnimation {
        target: tux
```

第 14 章　性能优化

```
    property: "x"
    from: endX
    to: startX
    duration: speed
    easing.type: Easing.InOutQuad
}
```

（9）对于 y 属性的 NumberAnimation 也是如此。

```
NumberAnimation {
target: tux
    property: "y"
    from: endY
    to: startY
    duration: speed
    easing.type: Easing.InOutQuad
    }
}
```

（10）添加一个 Text 项显示应用程序的帧率。

```
Text {
    property int frame: 0
    color: "red"
    text: "FPS: 0 fps"
    x: 20
    y: 20
    font.pointSize: 20
```

（11）在 Text 下添加一个 Timer，并更新帧率以每秒显示一次。

```
    Timer {
        id: fpsTimer
        repeat: true
        interval: 1000
        running: true
        onTriggered: {
            parent.text = "FPS: " + frame + " fps"
        }
    }
}
```

（12）构建并运行程序，我们将能够看到 10 只企鹅在屏幕上以稳定的 60 帧/秒移动，

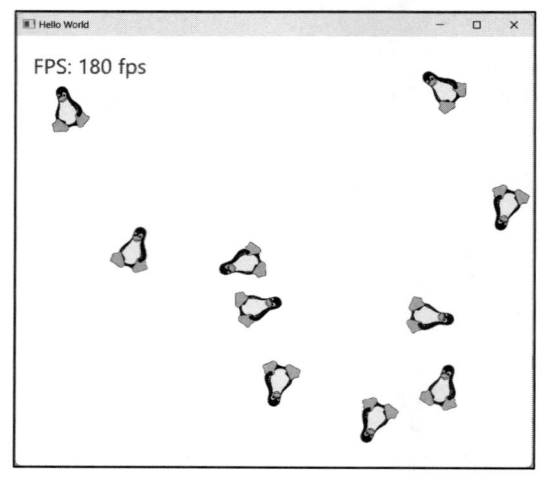

如图 14.13 所示。

图 14.13　10 只企鹅在窗口中移动

（13）回到代码中，将 Repeater 项的 model 属性更改为 10000。再次构建并运行程序，我们应该看到窗口充满了移动的企鹅，并且帧率已显著下降到大约 39 帧/秒，如图 14.14 所示。考虑到拥有的企鹅数量，这并不算太糟。

（14）回到源代码中，注释掉两个 sourceSize 属性。此外，还将 smooth 和 antialiasing 属性设置为 false，同时将 asynchronous 属性设置为 false。

```
Image {
    id: tux
    source: "tux.png"
    //sourceSize.width: 50
    //sourceSize.height: 60
    width: 50
    height: 60
    smooth: true
    antialiasing: false
    asynchronous: false
```

（15）再次构建并运行程序。这一次，帧率略微下降到 32 帧/秒，但企鹅看起来更平滑，即使在移动时，质量也更好，如图 14.15 所示。

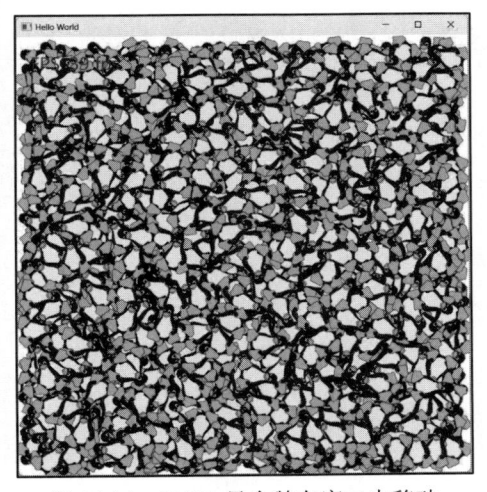

图 14.14　10000 只企鹅在窗口中移动 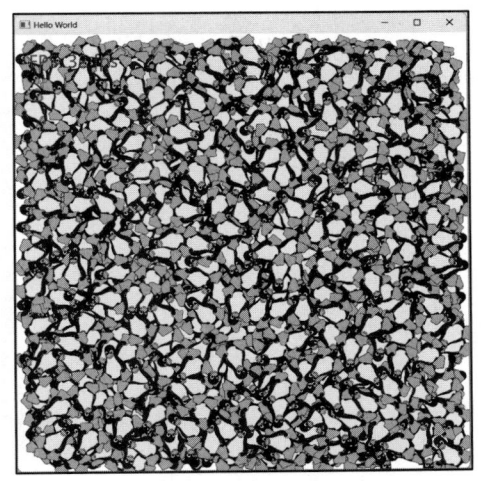　　　图 14.15　企鹅现在看起来更加平滑，而且没有明显变慢

14.4.2　工作方式

驱动 Qt Quick 应用程序的 QML 引擎在渲染屏幕上的动画图形方面非常优化和强大。然而，我们仍然可以遵循一些提示使其运行得更快。

尝试使用 Qt 6 提供的内置特性，而不是自己实现，如 Repeater、NumberAnimation 和 SequentialAnimation，这是因为 Qt 6 的开发人员已经投入了巨大的努力优化这些特性。

sourceSize 属性告诉 Qt 在将图像加载到内存之前调整其大小，以便大图像不会占用更多的内存。

当启用 smooth 属性时，它会告诉 Qt 对图像进行过滤，使其在缩放或从其自然尺寸变换时看起来更平滑。如果图像以与 sourceSize 值相同的尺寸渲染，则此属性不会有任何区别。此属性将影响应用程序在一些旧硬件上的性能。

antialiasing 属性告诉 Qt 移除图像边缘的锯齿效应，以使其看起来更平滑。此属性也会影响程序的性能。

asynchronous 属性告诉 Qt 在低优先级线程下加载图像，这意味着当加载大型图像文件时，程序不会停滞。

我们使用帧率指示程序的性能。由于 onAfterRendering 总是在每一帧上调用，我们可以每次渲染时累积帧变量。然后使用 Timer 每秒重置帧值。

最后，我们使用 Text 项在屏幕上显示该值。